[美] 萨姆·萨维奇 (Sam L. Savage) ◎著　刘伟◎译

被平均的风险

如何应对未来的不确定性

中信出版集团 | 北京

图书在版编目（CIP）数据

被平均的风险：如何应对未来的不确定性 /（美）
萨姆·萨维奇著；刘伟译 . -- 北京：中信出版社，
2019.4

书名原文：The Flaw of Averages: Why We
Underestimate Risk in the Face of Uncertainty

ISBN 978-7-5086-9642-3

Ⅰ . ①被… Ⅱ . ①萨…②刘… Ⅲ . ①不确定系统
Ⅳ . ① N94

中国版本图书馆 CIP 数据核字（2018）第 236963 号

被平均的风险：如何应对未来的不确定性

著　　者：[美]萨姆·萨维奇
译　　者：刘伟
出版发行：中信出版集团股份有限公司
　　　　　（北京市朝阳区惠新东街甲 4 号富盛大厦 2 座　邮编　100029）
承 印 者：北京楠萍印刷有限公司

开　　本：787mm×1092mm　1/16　　印　张：27.75　　字　数：380 千字
版　　次：2019 年 4 月第 1 版　　　　印　次：2019 年 4 月第 1 次印刷
京权图字：01-2018-8395　　　　　　广告经营许可证：京朝工商广字第 8087 号
书　　号：ISBN 978-7-5086-9642-3
定　　价：68.00 元

目 录

你不可能从书本上学会骑自行车，同样，也不可能从书本上学会如何应对风险和不确定性因素。不过，本书却要试图将这种不可能变成可能。

基础知识

第一部分　进入正题

在为将来制订计划的时候，人们往往会用单一的数据——所谓的平均值——来取代那些不确定的结果，于是，就会出现一种系统性错误，我将这种错误称为平均值缺陷。正因如此，人们对未来的预测和判断往往漏洞百出。

电子表格的应用让数以千万计的人体验到了商业建模的威力，然而，与此同时，它也为平均值缺陷四处蔓延铺平了道路。

正如日光灯照亮了沉沉黑夜一样，新技术的出现也让人们洞察难以把握的不确定性因素成为可能。概率管理就是一种利用这些新技术克服平均值缺陷的科学方法。

手段来确定犯罪嫌疑人一样，西格玛这个陈旧的概念也正在被淘汰。

实践应用

第五部分　金融领域的平均值缺陷

第六部分　实体金融领域

第七部分　供应链中的平均值缺陷

第八部分　平均值缺陷和一些热点问题

概率管理

第九部分　一个有希望克服平均值缺陷的方法

序　言

　　《被平均的风险》一书讲述了人们对变化无常的事物进行风险评估时常犯的错误，它有助于解释为什么人们运用传统的方法预测未来时总是漏洞百出——事实上，这些方法正是导致新近发生的全球经济危机的元凶之一。因此，本书可以帮助我们更有效地对未来的情况做出判断，从而制定出更合理的决策。按照传统来说，本书讨论的问题一直属于概率论和统计学的范畴。不过，因为我的叙述通俗易懂，所以即使没有任何统计学方面知识的读者也可以顺利地阅读本书。虽然文不甚深，但是只要读了本书第一部分的内容，那些在统计学领域接受过大量专业训练因而"中毒很深"的人就可以矫正他们的错误观念了。

　　本书的大部分观点无疑都源于我的父亲——伦纳德·吉米·萨维奇（Leonard Jimmie Savage）。我父亲小时候学习成绩很差，不过，他最终成了一名卓越的数理统计学家。他和米尔顿·弗里德曼（Milton Friedman）等人一道在芝加哥大学（University of Chicago）任教。现代投资组合理论的创始人哈里·马科维茨（Harry Markowitz）就是他们培养出来的学生。马科维茨曾经宣称他的"理性的预期理论几乎完全脱胎于"我父亲对他的教导。因为我父亲在芝加哥大学任教，所以，我从小就在芝加哥大学经济学院长大。

　　显然，小时候我至少在学业方面跟我父亲非常相像，既没有表现出运动天赋，也没有表现出学术才华，无论从哪一个方面来看，我都是一个差等生。

在芝加哥大学实验中学读三年级的时候，我的英语老师在一次课后讨论会上对我的学业做出了评判。她说我的英语课有不及格的危险，不过，如果我付出巨大的努力，到第二学期时有可能会勉强及格（成绩为 D）。然后，她转入了正题，告诉我说，实验中学相当于大学预科班，是专门为那些有希望进入大学继续深造的学生服务的，而我显然没有这样的希望。因此，她建议我去读技校，将来当一名技工或者水管工。

这位英语老师的话让我第一次面临严肃的人生抉择：要么努力学习，以实际的成绩来洗雪耻辱；要么自甘堕落，借吉他来排解忧愁。当然，我选择了前者，不过，在学习的间隙，音乐也为我带来了很多的欢乐和慰藉。结果还不错，在三年级的下学期，我没有再次出丑，因为我的英语成绩毕竟得了个 D。整个中学阶段，我都无法质疑那位英语老师对我的评价，因为虽然每一年都会换一个新的老师，但是我的英语成绩几乎一成不变、毫无起色——在 4 年时间里，我一共得了 3 个 D。

我的父亲对我没有什么可以抱怨的，当年从底特律的中学毕业时，他的老师也认为他"不是读大学的料"，因此，他不能进入密歇根大学（University of Michigan）就读。[1]无奈之下，我的祖父托关系让他进入韦恩州立大学（Wayne State University）做试读生。接下来发生的事情可以引用艾伦·沃利斯（Allen Wallis）——后来，我的父亲跟他一起创办了芝加哥大学统计学系——的叙述："在韦恩州立大学就读期间，他表现优异，因此获得了在密歇根大学试读的资格。然而，不幸的是，由于在化学实验室中操作失误而引发的一场火灾又断送了他的求学之路。"[2]

读大学的时候，我再一次步了我父亲的后尘：也被密歇根大学除名了。当然，这一次不是因为无意中的"放火"，而是由于成绩不佳。

当年的他和后来的我都不能达到老师所期望的标准。然而，低于平均水准并非一无是处，相反，它有其自身的价值，从某种程度上说，本书就是这种价值的体现。不过，在被同一所大学除名之后，我和父亲的人生道路并没有沿着同样的轨迹发展下去。父亲经过努力之后，重返密歇根大学，在那里他获得了数学博士学位，还取得了巨大的学术成就。而我则成为一名技工，还做过一段时间的赛车手，最后，我获得了计算机科学方面的学位——其实，从事计算机科学方面的工作也是遵从了英语老师的建议，只不过我不是去安装和维修管道，而是去研究和处理各种信息。

虽然《被平均的风险》一书所讨论的内容属于统计学和经济学的范畴，但是，我几乎没有接受过这方面的正规训练——我在这方面的知识都是小时候在餐桌上零零星星地从父亲那里听来的。因此，本书并不是站在统计学家或者经济学家的角度上来写的，而是站在一个当过机修工的信息专家的角度上来写的——当然，这个机修工从小就生活在统计学家和经济学家中间。

早在 1999 年，我就为本书拟定了书名和提纲，而且那时候就已经开始动笔了，但是直到最近才接近尾声。在此期间，我虽然清楚地知道本书的价值，然而不知道为什么总是迟迟不能完工。也许正如书中所说：一切事情都倾向于达不到预期目标、落后于预定计划以及超出预算。究竟什么时候才能到达幸福的终点呢？

我一边做研究，一边继续教书、当顾问，同时不停地撰写文章，就这一问题的不同方面展开讨论。考虑到我的书有朝一日会定稿，我觉得有必要提前"捍卫"一下我的知识产权，于是，我就在 2000 年 10 月就《被平均的风险》为《圣荷西信使报》（*San Jose Mercury News*）撰写了一篇文章。[3] 没想到文章发表时，还配上了著名漫画家杰夫·丹泽戈尔（Jeff Danziger）的插图：一个统计学家被淹死在一条平均深度只有 3 英尺（约 0.91 米）的河里（参见本书第 1 章）。

多年以来，我有幸经常同学术界和工业界的一些杰出人物进行交流。他们也在设法解决平均值的缺陷问题。通过交流，我们找到了有可能解决此类问题的方法，我们把这种方法称为"概率管理"（Probability Management）。幸福的终点近在眼前，因此，2006 年，我又恢复了写作热情。虽然我的写作时断时续，不过，要取平均值的话，从 1999 年至今，我平均每天要写 21 个单词。

当我的同父异母兄弟约翰·皮尔斯（John Pearce）第一次听说我的写作计划时，他以为我在写一部跟我们已故的父亲有关的心理剧。事实上，他只说对了一半：这并不是一部心理剧，但的确跟心理剧有关，因为这部作品是在同我的中学英语老师有关的一部"心理剧"的推动之下才完成的。

萨姆·萨维奇

2009 年 4 月于加州帕洛阿尔托

鸣 谢

首先，我必须向为概率管理理论的形成做出直接贡献的人表示衷心的感谢。我首先要感谢的是麻省理工学院（MIT）的本·鲍尔（Ben Ball）教授。20 世纪 80 年代后期，他对石油勘探项目投资的浓厚兴趣对我产生过深刻的影响，他还与我密切合作，为我的研究工作奠定了良好的基础。其次，我要感谢哥伦比亚大学（Columbia University）的马克·布罗德（Mark Broadie）教授。1992 年，他送给我一个简单的电子表格模型，而这个简单的模型就像一把钥匙一样，为我开启了通往随机性模型领域的大门。我还要感谢贝西默信托公司（Bessemer Trust）的安迪·帕克（Andy Parker）先生。2003 年，我们合作研究了一个养老金计划模型，而这次愉快的合作为交互模拟开辟了一些重要的途径。另外，我还要感谢剑桥大学（Cambridge University）的斯蒂芬·朔尔特斯（Stefan Scholtes）先生和荷兰皇家壳牌（Royal Dutch Shell）的丹尼尔·维德勒（Daniel Zweidler）先生。2004 年，我们开始了一次令人兴奋的三方合作，这次合作产生了两项成果：一是我们共同在《今日奥姆斯》（*ORMS Today*）上面发表了一篇文章；二是让交互模拟在壳牌石油公司获得大规模应用。事实上，正是因为有了这两项成果，概率管理才真正开始广为人知。多年来，我一直梦想着将交互模拟应用到电子表格上，而在此期间，前线系统（Frontline Systems）公司的丹·费尔斯特拉（Dan Fylstra）在交互模拟方面取得了突破性的进展，从而将我的梦想变成了现实。

除了他们之外，还有很多人为本书的面世做出了重要的贡献，在此我也要真诚地对他们说一声谢谢。首先要感谢我的父亲伦纳德·吉米·萨维奇和他的同事米尔顿·弗里德曼与艾伦·沃利斯两位教授。从幼年开始，他们就在我的记忆当中树立起了一座座智慧的丰碑和学术的楷模。其次要感谢芝加哥大学的莱纳斯·施拉格（Linus Schrage）教授。如果我们没有合作开发What'sBest! 软件，我不可能成为一个管理科学家。我还要感谢芝加哥商学院研究生院的院长杰克·古尔德（Jack Gould）先生。为了支持我在电子表格方面的管理科学系列研讨课程，他帮助我发起了一个名为"探索"的研究专题，在此期间，我发现了平均值的缺陷。同时，我还要感谢斯坦福大学（Stanford University）管理科学和工程学院——自从 1990 年以来，我一直在该学院任职，他们为我提供了良好的工作环境，使我能够安心地进行研究实验以及教书育人。另外，我要特别感谢彼得·伯恩斯坦（Peter Bernstein）先生。我不仅在写作本书的过程中从他的作品《投资革命》（Capital Ideas）当中汲取了有益的营养，而且在本书的发行过程中得到了他直接的帮助。我还要感谢约翰·威利父子出版公司（John Wiley & Sons）的编辑迈纳·塞缪尔斯（Mina Samuels）先生。1999 年，在我准备写作本书的时候，他鼓励并帮助我进行了最初的构思，而到了 2007 年，在我的写作接近尾声的时候，他又给了我更多的关心和支持。我还要感谢约翰·威利父子出版公司的另一名编辑比尔·法龙（Bill Falloon）先生。因为我的写作计划跨度为 9 年，所以他的编辑工作也持续了 9 年。因此，他堪称最有耐心的编辑，应当获得世纪奖章。另外，我要感谢斯坦福大学的比尔·佩里（Bill Perry）教授，在一开始，他也给了我很多帮助和鼓励。我还要感谢詹尼－布洛克（Jenner&Block）律师事务所的马克·范艾伦（Marc Van Allen）先生。由于意识到本书将会对美国的会计标准产生重要影响，他曾经为本书的出版进行了大量调查研究和宣传推广的工作。此外，我还要感谢霍华德·威纳（Howard Wainer）先生。我同威纳先生进行过多次交流，还拜读过他的新作《描绘充满变数的世界》（Picturing the Uncertain World）——我强烈推荐这本书。我从中受到了很大的启发，本书有好几章内容都是在这种启发之下写出来的。最后，我还要特别感谢大卫·艾默培（David Empey）和罗纳德·鲁斯（Ronald Roth）两位先生。多年以来，他们不仅把我的工作安排得井井有条，而且在概率管理的推广应用以及概率分布列（DIST）的开发过程中做出了很大的贡献。

本书的写作历时 9 年，在这段漫长的时间里，我需要从别人那里汲取大量有益的信息。的确，在此期间，很多人都给我提供了无私的帮助和真诚的建议。由于人数众多，我不可能详细叙述他们的事迹，在这里我只能将他们的名字列举出来，一并向他们表示谢意。根据统计学原理，我列举的名单很可能会有遗漏，因此，我提前向遗漏之人致歉。

迪克·亚伯拉罕（Dick Abraham）

鲍勃·阿米欧（Bob Ameo）

特德·安德森（Ted Anderson）

马提亚斯·比奇赛尔（Matthias Bichsel）

亚当·鲍里森（Adam Borison）

杰尔·布拉诗雅（Jerry Brashear）

斯图尔特·白金汉姆（Stewart Buckingham）

迈克·坎贝尔（Mike Campbell）

大卫·考尔菲尔德（David Cawlfield）

张凯文（Kevin Chang）

特里·戴尔（Terri Dial）

迈克·杜比斯（Michael Dubis）

肯·杜克（Ken Dueker）

大卫·艾迪（David Eddy）

布拉德·埃弗龙（Brad Efron）

马丁·弗恩科姆（Martin Farncombe）

罗兰·弗兰克（Roland Frenk）

克里斯·格瑞（Chris Geczy）

鲍勃·格利克（Bob Glick）

彼得·格林（Peter Glynn）

乔·格兰德费斯特（Joe Grundfest）

黛博拉·戈登（Deborah Gordon）

凯文·汉金斯（Kevin Hankins）

沃德·汉森（Ward Hanson）

沃伦·豪斯曼（Warren Hausman）

文希普·黑利亚（Wynship Hillier）

格洛丽亚·霍姆（Gloria Hom）

兰·霍华德（Ron Howard）

约翰·豪威尔（John Howell）

道格·哈伯德（Doug Hubbard）

达伦·约翰逊（Darren Johnson）

马丁·科恩（Martin Keane）

加里·克雷恩（Gary Klein）

迈克尔·库比克（Michael Kubica）

保罗·库奇克（Paul Kucik）

安德鲁·列维奇（Andrew Levitch）

鲍勃·洛伊（Bob Loew）

大卫·鲁恩伯格（David Luenberger）

杰夫·麦吉尔（Jeff Magill）

哈里·马科维茨（Harry Markowitz）

约翰·马奎斯（John Marquis）

迈克尔·梅（Michael May）

瑞克·麦德雷斯（Rick Medress）

罗伯特·默顿（Robert Merton）

迈克·尼罗尔（Mike Naylor）

艾比·欧氏恩（Abby Ocean）

格雷格·帕内尔（Greg Parnell）

约翰·皮尔斯（John Pearce）

马克·伯曼恩（Mark Permann）

比尔·佩里（Bill Perry）

泰森·派尔斯（Tyson Pyles）

马修·拉斐尔森（Matthew Raphaelson）

安德鲁·雷诺兹（Andrew Reynolds）

约翰·瑞福林（John Rivlin）

艾伦·罗森伯格（Aaron Rosenberg）

瑞克·罗森塔尔（The late Rick Rosenthal）

马克·鲁比诺（Mark Rubino）

桑吉·塞加尔（Sanjay Saigal）

约翰·赛尔（John Sail）

吉姆·斯坎伦（Jim Scanlan）

卡尔·斯密德斯（Karl Schmedders）

米伦·斯科尔斯（Myron Scholes）

迈克尔·施拉格（Michael Schrage）

兰迪·斯库尔兹（Randy Schultz）

亚当·席威尔（Adam Seiver）

威廉·夏普（William Sharpe）

罗伯特·希勒（Robert Shearer）

约翰·斯特曼（John Sterman）

斯蒂芬·施蒂格勒（Stephen Stigler）

杰夫·斯特奈德（Jeff Strnad）

史蒂夫·塔尼（Steve Tani）

珍妮特·塔瓦克里（Janet Tavakoli）

约翰·泰勒（John Taylor）

卡罗尔·韦弗（Carol Weaver）

比尔·维克尔（Bill Wecker）

罗曼·威尔（Roman Weil）

贾斯汀·沃尔弗斯（Justin Wolfers）

同时，我要单独列出对概率分布列说明书的编写做出贡献的10个人，并向他们表示感谢。他们分别是戴夫·艾默佩（Dave Empey）、丹·费尔斯特拉（Dan Fylstra）、哈里·马科维茨、艾沃·尼诺夫（Ivo Nenov）、约翰·瑞福林、兰·鲁斯（Ron Roth）、约翰·萨尔（John Sall）、斯蒂芬·朔尔特斯、埃里克·温莱特（Eric Wainwright）以及惠特尼·温斯顿（Whitney Winston）。

另外，艾诗尔雅·瓦苏德范（Aishwarya Vasudevan）为本书设计制作了大量的图表，黛比·阿萨科娃（Debbie Asakawa）为整部书稿提出了很好的建议，而杰夫·丹泽戈尔则为本书绘制了漫画插图。在此，我要向他们表示特别的感谢。

最后，我还必须感谢我的太太达里尔（Daryl），她不仅把我们的生活打理得井井有条、充满乐趣，还帮我做了大量的编辑工作，可以说，没有她就不可能有这本书的问世。

萨姆·萨维奇

导读

将"脑袋"和"屁股"联系起来

唯一确定无疑的是任何事情都不是确定无疑的。

——罗马学者老普林尼（Pliny the Elder，23—79）

2008 年的金融危机再一次证明：老普林尼的精辟论断在 2000 年之后仍然一针见血。信息时代的确给我们带来了无穷的便利，然而，它也为我们的政治、经济和科技带来了大量令人目眩神迷的不确定性。另外，信息时代也让我们的直觉范围扩展到了电子领域，有了这种直觉，我们就可以凭借自己的经验来感知未来的各种风险和不确定性因素。本书所要论述的就是如何利用我们的直觉来预测各种风险和不确定性因素。

首先举一个日常生活中的简单例子——例子虽然简单，但是大多数人都会在上面犯错误。假如你和你的太太受邀参加一个由很多贵宾共同出席的豪华宴会，而且你们必须在下午 6 点之前从家里出发，否则就可能迟到。也许你们在不同的单位上班，不过你们两个人的平均通勤时间都是半个小时。所以，如果你们同时在 5 点 30 分下班，那么，你们 6 点之前准时从家里出发去赴宴的概率至少为 50%。

这种想法听起来是正确的。然而，你的本能会提醒你：你们很可能会迟到。

那么，你的理智和你的本能究竟哪一个是正确的呢？

虽然没有经过严密的逻辑推理，但你的本能是正确的。不过，这种说法也许很难让人从理智上接受，所以，下面就采用可以让人从理智上接受的方法，具体解释一下你们为什么很可能会迟到。

假如你们两个人分别在6点之前赶到家的概率是50%，那么，就好比同时抛掷两枚硬币一样，你们的行程一共可能出现如下4种结果（假如正面朝上代表可以在6点之前到家，反面朝上则相反）：

- 正面／反面：你在6点之前顺利到家，而你的太太没有到家。
- 反面／正面：你的太太在6点之前顺利到家，而你没有到家。
- 反面／反面：你们两个人在6点之前都没能到家。
- 正面／正面：你们两个人在6点之前都顺利到家。

由此可见，只有两枚硬币同时正面朝上，才代表你们两个人能够准时赴宴，而这样的概率只有1/4。

现在，假如你的兄弟也打算与你们一同赴宴，而且他从单位回家的时间平均也是半小时。那么，你们3个人准时赴宴的概率就降至1/8了。再假如除了你和你的太太之外，还有其他5个亲戚朋友都准备搭你的车去赴宴，他们也都在5点半下班，他们从单位赶到你家的平均时间也都是半小时。那么，你们要想准时赴宴，就相当于抛掷的7枚硬币同时正面朝上，而这样的概率只有1/128，即1/2的7次幂。

难怪人们会经常迟到！

如果你希望更好地理解风险和不确定性因素，你就必须同时认可两种截然不同的学问：理智的和经验的。我们可以举一个例子来说明二者的区别。有一件事情所有人从孩提时代就知道了，但是，如果要从理论上来说明它，就要动用如下的数学方程式：

$$\dot{x}_b = V \cos{(\theta(t))} \qquad (1)$$

$$\dot{y}_b = -V \sin{(\theta(t))} \qquad (2)$$

$$\dot{\theta}_b = \frac{V}{L} \tan{(\delta(t))} \qquad (3)$$

$$y_a = y_b - L \sin{(\theta(t))} \qquad (4)$$

$$\dot{y}_b \approx -V\theta \qquad (5)$$

$$\dot{\theta} \approx \frac{V}{L}\delta(t) \qquad (6)$$

$$\dot{y}_a \approx \dot{y}_b - L\dot{\theta} = -V\theta - L\dot{\theta} \qquad (7)$$

事实上，这是关于自行车运动的微分方程式。其实从学会骑自行车开始，你就已经"解开"了上述方程，只不过你不是通过自己的"脑袋"，而是通过自己的"屁股"。

概率论和统计学的理论同样可以用令人头脑麻木的方程式来阐述，那正是老师们通常的教学方式。在行为经济学领域，对诺贝尔奖得主的研究结果表明：即使是接受过概率论和统计学训练的人，在面对日常生活中的不确定性因素时，也往往会犯错误 [1, 2]——这也许正是上述教学方式造成的。

苹果公司的创始人之一史蒂夫·乔布斯（Steve Jobs）说过："个人电脑是人类大脑用来代步的脚踏车。"通过过程模拟，个人电脑正在越来越多地被当成预测各种风险和不确定性因素的工具，这样，我们就可以绕开传统统计学课程中那些艰深的方程式，从而通过直觉经验来了解这门学科。在过去的几年里，我有幸与学术界和工业界的同事一起为推动这一技术的发展和应用而工作。我将我们的方法称为"概率管理"。如今，这种方法已经得到了广泛的应用，如评估养老金的投资风险、对石油勘探项目进行投资以及为银行家设计奖励计划等。应用的过程令人兴奋，当然有时候也会让人疲惫不堪，但是无论如何，这一过程远远没有结束。

本书一共有三大板块。首先是基础知识。主要是利用诸如旋转轮盘以及色子等日常生活中的简单道具来让读者直观地了解风险和不确定性因素，展示出当多个不确定数据被单一的平均值取代之后必将出现的种种错误，从而证明平均值存在缺陷。其次是实际应用。主要介绍平均值缺陷在现实生活中的经典案例。最后是概率管理，主要阐述避免平均值缺陷的可能途径。

基础知识

基础知识板块可以让你直观地想象和理解风险和不确定性因素所造成的后果。假如你正在学习骑自行车，一旦你不再需要外在的帮助就可以控制好平衡，那么，你打基础的阶段就结束了。

我的意思是说，你不可能仅从书本上学会骑自行车。但听起来似乎自相矛盾的是，我将试图去完成这件"不可能完成"的事情。具体方法参见下面方框内的提示。几乎在本书的每一个章节里，你都会看到这个自行车小图标。

 每当看到这个图标的时候，你都可以放下书本去访问 Flaw-OfAverages.com 网站，在那里，你将能够在虚拟的环境里学习"骑自行车"。该网站上有大量动画、模拟以及其他体验性的演示，这些演示可以改善你对相关问题的直觉认知。

实践应用

在第二个板块里，我会将第一个板块谈到的概念应用到金融领域——这个领域在对投资风险和投资回报进行管理的过程中率先克服了平均值的缺陷。虽然这些案例都是根据 2008—2009 年发生的经济危机而精心设计的，但是它们也为管理风险和不确定性因素提供了很好的范例。另外，这些概念也可能会被广泛地应用于目前依然对平均值的缺陷一无所知的其他行业和国家。我将在供应链管理、项目投资、国家防务、医疗卫生、气候变化甚至性别问题等方面逐一举例论述。

概率管理

最后，本书会对概率管理进行论述。概率管理是一种有效克服平均值缺陷的方法，它以最新的科技成果为基础，并融合了新的数据结构和新的管理规程。如今，这种方法正在被一些大型公司使用，当然它也适用于您的公司。

马尔科姆·格莱德维尔（Malcolm Gladwell）在《眨眼之间》（*Blink*）[3] 一书中展示了"不假思索"的判断所具有的力量。他认为："正如我们可以学会理性思考和深思熟虑一样，我们也可以学会在瞬间做出正确的判断。"学会在瞬间做出正确的判断就是我所说的"将'脑袋'和'屁股'联系起来"的过程。本书的目标就是改善和提升你对风险和不确定性因素的判断能力，而且无论你有没有时间深思熟虑，本书都将帮助你做出更好的判断和预测。

将"脑袋"和"屁股"联系起来

注：丹泽戈尔绘。

作者提示

　　关于本书，有一点需要特别说明：由于本书的部分内容不可避免地涉及专业的数学知识，可能会给一些读者造成阅读上的障碍。不过，读者朋友不需要担心这一点，你们完全可以在必要时根据自己的专业背景和个人喜好对此类内容自由取舍。如果您对概率论和统计学知之甚少，那么您可以跳过那些专业的理论阐述部分，直接阅读后面更有趣的内容，如投资、反恐战争以及性别问题等，即便如此，您也不会错过本书的核心要点。

基础知识

　　基础知识板块可以让你直观地想象和理解风险和不确定性因素所造成的后果。假如你正在学习骑自行车，一旦你不再需要外在的帮助就可以控制好平衡，那么，你打基础的阶段就结束了。

第一部分　进入正题

在第一部分，我将对平均值的缺陷进行全面的评述，不仅会介绍它的产生和发展，还会说明新的技术成果和商业实践如何为解决这一问题创造了可能性。最后，我将对分析管理模型的运用和好处做一个概括性的介绍。

第 1 章
平均值缺陷

我们对变动和误差往往视而不见或者置之不理，相反，我们习惯于将它们折中处理——这是一种根深蒂固的倾向。正因如此，我们常常会在重要的事情上犯一些严重的错误。

——博物学家斯蒂芬·杰伊·古尔德

（Stephen Jay Gould，1941—2002）

古尔德所谓的"折中处理"通常指的是取平均值（也叫做预期值），正如"地球是平的"是我们共同的错觉一样，取平均值的错误做法也谬种流传，被人们广泛接受。无论是政治、军事还是商业领域，在进行远景规划的时候，人们都会使用这一方法。最近发生的次贷危机正是在它的掩盖之下，才最终演变成了一场席卷全球的世界性危机，而且，它将继续困扰那些试图消除混乱的人。这一做法甚至被我们的会计准则奉为圭臬。我将这种情况称为平均值缺陷。[1, 2]事实上，以假设的平均值为基础制订的计划基本上都是错误的。

著名漫画家杰夫·丹泽戈尔用他细腻的笔触为我们讲述了这样一则故事：一个统计学家要穿过一条河流，在过河之前，他仔细地查阅了这条河的相关统计资料，发现它的平均深度只有 3 英尺，于是，这个统计学家就开始放心地涉水过河了。结果，他被淹死在了这条河里（见图 1.1）。

在日常生活中，以平均值——如平均客户需求、平均生产周期、平均利润率等——为基础制订的计划往往跟实际情况相差甚远，从而出现达不到预期目标、落后于预定计划甚至超出预算的情况。

因此，2000 多年以来，人们在面对种种误差时，一直困惑不解。时至今日，我们有没有取得新的进步呢？当然，我们已经在软件开发、数据结构以及管理理念等方面取得了大量卓有成效的进步。而这些新的进步为概率管理打下了坚实的基础。概率管理可以让误差和风险清晰可见。正如白炽灯的出现让我们重新认识了黑暗一样，概率管理正在深刻地改变着我们的观念。

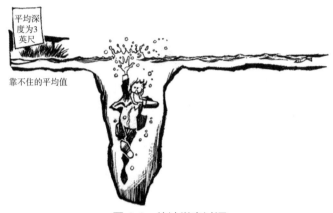

图 1.1　统计学家过河

注：丹泽戈尔绘。

请告诉我一个确切的数字

下面的例子可以说明平均值的危害无处不在。当一个电脑芯片生产商向市场部经理询问一款新产品的市场前景时，市场部经理回答说："要为一款新产品打开销路很不容易，但是，我相信我们每年能够销售 5 万至 15 万个新产品！"

怒不可遏的生产商吼道："请告诉我一个确切的数字，我不可能让工人去建造一条每年能生产 5 万至 15 万个芯片的生产线！"

当有人要求"请告诉我一个确切的数字"时，这实际上是一个非常危险的信号，因为接下来人们很可能就要求助于靠不住的平均数了。然而，市场部经理并没有意识到这个信号，他回答说："如果您非要获得一个确切的数字，那么，我建议您采用 10 万这个平均值。"

于是，那位生产商将这个平均的客户需求以及生产 10 万个芯片的相应成本纳入了他的企业计划。按照这样的计划，他预期企业每年将赢利 1 000 万美元。假如客户需求是唯一的不确定性因素，而且 10 万个芯片是正确的平均需求（即预期需求），那么，他能够获得的平均利润（即预期利润）一定就是 1 000 万美元吗？

事实并非如此！取平均值的固有缺陷会让实际的利润低于基于平均客户需求计算出来的利润。之所以这样说，是因为，如果实际客户需求只有 9 万个芯片，生产商将不能实现 1 000 万美元的预期利润；如果实际客户需求是 8 万个，情况将会更糟。相反，如果实际客户需求是 11 万个或者 12 万个，那么生产商的生产能力将无法满足需求，因为他每年最多只能生产 10 万个芯片。所以，他的最大年利润只能达到 1 000 万美元。正如图 1.2 所示，芯片生产商的年利润只可能低于而不可能高于 1 000 万美元。这一点有助于说明为什么以平均值为基础制订的计划往往达不到预期的目标。

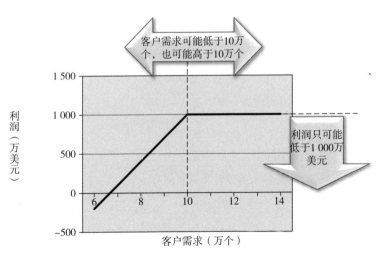

图 1.2　平均利润低于平均客户需求所带来的利润

但是，为什么取平均值的方法往往会导致实际利润低于预期的情况呢？

在导读当中，我们以参加一个豪华宴会为例说明了平均值带来的误差。实际上，在工业生产当中，平均值带来的误差会更大。假如有一个理想化的软件开发项目，这个项目由 10 个相互独立的子程序组成。当领导询问负责研发第一个子程序的部门经理需要多长时间时，这位部门经理回答说："我认为完成这个子程序需要 3 到 9 个月的时间。"

"请给我一个确切的时间，我必须告诉生产主管，好让他心中有数。"领导严厉地说。

部门经理无奈地回答说："好吧，像这样的程序平均需要大约 6 个月的时间。如果您非要得到一个确切的时间，那您就按 6 个月计算吧。"

为了讨论的方便，我们假设其他 9 个研发部经理对领导的问题都做了相似的回答。也就是说，10 个相互独立的子程序都没有确切的研发周期，我们只知道研发每一个子程序大约都需要 3 到 9 个月的时间。如果取平均值的话，每一个子程序的研发周期为 6 个月。因为 10 个子程序的研发是同步的，所以那位领导就兴冲冲地告诉他的生产主管，这套软件有望在 6 个月之内研发成功。

假如 10 个子程序的研发周期是唯一的不确定因素，而且它们的平均研发周期都是 6 个月，那么，整个软件项目的平均研发周期（即预期研发周期）也应该是 6 个月吗？

事实并非如此！只要看了本书的导读部分，你就会明白其中的原因。试想，你们 7 个人能够同时碰面并准时赴宴的概率已经微乎其微，更何况 10 个子程序都在 6 个月之内按时研发成功，这就相当于抛掷的 10 枚硬币要同时正面朝上——这种概率要小于 1/1 000。图 1.3 展示了可能会出现的一种情况，从中我们可以看出：虽然大部分任务都可以在 6 个月之内完成，但是要完成整个项目却需要耗时 10 个月 12 天。

那么，为什么以平均值为基础制订的计划往往会超出预算呢？

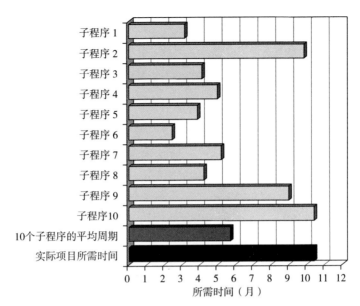

图 1.3　许多子程序的开发周期都控制在 6 个月以内，
但是最大的一个子程序耗时 10.4 个月

以一个销售抗生素（容易变质）的医药公司为例。虽然市场需求不停地波动，不过，长期来看，该公司每个月的平均销售量都稳定在 5 箱左右。当主管业务的新任副总裁走马上任之后，首先会要求产品部经理对下个月的市场需求做出预测。产品部经理回答说："市场需求随时都在变化，不过，我可以告诉您一个精确的需求分布。我们的市场需求有可能是 0 箱、1 箱、2 箱等。"鉴于在第一次专业交流中就提供了如此全面的信息，原本对新上司有点发怵的产品部经理如释重负并深感欣慰。

"如果我想知道市场的需求分布，我会直接问你的，"副总裁厉声呵斥道，"请你告诉我一个准确的数字，我要计算生产成本。"最终，他们还是遵循了源远流长的传统：用平均值来取代那些不确定性数据。

在掌握了精确的平均市场需求（每月 5 箱）之后，那位副总便开始以此为依据计算库存运营成本了。他的计算如下：

如果每个月的市场需求小于库存，那么，不能及时卖出的一部分抗生素很快就会变质失效，而每箱变质的药品将给公司带来 50 美元的经济损失。

另外，如果市场需求大于库存，那么，公司就必须空运额外的药品以弥补缺口，而每空运一箱药品，总成本就将增加 150 美元。

显然，如果每个月的库存为 5 箱，而且市场需求恰好达到平均值（5 箱），那么，既不会出现药品变质的情况，也不需要额外增加运输成本。那位副总由此便得出结论：他们不需要任何的库存运营成本。真的是这样吗？

事实并非如此！如果市场需求低于平均市场需求，那么由于药品的变质，公司的运营成本将会大大增加；如果市场需求高于平均市场需求，那么由于需要空运，公司的运输成本将会大大增加。也就是说，在这两种情况下，公司的库存运营成本都只会增加，不会减少。因此，平均起来，公司的实际运营成本将会超过那位副总预期的成本。

在本书的后半部分，我将对平均值缺陷的两种不同形式进行详细的论述。下面，为了让大家对平均值的缺陷有所了解，我先引用生活中的一些真实案例来加以说明。

统计学家是救世主吗

你也许会问，人们错误地运用于商业计划的那些平均值都是从哪里来的呢？它们都是统计学家和分析家一手炮制出来的，他们设计的所谓复杂模型给平均值的缺陷赋予了永恒的生命力。

下面让我们来看一幅经济增长数据图（见图 1.4）。图中起伏不定的黑色实线代表的是历史数据，而笔直的黑色虚线代表的是经济的平均增长。只要对历史数据进行一番回归分析，统计学家就可以预测出未来的平均经济增长趋势。因为这种方法源于"专家"开发出来的"数学模型"，所以人们往往深信不疑。

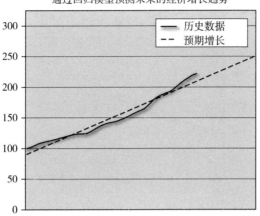

通过回归模型预测未来的经济增长趋势

图 1.4　统计回归模型为未来的经济增长趋势提供了一个精确的预测结果

人们总是习惯于用单一的数字来说明一件事情——这几乎是一种无法抗拒的倾向。帕特里克·里奇（Patrick Leach）在一本名为《你为什么不能给我一个精确的数字》（*Why Can't You Just Give Me the Number ?*）[3] 的书中就详细地描述了这种倾向。他在书中指出："某种价值标准一旦产生并形成文字，一旦被融入公司的商业计划，便成了牢不可破的真理。"

事实上，图 1.4 中的数据表示的是美国 2000 年 1 月到 2005 年 12 月的房价增长情况（参见标普 /Case-Shiller 房价指数 [4]）。与这样的线性回归模型相似的还有数不清的模型，人们分别以它们为依据堂而皇之地进行了糟糕透顶的投资。

如图 1.5 所示，2005 年之后的房价并非像上述回归模型预测的那样继续上涨，而是逐渐下跌。然而，令人惊讶的是，很多用来监控经济运行情况的风险模型甚至根本没有考虑下跌的可能性。2008 年 12 月，迈克尔·刘易斯（Michael Lewis）在 Portfolio.com 网站上发表了一篇名为《终结》（*The End*）的文章。刘易斯在文中谈道：当有人询问标准普尔公司"房价下跌将会对违约率带来什么影响"时，他们居然回答说他们的房价增长模型根本就不考虑房价下跌的情况。这种模型就如同在抛掷一枚硬币的时候每次都必须正面朝上一样荒谬！

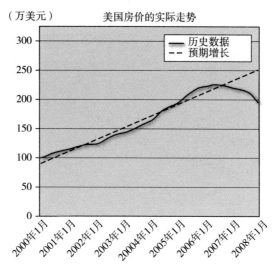

图 1.5　2000 年 1 月到 2008 年 1 月的实际房价走势

红龙虾餐厅

2003 年夏天，红龙虾海鲜连锁餐厅推出了一个以螃蟹为主打食品的自助餐促销计划。此后不久，红龙虾餐厅的主管便黯然离职。根据《圣彼得堡时报》（*St. Petersburg Times*）的说法[5]，红龙虾餐厅的人事变动一方面是因为"管理层大大低估了阿拉斯加（Alaskan）人的食量"，另一方面是因为"螃蟹的批发价格大幅上涨严重挤压了餐厅的盈利空间"。

我猜想在制订这个促销计划之前，高层管理人员很可能统计了吃螃蟹顾客的平均比例，而且了解了每位顾客对螃蟹的平均消费量以及螃蟹的预期均价。有了上述三个数据之后，红龙虾餐厅的高管一定会兴奋地计算这次促销将给他们带来多少利润，然而，这种计算方法存在严重的问题。

如果顾客的螃蟹消费量超过了预期，那么每一个消费螃蟹的顾客都会为餐厅带来亏损。《圣彼得堡时报》援引该公司总裁乔·R. 李（Joe R. Lee）在一次电话会议上的话说："如果每位顾客消费两份螃蟹，我们还有利可图，问题是他们往往要吃三份以上。"更糟糕的是，一旦需求超过了预期，促销活动本身就有可能会引起螃蟹价格的上涨。

因此，实际的平均利润就必然低于以平均需求、平均消费量以及平均价格为依据计算出的预期利润。

红河水灾

1997 年春天，根据美国国家气象服务局的预报，红河（Red River）水位最高可能达到 50 英尺（约 15.24 米）。随后，《纽约时报》（The New York Times）援引专家的话说："国家气象局不可能对洪水水位做出如此精准的预测。"[6]而且，大福克斯市（The City of Grand Forks）的通信官汤姆·穆尔汉（Tom Mulhern）也认为："虽然美国国家气象服务局做出了不恰当的预测，但是老百姓对此深信不疑。"《纽约时报》的文章认为："事实上，红河水位有很多种可能性，但是，过于精确的预测让当地人产生了一种错误的安全感。"文章还指出："据说，这就是数学家和哲学家阿尔弗雷德·诺斯·怀特黑德（Alfred North Whitehead）曾经定义的那种'不合时宜的具体'。有人认为，无论是预测气候变化、地震，还是预测干旱或者洪涝灾害，对不确定性因素、误差幅度以及概率范围的忽视都可能会导致错误判断并带来灾难性的后果。"

这是一个可以说明平均值存在缺陷的典型案例。为了更好地说明问题，让我们做出如下的假设。假如进行预测的时候，红河的预期最高水位的确是 50 英尺，尽管如此，未来的实际水位仍然存在变数。毕竟，谁也无法准确知道未来的天气状况，正如抛掷一枚硬币的时候，硬币既可能正面朝上也可能反面朝上一样，在未来的日子里，既可能暴雨倾盆，也可能只是毛毛细雨。所以未来红河的最高水位既可能涨到 55 英尺（约 16.76 米），也可能只有 45 英尺（约 13.72 米）。由于人们是根据 50 英尺的最高水位设计的沿岸堤防，只出现毛毛细雨的时候，红河地区将会安然无恙。但是不要忘了，出现倾盆暴雨的概率同样有 50%，而一旦出现这种情况，该地区就将面临高达 20 亿美元的洪灾损失。

简而言之，平均 50 英尺（45 英尺和 55 英尺的平均值）的最高水位似乎并不会带来任何灾难，而实际上沿岸百姓却要承受高达 10 亿美元（0 美元和

20 亿美元的平均值）的平均损失。

事实上，在 1997 年春天，大福克斯市发生了一场导致 5 万多人流离失所的巨大洪灾。《纽约时报》报道说："假如人们很好地认识和表达了天气预报的不确定性，那么，虽然不能完全避免这场灾难，但是，在穆尔汉先生看来，红河沿岸的堤防完全可能得到更充分的加固，老百姓也可能采取更多的措施来保护他们的生命财产。然而，事实却是，'一些人一直到洪水越过河堤漫到了街道上才开始仓皇撤离'。"从图 1.6 我们可以看到洪水略高于平均水位和略低于平均水位的区别。

现在，如果你对按照更高的标准来预防自然灾害还有所怀疑的话，请考虑如下事实。对全部建筑物都符合防震标准的现代都市而言，一场里氏 7 级地震也许只会造成数百人的伤亡，但对世界上的欠发达地区来说，同样的地震通常会夺去数万人的生命。

（a）　　　　　　　　　　　　　（b）

图 1.6　（a）洪水略低于平均水位（安然无恙）和
（b）洪水略高于平均水位（灾难降临）

 请登录 FlawOfAverages.com 网站观看和体验本章多个案例的动画模拟。

橙县破产案

1994 年夏天的经济形势：利率很低，而且短时间内不会改变，甚至还将继续下跌。在此之前，加利福尼亚州（California）橙县（Orange County）就以预期的利率水平为参考，针对该县教师和消防人员的养老金制订了一个金融投资计划。多年以来，在县财务官罗伯特·西特伦（Robert Citron）的运作之下，这项投资基金获得了远高于同类政府基金的收益。在那些经验丰富的投资人看来，这实际上正是一个危险的信号；正如他们所说，天下没有免费的午餐。在1994年的竞选中，约翰·穆尔拉奇（John Moorlach）是罗伯特·西特伦的竞争对手，虽然他没能当选橙县财务官，但他在竞选演说中一语中的："西特伦先生认为自己一直能够对市场前景洞若观火，并且在投资领域永远比别人技高一筹。然而，那是不可能的。"[7] 尽管如此，愿意为他们提供资金的投资人依然蜂拥而至。事实上，大规模地举债经营已经使该基金陷入非常危险的境地，到1994年12月，该基金终于陷入破产的境地。

1995年，加利福尼亚大学欧文分校（University of California at Irvine）的菲利普·乔瑞（Philippe Jorion）教授表示：如果橙县的官员认真考虑过可能的利率浮动范围，而不是简单地了解一下预期的平均利率就进行投资，那么他们本可以很容易地察觉到迫在眉睫的危险。[8]

养老基金根本没必要进行这样的投资。而且，只要该县的领导稍微了解一下他们面临的风险，肯定会采取更为谨慎的投资策略，及时防范可能的财政灾难。

英国红衫军

1775年春，北美殖民地居民担心英国人会突然袭击马萨诸塞州（Massachusetts）的莱克星顿（Lexington）和康科德（Concord）。因此，波士顿（Boston）的爱国人士（当然我的英国朋友谈到他们的时候不会使用这样的称呼）制订了一个周密的应对计划。这个计划明确地考虑了可能的不确定因素，即英国红衫军从陆路进攻和从水路进攻两种情况。正是基于这种考虑，这些在现代决策分析方面令人尊敬的先驱才做出了正确的部署。假如保罗·里维尔（Paul Revere）和其他民兵突击队员只考虑到一种情况，即英国红衫军从水路进攻，那么，美国的历史恐怕就要改写了。

为什么总是做出错误的预测

当管理人员让他们的下属对某一种情况做出预测的时候，他们真正想要的只是一个精确的数字——这就必然涉及平均值的缺陷。比如，在前面所举的例子当中，那位市场部经理本来已经向领导提供了关于新型电脑芯片市场需求的正确预测，然而，领导却不买账，采用了市场需求的平均值，因此错误地预测了平均利润。在另一个例子当中，10个部门经理针对各自负责的子程序的平均研发周期（6个月）都做出了正确的预测，然而，他们的领导却利用这些数据对整个软件开发项目的研发周期做出了错误的判断。还有，那个抗生素公司的生产部经理本来也正确地预测了平均市场需求，然而，副总却利用这个数据错误地预测了生产成本。

在上述案例当中，虽然下属提供的都是正确无误的平均值，但是做出错误预测的上司最终都会将责任推给这些倒霉的下属，对他们做出相应的惩罚。这其实很不公平。

丹尼尔·H. 平克（Daniel H. Pink）在他的《全新思维》（*A Whole New Mind*）[9] 一书中预言了擅长形象思维的右脑在未来的商业社会中会比擅长逻辑分析的左脑更有优势。按照传统来说，统计学和概率论都是左脑擅长的领域。然而事实上，由于左脑总是固执地追求精确的结果，往往会因为平均值缺陷而做出错误的预测。相反，在解释事物不确定性因素的固有模式方面，右脑比左脑更有优势。

在下面的章节中，我将为读者介绍一些能够让人们直观地看到这些模式从而使右脑重新发挥应有作用的新技术。

第 2 章
代数学"铁幕"的降落和平均值缺陷的暴露

1973 年，我获得了计算机与运筹学专业的博士学位。众所周知，在第二次世界大战当中，数学首次被大范围地用来解决空前的军事问题，而这种应用也催生了运筹学这门新学科（虽然运筹学和"敌情研究"的英文缩写都是 OR，但是它们并非同一个概念。后者指的是在政治活动中为了丑化、打击竞争对手而千方百计地搜集关于对方不光彩经历的信息）。获得博士学位之后，我在通用汽车公司的研究实验室里工作了一年半。在此期间，我先后从事过产品优化、市场营销等多方面的研究工作。相对于学生时代的纯学术研究而言，我更乐于去探索和解决现实生活中的具体问题。要是通用汽车公司当初采纳了我的建议，将它的实验室搬到意大利（Italy）里维埃拉（Riviera）的话，恐怕我现在还在那里工作。

成为一名管理科学家

1974 年，我开始在芝加哥大学（University of Chicago）商学院研究生院教授管理学课程——商学院所谓的管理学其实就是运筹学。这似乎是一份可以让我为之奋斗终生的职业，然而，不久我就对这份工作深感失望，因为我发现能够理解这门课的学生仅占 10%，而这些学生当中，也只有 10% 的学生能够将所学的理论应用于实践。

让学生最头痛的课程之一是可以用来进行资源配置的线性规划（LP）。

这门课程虽然从理论上来说可以实现利润最大化，但是，实际应用起来却异常麻烦。要学好这门课程，必须弄明白大量像自行车的运动方程式一样艰深的理论。

放弃管理科学

事实证明，现实中的管理人员和管理科学理论之间隔着一层代数学的"铁幕"。正因如此，我在 1976 年放弃了这个枯燥、呆板、毫无生气的领域。然后，我一边从事日常工作——在商学院教授基础商业数学和计算机科学，一边试图在芝加哥林肯大道（Lincdn Avenue）上的酒吧里做一名民谣歌手，不过，我并不成功。我之所以没有把音乐作为终身职业，主要有两个原因：一是这条街上的大多数音乐家都比我优秀得多；二是这些比我优秀得多的音乐家也没有在这个行当里混出个名堂。

到了 1979 年，因为仍然不愿意在学术界了此一生，我就以荷兰版画家埃舍尔（M. C. Escher）的镶嵌艺术为基础开发了一种新型智力拼图玩具，并且将它推向了市场。虽然这种玩具销路很好，但是我们始终无法降低生产成本，实现盈利。不过，为了更好地经营这个小公司，我们购买了一台 Radio Shack 公司生产的 TRS-80 微型电脑——这让我在获得计算机相关领域的博士学位 6 年之后，第一次同计算机建立了一种意味深长的联系。

 我在这一时期的演唱录音以及上述拼图玩具的交互式电子版本都可以在 FlawOfAverages.com 网站上找到。

重新做一名管理科学家

到了 1985 年，微型电脑革命已经如火如荼了。参与过 TRS-80 电脑编程的年轻工程师迈克·坎贝尔建议我们向个人电脑用户销售线性规划软件。他在美国普渡大学（Purdue University）学习过这门课程，而且还是真正能够理解这门学科的少数学生中的一个。由于刚刚拒绝了在芝加哥大学教授这门令人畏惧的课程，一开始我对坎贝尔的建议并不热心："迈克，线性规划只是教授在课堂上高谈阔论的玩意儿，在实践中根本就没有人会去用。"但事实上，我在芝加哥大学的同事莱纳斯·施拉格教授和他的程序员凯文·坎宁安（Kevin Cunningham）已经开发了一套程序，这套程序可以翻译由VisiCalc——这是世界上最早的电子表格软件——保存的文档，而且可以利用他们的 Lindo 线性规划软件来对这种文档进行处理。后来，我和迈克与他们合作将这一技术运用于 Lotus 1-2-3 软件——该软件是当时最畅销的电子表格软件——并将其推向了广阔的市场。对已经非常熟悉电子表格的用户来说，只需要操作 10 个附加的功能键就可以进行线性规划了。我们将改进之后的软件包称为 What'sBest!，直到今天，还有众多的用户在使用这套软件。

如今，在我看来，芝加哥大学的线性规划课程已经简化成了"每周学习一个功能键的用法"——然而，这样的结果并不会迅速赢得学术界的喝彩。事实上，当一个在线性规划方面有着丰富经验的人使用 What'sBest! 的时候，会发现原来那些大量烦琐的步骤现在都已经没必要了，这就好像是给一个背负重担艰难跋涉的行人配备了一辆牛车一样。因此，尽管 What'sBest! 没有一夜成名，但它的确算得上是一个取得重大技术突破的产品。正因如此，该产品在 1986 年荣获了《个人电脑杂志》（PC Magazine）颁发的"技术卓越奖"[1]。电子表格的成功研发使横亘在管理科学理论和管理实践之间的代数学"铁幕"徐徐降落，而我再一次成了一名管理科学家。

如今，莱纳斯和凯文仍然在通过 Lindo 系统公司[2]销售 What'sBest! 软件。而迈克正担任 Fair Isaac 公司的首席运营官——Fair Isaac 公司主要为客户提供业务分析模型，个人信用评级系统是它最著名的产品。

再次上路

1990 年，在芝加哥大学商学院研究生院院长杰克·古尔德先生的帮助之下，我开设了一系列针对电子表格的管理学研讨课程，在随后的几年里，我一直在全国各地讲授这一课程。现在，我正在充分利用 10 年前在酒吧演奏音乐时获得的人力资本。不过，如今我的观众都需要付费，而且，当年的吉他已经被键盘（即电脑）所取代。我的课程包括了优化、模拟以及预测，而且当听众有什么特殊要求的时候，交互式的电子表格环境可以让我随时做好解答的准备。

在此期间，我接待或拜访了好几千名电子表格的用户，并且从中发现了这一诱人的新工具所带来的意想不到的后果：通过诱使数以百万计的管理人员用单一的数据取代多个不确定性数据，它已经成了平均值缺陷四处蔓延的媒介。从那时开始，我就一直致力于寻找解决这一问题的途径。

重操旧业

20 世纪 90 年代初期，当我开始我的"十字军东征"的时候，已经有多种技术可以从理论上解释平均值的缺陷。最迫切的问题是人们对此一无所知。事实上，在几年之前，我还主要从事公共关系（PR）方面的工作。公共关系对我来说并不困难，毕竟，公共关系同我原来从事的运筹学（OR）之间只有一个字母之差。

但是，公共关系也有局限性。我在这一领域从事教学和咨询工作 10 余年。在此期间，我认识到信息技术能够通过多种创新的途径来改善应对不确定性因素的方法。因此，现在我再一次致力于研究如何利用电脑技术来帮助人们进行科学决策。换句话说，我重新开始了运筹学领域的研究。

第 3 章
减轻平均值的危害

本章将会简要地介绍一些能够有效应对平均值缺陷的技术。自从 20 世纪 90 年代初期我开始研究这一问题以来，这些技术已经获得了长足的进步，而且，和大多数科学进展一样，它们往往相互关联。与此同时，它们还和不断发展的管理实践密切相关。首先，我将介绍一下信息技术的发展，然后，再以日光灯的应用为例进行详细的论述。

概率管理

严格来说，微型电脑革命发端于 1976 年。在这一年，随着文字处理器的诞生，人们不需要笔墨就可以自由书写，因此，书写、校对以及编辑信件和书稿的繁杂工作几乎在一夜之间就变得轻而易举。及至 1979 年，第一个电子表格软件 VisiCalc 的出现又给会计和商业建模领域带来了同样的革命。

20 世纪 80 年代末期，各个组织都有自己的数据管理系统。在这些系统当中，大型中央数据库可以将各种数据连同个人电子表格一起在电脑之间随意传递。虽然这些系统给人们带来了很多便利，但它们也让平均值的缺陷在企业间广泛传播。

概率管理也可以被看作一种数据管理系统，不过，在这个系统当中，被管理的对象并不是数据，而是各种不确定性因素，也就是概率分布。中央数据库是一个包含数千个具有潜在价值的不确定性经营参数的随机信息库

（stochastic library）。这些随机信息库可以和不同的电脑分布处理器相互交换信息——正如文字处理器处理文字或者电子表格处理数据一样，这些电脑分布处理器被用来处理概率分布。

在写作本书时，概率管理的应用依然处在初级阶段，但是它已经在壳牌石油公司、默克制药公司（Merck and Co.）以及奥林公司（Olin Corporation）等诸多企业得到了推广应用。在若干年之前，这些企业的所有管理人员都已经开始采用一些不可思议的方法来设想、表达以及处理各种风险和不确定性因素，而这些方法都源于蒙特卡罗（Monte Carlo）模拟。

蒙特卡罗模拟

在爬上梯子粉刷墙壁之前，你一定会先摇一摇梯子。这种随意摇晃梯子的做法其实就是一种模拟——模拟爬上梯子之后的情景。然后，你会根据模拟的结果对梯子的摆放做出相应的调整，从而尽可能地降低爬到梯子上之后出现危险的概率（见图 3.1）。

图 3.1　蒙特卡罗模拟的日常应用

注：丹泽戈尔绘。

与摇晃梯子类似，我们可以采用一定的计算方法来检验不确定的商业计划、工程设计或者军事部署的可靠性。蒙特卡罗模拟就是这样的计算方法。通过数千种随机输入并追踪相应的输出结果，蒙特卡罗模拟可以对一个商业、桥梁或者战争模型进行推演，从而预测出经营不善、桥梁坍塌或者战争失败的可能性。你对梯子施加的外力被称为"输入概率分布"，在蒙特卡罗模拟当中，它就相当于市场对你的产品不可捉摸的需求、难以预料的地震强度或者你将遭遇到的不确定的敌人。在你施加外力之后，梯子的运动情况被称为"输出概率分布"，在蒙特卡罗模拟当中，与此相应的是你的企业利润、桥梁的受损程度或者你方军队的人员伤亡情况。

这一技术是由波兰数学家斯坦尼斯瓦夫·乌拉姆（Stanislaw Ulam）于1946 年在参与曼哈顿计划（Manhattan Project）的时候提出来的。现在，多种软件包在 Excel（微软一款电子表格软件）环境下都可以进行蒙特卡罗模拟。

由纽约州伊萨卡（Ithaca）市的 Palisade 公司在 1987 年设计出来的@RISK 就是这样一款风险分析软件。在被移植到 Excel 之前，它曾经是Lotus 1-2-3 软件中的一个插件。记得在 20 世纪 90 年代初期，我使用 @RISK软件重新做过一个实验，结果只用了一个小时就完成了在 70 年代初期读大学时要花好几个月才能完成的工作。如今，Palisade 公司的业务已经遍及全球，可以为客户提供全方位的咨询和培训服务。

Crystal Ball 也是一款用 Excel 运行的风险分析软件。它由 Decisioneering公司于 1986 年设计开发，最初只可以在苹果公司生产的麦金塔电脑（Macintosh）上使用，但不久之后，它就可以在 Windows（微软视窗操作系统）上使用了。[2] 有迹象表明，现在蒙特卡罗模拟已经成为风险建模的主流方法，而且，最近被美国甲骨文公司（Oracle Corp.）收购之后，Decisioneering 公司将有可能同整个企业信息系统产生更密切的联系，影响更广泛的人群。因此，Crystal Ball 拥有良好的发展前景。如今，在迅速成长的风险软件市场中，Crystal Ball 和 @RISK 占据了大部分的份额。目前，它们在军队、政府和企业当中一共拥有 10 万多用户。

@RISK 和 Crystal Ball 已经发展成功能非常强大的企业软件包，但我需要一款比较简单的教学软件。于是，1998 年，我开发出了一个名为 XLSim的软件包，以配合教材使用[3]。这个软件包使用方便，而且在蒙特卡罗基本概念的教学和开发小型应用软件方面都非常成功。

到了2007年，由前线系统公司研发的Risk Solver软件包为模拟开创了一个新的时代。[4] 这款软件的运行速度非常快，当你在电子表格中交互输入输出各种可能情况的时候，模拟过程还能够继续进行。顾名思义，交互模拟可以让电子表格用户像处理各种数据一样处理概率分布，如计算它们的总和，利用各种公式对它们进行处理以及同其他人分享信息等。巧合的是，Risk Solver软件包的研发人正是20世纪70年代末期电子表格革命的奠基人之一——丹·费尔斯特拉（Dan Fylstra）。

目前，最常用的模拟形式是Excel模型与上述某一种插件产品的组合使用。在模拟的过程中，不确定性因素的输入会被连续地替换成随机生成的各种数据，而模型的输出也会被记录和分析。这种模拟和摇晃梯子的例子最像。

其他更复杂的模拟形式能够模拟连续的动态过程，如工厂的工作流程，飞行途中机翼周围空气的流动状态以及血液在血管里的流动情况等。这些模拟类似于释放一个摆锤，让它击中一个台球，使台球撞上多米诺骨牌。

如果你可以熟练运用Excel，那么只需要敲击几下键盘，就可以完成与摇晃梯子相似的模拟过程了。不过，要完成那些复杂的动态模拟，则需要更多的技巧和努力。如果你暂时做不了这样的模拟，那么，还是循序渐进，先从摇晃梯子开始吧。

 如需了解更多信息并且免费下载和试用更多上述两种模拟过　程的应用软件，请登录FlawOfAverages.com。

概率分布的重要性

模拟之于不确定性就像白炽灯之于黑暗。使用白炽灯并不能阻止太阳落山，同样，模拟的应用也不可能消除各种不确定性因素。但是，正如白炽灯的光明照亮了地下室的楼梯，从而降低了你摔伤的可能性一样，通过模拟，我们就会清楚地发现平均值的缺陷。大多数人并没有因为白炽灯作用有限而对它弃之不用，同样，我们也不能因为模拟并非万能而将它束之高阁。从这个意义上来说，如今在交互模拟方面取得的进步，就好比用白炽灯取代原始的碳弧灯一样。

不过，关于模拟，还有如下几个问题需要说明。

供电网络

为了弄明白这些问题，首先请想象一下 1880 年托马斯·爱迪生（Thomas Edison）提着满满一箱子崭新的白炽灯在麦迪逊大道（Madison Avenue）上沿街叫卖的情景。你也许会认为这种伟大的发明在当时肯定十分畅销，然而事实并非如此。原因很简单，因为那时候几乎没有供电网络。下面让我们继续前面的类比。如果没有电，白炽灯就无法使用，同样，如果没有输入概率分布，模拟过程也不可能进行。大多数使用白炽灯的人都不能为自己供电，他们需要使用由专家生产的电力。同样，大多数管理人员都不知道如何创造输入概率分布，所以他们都是概率分布的潜在消费者。和这些身处管理一线的实践者不同，那些与世隔绝的统计学家、工程师、计量经济学家知道如何创造概率分布，也就是说，他们是概率分布的供应者。既然有了消费者和供应者，那么现在还缺什么呢？

当然，缺的就是对概率分布的发布了。

而发布概率分布的任务主要由前面提到的随机信息库来完成。这些随机信息库是企业关于不确定性因素方面的信息宝库。关于这一点，我们将在本书的第三部分进行详细的论述。现在，只需要将它们是想象成为白炽灯提供能源的供电网络就行了。

供电局长

2005 年，在乘飞机从旧金山飞往伦敦的途中，我结识了一位名叫张凯文（Kevin Chang）的同路人——如今他是伦敦巴克莱集团（Barclays）的战略顾问。当我向他谈起上述观点的时候，他稍事沉吟，然后说："我认为这件事情应该由 CPO（首席概率官）来负责。"张凯文不经意的一句话让概率管理理论又多了一个重要的概念。如果将模拟比作白炽灯，将概率分布数据库比作供电网络，那么 CPO 就相当于负责为用户提供符合安全标准的电力的供电局局长了。如果你使用吹风机时发现你家插座里的电压是 2 万伏，那么，无论你能否幸免于难，当地的供电局局长都要丢官罢职。同样，如果一个 CPO 不能发布符合实际的概率分布——比如，采用一个只允许上涨不允许下跌的房价模型，那么，他也是要丢饭碗的。

模拟结果不能简单相加

你能够想象一家大公司只使用一个巨型电子表格来处理全部财务报表吗？如果是这样，那么不仅需要有数百名管理人员成年累月地输入必要的数据，而且，最终整理出来的文档也会大得令人难以想象。因此，企业财务报表往往都是企业部门、分部门以及更小的组织单位报表的简单相加。

不过，在进行模拟操作的时候就不能再这么做了，换句话说：不能把模拟的结果简单相加。我将在以后的章节中详细论述不能这样做的原因，现在，仍然以梯子为例继续我们的讨论。假如一个公司有两个部门，每一个部门都面临不同的不确定性因素。我们可以将这两个部门分别看作一个"梯子"，那么，整个公司就可以看作由一块木板连接在一起的两个梯子。现在，假如分别摇晃两个各自独立的梯子，它们发生倾覆的概率都是 10%。

那么，这两个梯子同时发生倾覆的概率当然就是 1%（10% 乘以 10%）了。但是，当两个梯子用木板连接起来之后，情况就大不相同了。现在，只要其中一个梯子发生了倾覆，就会通过相连的木板拉着另一个梯子一起倒地。因此，两个梯子同时倾覆的可能性一下子就从 1% 上升到了差不多 20%。

由此可见，在模拟整个公司的运作情况时，不能仅仅分别摇晃两个"梯子"，然后将结果简单相加。而应该先将两个"梯子"连同木板连接在一起，然后再摇晃这个整体（见图 3.2）。但是，正如前面所说，仅仅用一个巨型的电子表格来处理全部财务报表，对一个大公司来说是不现实的，更不要说针对整个行业了。对这个问题，道格·哈伯德（Doug Hubbard）在《风险管理的失败》（ *The Failure of Risk Management：Why It's Broken and How to Fix It* ）一书中做了如下论述："公司内部缺乏通力合作将使风险管理[5]的另一个重要步骤——合作建立超越机构界限的产业、经济和全球风险模型——几乎无法实施。"

图 3.2　局部模拟结果简单相加并非就是整体的模拟结果

注：丹泽戈尔绘。

　　在企业层面预测风险的时候，有一个值得称道的方法叫"风险价值"，不过，这个方法完全没有预料到正在肆虐的金融动荡。在后面的章节中，我将详细论述这一方法，不过，在这里我要先强调一点：这个方法要么是进行一大串复杂的代数运算，要么是将众多部门的模拟结果简单相加，因此最终还是（再一次）得到一个单一的平均值。"风险价值"可以预测某个商业机构在特定时期内以特定的概率面临多大潜在损失。如果计算结果表明，一项投资在未来的一周里 5% 的风险价值是 10 万美元，那么，这就意味着在未来的 5 个工作日内，它有 5% 的概率面临至少 10 万美元的损失。

综合风险报表

　　概率管理的一个重要贡献在于，它提供了一种可以将局部模拟结果汇总到一起的方法。也就是说，在进行风险模拟的时候，你不需要用木板将所有的"梯子"都连接在一起，相反，只需要分别摇晃每一个"梯子"，然后将所有的模拟结果汇总到一起就可以了。如果某一个部门的情况发生了变化，你可以再单独晃动这个"梯子"，然后将模拟结果并入上述模型即可。这就为企业界提供了一种新的分布式的协作风险建模方法，这种方法不仅与"风险价值"相互兼容，而且更加全面、明晰和直观。

其中一项关键的新技术是一种名为概率分布列（DIST）的电脑数据类型。这种数据类型可以像处理各种数据一样对模拟结果进行汇总。最近，一个行业标准组织（该组织包括甲骨文公司、SAS软件研究所、前线系统公司以及其他一些重要公司）为这种数据类型制定了一个标准的格式。我们可以将这些概率分布列看作随机信息库中的图书，它们可以确保在不同的平台上，通过多种应用软件对概率分布进行创造、处理和汇总。

在过去的几年里，概率管理已经被壳牌石油公司用来解决战略投资问题。[6, 7]他们先分别对众多的石油勘探项目进行模拟，然后将模拟结果汇总起来，形成对整个勘探计划的模拟，从而多角度地展示潜在的风险。最近，默克制药公司也在对多个药物研发项目进行投资时采用了相似的风险预测方法。在以后的章节中，我将对这些案例进行详细的介绍。

总之，概率管理的方法在揭示平均值的缺陷方面有巨大的潜力，不过，要将这些潜力完全挖掘出来，还需要我们付出巨大的努力。最终，企业有可能利用这一方法创造出综合的、可审计的风险报表——这种风险报表也许可以对未来的金融动荡（比如2008年发生的金融动荡）提前做出警告。对此感兴趣的读者可以登录ProbabilityManagement.org网站，随时关注这一领域的最新进展。

第4章
莱特兄弟给我们的启示

莱特兄弟——奥维尔·莱特（Orville Wright）和威尔伯·莱特（Wilbur Wright）——本来就是我十分敬仰的英雄，而到了20世纪70年代末期，当我克服了巨大的困难，学会了驾驶滑翔机的时候，他们在我心目中的形象就更加高大了。这不仅仅因为他们建造了世界上第一架飞机，还因为他们在没有飞行教练指导的情况下，完全靠自己学会了如何飞行。

那么，为什么那么多人都没有成功而他们的飞机却飞上了天空呢？一句话，他们正确地选择了模型。比如，有一次，威尔伯·莱特一个人坐在自行车店里，漫不经心地摆弄着一个用来装自行车内胎的细长的盒子。当他抓着盒子的两端把它拉得弯曲变形的时候，一个重要的灵感便由此诞生了。这时候他突然意识到，控制飞机的平衡这个困扰他多时的难题也许可以解决了。他可以运用同样的原理来弯转和扭曲机翼，从而实现让飞机左右转弯的目的。于是，莱特兄弟立即做了一个风筝来验证这种想法——这一想法是他们的设计获得成功的基础之一。因此，可以说世界上第一架飞机的第一个模型是一个装自行车内胎的盒子。

在成功完成第一次飞行之前，莱特兄弟建造了很多模型，包括一些他们自己尝试飞行用的无动力滑翔机。奥维尔曾在一封信中说："一旦有了令人兴奋的想法，我和威尔伯就会夜不能寐，为了早点将它们付诸实践，我们往往天不亮就起床了。虽然很辛苦，但是我们觉得很幸福。"[1]读到这段话时，我们马上就想到著名的莱特兄弟驾驶着他们的滑翔机在北卡罗来纳州（North

Carolina）基蒂霍克（Kitty Hawk）的沙丘上空展翅翱翔的情景。不过，事实并非如此，奥维尔的话实际上指的是他们利用模型机翼进行的关键的风洞试验。当年冬天，莱特兄弟在他们的老家俄亥俄州（Ohio）有了重大突破：他们的飞机机翼的几何形状与竞争对手截然不同。

现在，让我们假设研发世界上第一架飞机的任务是由两个企业家完成的。那么，作为一项风险投资，其首要目标就是让公司获得民众的认可。为了实现这一目标，他们意识到必须要让他们的飞机飞行更远的距离并且运载更多的乘客。另外，他们知道乘客在飞行途中需要方便，因此，他们引以为自豪的第一个设计便是在飞机上建造设施齐全、功能完备的卫生间，而且，他们会选择合适的时机和场合将这一设计公之于众（见图4.1）。

图 4.1 带卫生间的 "飞机"

注：丹泽戈尔绘。

在建模方面具有讽刺意味的是，如今在任何一架现代化的飞机上都找不到与装自行车内胎的盒子类似的地方，相反，在看到飞机的时候，人们很容易误以为它们的最初模型就是上述两个企业家设计的卫生间。事实上，那些最重要的模型就像孕育了生命的胚胎，胚胎和成熟的生物体之间也许并没有相似之处，然而它包含着生物体不断发展所必需的基因。

为你的商业计划设计一个"风洞"

我认为探究平均值缺陷最可靠的方法是针对你的企业运营状况设计一个小型的电子表格模型，并以此来模拟你面对的各种不确定性因素。这就好比将你的商业计划放置于风洞中进行检测。我设计了与本书多处内容配套的 Excel 模型或者动画，读者可以登录 FlawOfAverages.com 网站下载或者观看。其中第一个例子就是与第 1 章内容配套的动画。如果你还不会使用电子表格，那么你可以在脑海当中做一个思想实验。下面是一些卓越的模型设计者的提示和告诫，希望能对广大读者学习建模有所帮助。

> 所有的模型都是错误的，但是有一些模型对我们是有帮助的。
>
> ——工业统计学家乔治·博克斯（George Box）

现代质量管理之父威廉·爱德华兹·戴明（W. Edwards Deming）也引用过这句话。的确，即使是不太相似的模型，也能够对你有所启发，即便是非常近似的模型，也不可能准确无误，因此不要把模型看作绝对的真理。

> 你可以撒一点谎，但是你绝不能误导别人。
>
> ——数学家保罗·哈尔莫斯（Paul Halmos）

保罗是著名的数学家和文笔流畅的作家，同时是我父亲的老朋友。当第一次听到他说可以为了通过数学考试撒一点谎的时候，我感到十分震惊。但是他进而强调，一旦完成了学习目标，就应该主动向老师承认错误。其实，模型也是如此，它们并不能代表全部的事实，但是我们决不能因为它们存在瑕疵就允许它们误导大众。然而事实上，如今过分依赖单一的平均值的风气正在将我们的社会引入歧途。

一个成功的模型可以让你有意想不到的收获。

——华盛顿特区顾问杰里·P. 布拉希尔（Jerry P. Brashear）

这句忠告是在鼓励你去对那些自己不懂的事情（比如机翼）建模，而不是去对自己熟悉的事情（比如厕所）建模。

建模共有 5 个步骤。

——斯坦福大学（Stanford University）计算机科学家唐纳德·克努特
（Donald Knuth）

克努特发现研发电脑程序需要 5 个步骤。这些步骤同样适用于建模，在咨询工作中，我就严格遵循着这些步骤。

- 第 1 步：确定建模的目的。
- 第 2 步：确定建模的方法。
- 第 3 步：实施建模。
- 第 4 步：检查纠错。
- 第 5 步：当你发现了自己真正想要的东西之后，抛弃前 4 步的努力，从头再来。

一旦你认识到第 5 步必不可少，你就会乐于及早地抛弃那些不良的模型，而不是继续对它们修修补补。事实上，我建议你通过构建一个不断发展的原型来反复进行第 5 步的工作。这和一种新兴的被称为极限编程[2]的系统开发方法非常相似。

为了获得一个有用的大模型，你必须先构建一个有用的小模型，而不是一个没有用的大模型。

——斯坦福大学能源经济学家艾伦·曼尼（Alan Manne）

为了证明曼尼提出的原则，请你想象一下如下两种差别很大的飞机模型：一种是由乐高公司（LEGO）精心制作的漂亮的却不能飞行的波音 787 梦想飞机[3]，另一种是用纸折出来的简单的却能够飞翔的飞机模型（见图 4.2）。从本书的角度来看，因为纸飞机模型可以用来展示基本的空气动力学原理，所以在准确性方面要远胜于乐高公司制作的模型。

图 4.2　纸飞机

一支铅笔好比一个拐杖，一个计算器好比一辆轮椅，而一台电脑则如同一辆救护车。

——科罗拉多矿业学院（Colorado School of Mines）教授吉恩·伍尔西（Gene Woolsey）

一个好的模型可以将你的"脑袋"（即理性）和"屁股"（即感性）联系起来，从而改善你的直觉。然后，当你在现实中遇到这种情况的时候，你也许根本就不需要模型了。

只要人们的想法足够清晰和准确，就一定可以将这种想法清晰、准确地展示出来。

——作家兼信息设计专家爱德华·塔夫特（Edward Tufte）

塔夫特一直致力于研究和推广有效的视觉展示，在我的印象当中，塔夫特的所有模型都可以通过一个或多个引人注目的图表清楚地展示出来。

对正确的问题（这些问题往往不够明确）给出近似的答案，远胜于对错误的问题（这些问题通常都很清晰）给出准确的答案。

——化学家、统计学家和快速傅氏变换算法的
发明者约翰·W. 图基（John W. Tukey）

图基是 20 世纪真正具有创新精神的科学家，他帮助开创了直观统计学（visual statistics）。在我看来，这句话恰恰道出了管理科学的要义：它应该更多地被用来提出正确的问题，而不是被用来寻找正确的答案。

始终关注那些还没有被模拟的事物。

——麻省理工学院研究员和作家迈克尔·施拉格

施拉格在《严肃的游戏》（*Serious Play*）一书中论述了企业为什么以及怎样来模拟现实并且以此为乐。他在书中强调：通过观察哪些事物还没有被人模拟，我们可以发现公司的禁忌，而这些禁忌也许恰恰就是最需要被模拟的事情，因为它们能够帮助企业进行自我改造。根据我的经验，那些还没有被模拟的事物，往往就是有诸多不确定性的事物[4]。

虽然我们的模型——包括风险模型和计量经济学模型——已经相当复杂了，但是，与推动全球经济实体的全部主导变量相比，它们还显得过于简单。

——美联储（U.S. Federal Reserve）前主席艾伦·格林斯潘
（Alan Greenspan）

这是格林斯潘于 2008 年 3 月 16 日在《金融时报》（*Financial Times*）上发表的一篇文章中的一段话。这篇文章主要讨论的是日益严重的金融危机。

我不同意这种说法。事实上，我们使用的模型不是太简单了，而是太复杂了。

——剑桥大学（Cambridge University）贾奇商学院管理学教授

斯蒂芬·朔尔特斯

这句话是对格林斯潘的回应。朔尔特斯认为，那种认为可以像模拟喷气式发动机的气流运动一样利用工程学技术来模拟未来经济风险的想法根本就是错误的。

聪明反被聪明误。

——本书作者萨姆·萨维奇

在这一点上，我赞同朔尔特斯的观点。那些建造模型的人往往倾向于将简单的事情复杂化，因为这样可以让他们显得更有才华。要知道模型并不是事实，它只是帮助你阐述观点的一个"谎言"。在为经济风险建模的时候，你的模型就是对其他人说的一个"谎言"，而其他人可能也在撒谎，那么，与简单的谎言相比，更具危害性的自然是复杂的谎言了。

第5章
驾驶舱里最重要的设备

壳牌石油公司的副总裁迈克·尼罗尔将从事石油勘探比喻成驾驶一架滑翔机。他认为，"在这两种情况下，你都是在冒着一定的风险寻找能源"。他还指出，仅仅接受过理论教育还不足以完成这两项工作："一张物理学文凭也许有助于你理解飞机如何向高空攀升，但是并不一定会让你成为优秀的飞行员。"

我很喜欢尼罗尔这个类比。我相信从理性与感性应该密切结合（见图5.1）这一点来看，驾驶飞机和管理企业是非常相似的。

本章将把尼罗尔的类比扩展到商业分析模型——商业分析模型就相当于飞机上的仪表和设备。很多管理人员对商业分析模型表示怀疑，事实上他们的怀疑是有道理的。

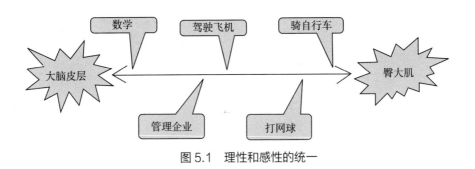

图 5.1　理性和感性的统一

学会用正确的方法进行学习

　　小型飞机的飞行员往往试图理性地进行飞行，即使是燃烧价值 50 美元的汽油去邻近的机场买一个汉堡这样不合理的任务，他们也会理性地执行。滑翔机的飞行员就不是这样。他们之所以从某一点出发，然后花费很长的时间返回原地，并不是因为这里面有什么可能的基本原理，仅仅是这样做令他们感到兴奋和激动。这是一种特别单纯的飞行。由于滑翔机自身没有动力，先要由一架具有动力装置的飞机将它们拉升到几千英尺（几百到一千多米）的高空，然后将它们放开，放开之后，在看不见的气流推动之下，它们也许会飞得更高——整个过程可能会持续好几个小时。

　　尼罗尔说过："我在驾驶滑翔机的过程中掌握了学习的方法。"我完全赞同他的说法。正如潜水或者爬山一样，只要你小心谨慎，一边驾驶飞机一边学习也是一件令人兴奋的事情，但是，对那些习惯在课堂上打瞌睡的同学来说，这样做就比较危险了。

　　从小我就试着制作和操纵飞机模型，因此，我认为飞行对我来说是一件自然而然的事情。但事实上并非如此。在飞行的过程中，我的理智和直觉常常发生冲突，它们必须在数千英尺的高空重新磨合，再次建立信任——在这个过程中，它们要团结协作，重新教我如何爬动、如何行走、如何奔跑、如何游泳以及如何骑自行车等。

　　在管理学中，一个重要的课题是如何依据滞后的信息进行决策。我将以如何控制滑翔机的飞行速度为例说明这一问题。控制滑翔机的飞行速度听起来十分简单：将操作杆向前推，它就会向下俯冲，同时加快飞行速度；将操作杆向后拉，它就会向上攀升，同时放慢飞行速度。你也许以为自己可以随心所欲地在空中玩"过山车"游戏。然而，事实并非如此。因为如果你飞得太慢，它将会突然失速下坠；相反，如果你飞得过快，机翼就会被撕裂。对初学者来说，时时刻刻都要小心提防这两种情况，因此，他们自然会对飞机的空速指示仪格外关注。不幸的是，飞机仪表的指针往往滞后于操作杆的变动，从而有可能导致预料不到的后果。

假如你试图保持 50 英里（约 80.47 千米）的时速，但是，飞机的时速已经降到了 45 英里（约 72.42 千米），这时候，外面的风声逐渐变小了，而且，你对飞机的控制已经不是很有效了。因此，你赶快向前推操作杆，同时紧盯着空速指示仪，直到它的指针指向理想的 50 英里 / 小时为止。这时，你才会抬头看看窗外，还会为自己避免了一次失速下坠而感到自豪。然而，因为整个过程中你一直在向前推操作杆，所以飞机向下倾斜的角度也一直在不断加大，而当空速指示仪的指针指向理想位置的时候，飞机的头部已经非常危险地指向了地面，同时整架飞机也开始了真正的加速。这时候，你突然意识到窗外呼啸的风声，于是赶紧查看仪表上的数字，却惊讶地发现时速已经达到了 65 英里（约 104.61 千米）。于是你迅速拉回操作杆，同时密切关注着空速指示仪，等待它的指针重新回到 50 英里 / 小时。而当指针再次指向 50 英里 / 小时的时候，由于飞机的头部已经抬得太高，因此，你不得不将时速再次降至 40 英里 / 小时（约 64.37 千米 / 小时）。于是，你陷入这样一个难以摆脱的恶性循环，从而距理想的飞行速度越来越远。

这种情况属于众所周知的驾驶员诱发震荡（PIO）现象，严重的时候会导致机毁人亡。具有讽刺意味的是，这时应急的解决办法是完全放开操作杆，直到飞机自己平静下来为止。但是，更彻底的解决办法则是密切关注飞机（攀升或者俯冲时）的倾斜程度而不是紧紧盯着空速指示仪。这需要运用智慧想象出飞机在不同时速时，地平线映射到挡风玻璃上的不同位置（如图 5.2 所示）。最终，我们的直觉会得到校正和调整，于是，对飞行速度的控制就变成了调整地平线在挡风玻璃上的位置。到时候，几乎不再需要空速指示仪就可以顺利飞行了。

 登录 FlawOfAverages.com，可以体验简单的斜度控制飞行模拟器，同时还可以通过链接看到真实的飞机在发生驾驶员诱发震荡现象时的视频。

因此，现在我们可以说驾驶舱里最重要的设备就是挡风玻璃。事实上，飞行教练有时候会专门盖住挡风玻璃，从而让他们的学生"把脑袋伸到驾驶舱外面"，换句话说，他们让学生看向窗外通过直觉来学习飞行——这已经成了飞行教练的传统做法。

那么，究竟什么才是政府、企业或者军队最重要的信息来源呢？并不是你电脑监控器上显示的画面和数据，而是你的视野。在那里，你的客户、委托人以及竞争对手都有待于你去认真观察。

像空速指示仪一样，分析模型最重要的功能在于调整和校正。它们可以不断改变你的思维过程，到了一定的程度之后，你也许就不再需要模型了。这就是吉恩·伍尔西所谓的"一支铅笔好比一个拐杖，一个计算器好比一辆轮椅，而一台电脑则如同一辆救护车"。

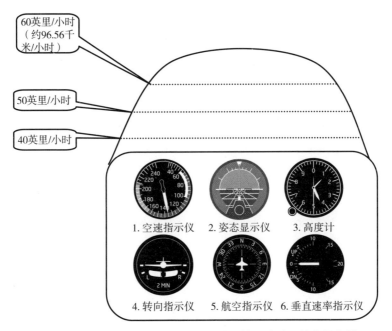

图 5.2　飞机的平衡速度同地平线在挡风玻璃上的位置有关

当本能和直觉不够用的时候，还要依靠仪表来飞行

在云层中穿行要比在目视飞行条件下飞行困难得多，甚至连飞鸟都会对

云层敬而远之。在仪表飞行规则（IFR）条件下，你的直觉可能会将飞机的死亡螺旋错误地理解成攀升飞行。在这种情况下，你不能信任自己的直觉，所以你必须更多地依赖你的理智，更多地运用精密的仪表。弗雷德·艾布拉姆斯（Fred Abrams）是一位经验丰富的飞行教练，他讲述过自己在仪表训练中亲身经历的一个故事。一次，当他在云层中依靠仪表飞行了一个多小时之后，他开始感到天旋地转。他从心底里对飞机仪表盘上的人工地平仪完全丧失了信心，因此，根本分不清上下左右了。这时候，他的教练感觉到了他的困惑，就让他小幅度地迅速推拉操纵杆，同时注意人工地平仪的变化。反复做了几次之后，明显但不是特别强烈的重力感终于将他的理性和直觉重新联系在了一起，他顺利地完成了那次飞行。

当你希望分析模型给你一个正确的答案而不是为你提出一个正确的问题的时候，你就相当于依靠仪表在飞行。很多企业花了数百万美元开发了大型的分析模型，却从来没有用过，就是因为没有人知道如何将这些模型同 CEO（首席执行官）的直觉联系起来。这时候，需要的是某种交互式输入——它们可以让用户像弗雷德推拉操纵杆一样，通过控制器进行数据输入。如果一个模型开发者声称"这个模型将给您一个正确的答案"，请相信我，这绝对不是一个好的模型。遗憾的是，在 2006 年和 2007 年，金融业并没有对风险价值模型表示出更多的怀疑。

那些优秀的飞行员在能见度良好的条件下，并不会依赖飞行仪表。然而，在茫茫云雾中穿行的时候，如果缺少了飞行仪表——哪怕是一两分钟，任何飞行员都无法生还。如果说管理企业就如同驾驶飞机，那么分析模型就好比飞机上的仪表。当"能见度"良好的时候，只需要将这些分析模型作为校正直觉的参照物，而在突然遇到茫茫的"迷雾"时，则需要小心地用它们来分析面前的不确定性。

第二部分　更好地理解不确定性的 5 个"思想把手"

沟通中的最大问题就是错误地认为沟通已经完成了。

——爱尔兰剧作家乔治·萧伯纳（George Bernard Shaw，1856—1950）

不仅沟通是这样，概率论和统计学课程同样如此。人们总是习惯用那些经典的理论来阐释这两门学科，事实上，那些经典理论不仅同蒸汽机车产生于同一个时代，而且同蒸汽机车一样陈旧过时。在这一部分，我试图为这一领域开辟新的途径。

正如把手可以帮助我们抓住某种东西一样，.某些原理也可以帮助我们更好地理解某种事物。在这里，我将这些原理定义为"思想把手"（Mindle）。在这一章里，我将介绍可以帮助我们全面理解不确定性的 5 个重要的"思想把手"。

也许你以前接触的统计学概念都是诸如方差、标准差之类的专业术语，但是，它们很可能都是产生于蒸汽时代早已不合时宜的明日黄花。在本书当中，我把这些技术术语称为"红色词汇"，并且用**特殊字体**以示区别。虽然我很不赞成使用这些词汇，不过，为了让我用浅显的语言（即"绿色词汇"）表述出来的内容与某些读者在课堂上所学的概念联系起来，我偶尔也会提到这些术语。

只要很好地理解了这部分内容，以后再有人向你卖弄那些深奥难懂的"红色词汇"时，你就不会一头雾水了。为了帮助你在这方面做得更好，我特意绘制了 5 个"思想把手"的简表（见表 P2.1）以及"红色词汇表"（见附录）。

表 P2.1　更好地理解不确定性的 5 个"思想把手"

绿色词汇 你已经知道的事物	思想把手 帮助你理解一种东西的事物	需要记住的东西	可以忘掉的东西
不确定性与风险	风险体现了人们的主观认识	对风险的态度	效用理论
不确定性数据	形态	分布、柱状图、积累分布、百分位数	随机变量
不确定性数据汇总	形态	多样化、平均值的缺陷（弱式）	西格玛、方差、标准差、中心极限定理
以不确定性数据为基础的计划		平均值的缺陷（强式）	随机变量函数、延森不等式
相关的不确定性因素		分散图	相关性、协方差

第 6 章
"思想把手"

多年来，我就风险建模的基本原理对数千名大学生和中层管理人员进行了大量的测试。通过这些测试，我发现概率统计的教学很容易，但是要让人们掌握这一学科的基本原理比较困难。而掌握基本原理可以使学生的理解水平达到一个新的高度，为了实现这一目标，我将简单地回顾一下人类的文明史。

首先，人类学会了阅读和书写，因此，知识被一代代地传承下来。

后来，人们发明了各种机械。工业革命时期，这种发明创造达到了高潮，人们可以用手去控制物理学动力。在这一创新浪潮中，物理学和数学厥功至伟（究竟哪个领域的贡献更大，那要看你问的人是数学家还是物理学家），紧随其后的应该是工程学。另外，往往被人们忽视的工业设计领域也功不可没——这一领域主要致力于研发可以通过我们的双手去控制物理学动力的把手（见图 6.1）。工业设计专家虽然没有获得诺贝尔奖，但是如果没有他们，工业革命也不可能如火如荼地展开。

图 6.1 一些常见的把手

再后来，机械也学会了"阅读"和"书写"（见图 6.2）。在第二次世界大战期间，机械开始利用电子脉冲进行"阅读"和"书写"，从而为计算机科学奠定了理论基础。我将这一成就看作信息革命的开端。如今，虽然我们在信息领域取得了长足的进步，但是据说我们也仅仅是处于初级阶段。

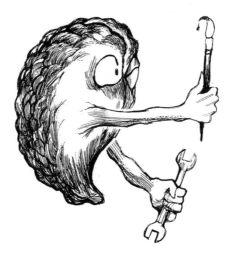

图 6.2　会"书写"的机械

注：丹泽戈尔绘。

如今，我们不能控制物理学了。我们不能用双手去抓住它，而只能用头脑去理解它。因此，信息设计领域[1]——这是一个与工业设计领域相似的领域——不再研发把手，而是研发我所谓的"思想把手"，因为"思想把手"可以帮助我们更好地理解信息。

1976 年，在著名的《自私的基因》（*The Selfish Gene*）一书中，理查德·道金斯（Richard Dawkins）仿照人类基因提出了"模因"（meme）的概念。[2] 诸如语言文字、农业技术以及车轮等都属于"模因"的范畴。

人类基因是在身体与身体之间传递，而"模因"则是在头脑与头脑之间传承。衡量二者成败的标准主要看它们是否具有广泛复制的能力，同时要看它们在进化的过程中能否保持基本的特征并且适应不断变化的外界环境。大多数"模因"都是自然进化来的，而"思想把手"的出现则是人类有意识的信息设计的结果。

蒸汽时代的统计学：应该忘掉的东西

在《战略创新者的十大法则：从创意到执行》（*Ten Rules for Strategic Innovators : From Idea to Execution*）一书中，维贾伊·戈文达拉扬（Vijay Govindarajan）和克里斯·特林布尔（Chris Trimble）指出，在考虑问题的时候,有意识地忘记传统的思维方法是进行创新的重要环节。[3] 在后面的章节里，我不仅会介绍一些有助于理解不确定性的新的"思想把手"，而且会鼓励你忘记那些陈旧的"思想把手"。

你是否学习过统计学课程呢？如果学习过，你的考试成绩又如何呢？很可能并不理想。不要误会我的意思，我这么说并不是在贬低统计学家，因为我的家人中有好几个都是统计学家，比如我的父亲和叔叔。问题在于，虽然人们早已不再学习蒸汽动力学了，但是他们一直在学习蒸汽时代的统计学——对我们大多数人来说，这种统计学的"思想把手"就如同自行车运动的微分方程一样深奥难懂，因此还是早点把它们忘掉为好。

斯坦福大学统计学教授布拉德·埃弗龙是现代统计学院的创始人之一，他承认自己十分擅长蒸汽时代的统计学，但是，他并不看好这种统计学，因此一直致力用一种新的统计学取而代之。不过，埃弗龙指出："直到 1950 年我们开始教授新的统计学的时候，传统统计学才寿终正寝。"[4]

第 7 章

第一个"思想把手"：不确定性与风险

你跳过伞吗？或者说早上喝燕麦粥之前，你会因为担心燕麦片在厂家那里混入了刀片而检查一番吗？这两件事情你也许都没有做过。**效用理论**（我们遇到的第一个红色词汇）是经济学的一个分支，它主要阐述的是在追求某种利益的过程中，一个人愿意承担的风险。现在我要用"风险态度"来代替这一术语。在做一件事情的时候，我们每个人都有风险态度，只不过每个人在面对风险的时候态度有所不同罢了：有的人孤注一掷，有的人但求自保。

在观看流行的电视游戏秀《一掷千金》（*Deal or No Deal*）的时候，紧张感来源于电视观众与游戏参与者风险态度之间的差异。现在，假如你是一名游戏参与者，而且，你前面的游戏进行得非常顺利。最后，只剩下两个密封的盒子。这时候，两位漂亮迷人的礼仪小姐捧着这两个盒子来到你的面前。你已经知道一个盒子里面装的是 100 美元，而另一个盒子里什么也没有，但是你并不知道哪一个是装钱的盒子。这时候，你必须从中选择一个你认为会有钱的盒子并把它留下来，另一个则让礼仪小姐拿走。这样，你要么可以得到100 美元，要么就什么也得不到 —— 二者的平均值是 50 美元。

在你做出选择之前，主持人会给你提供另外一个选择：如果你放弃选择，可以给你 30 美元的现金。这时候，你该何去何从？我想很多读者都会不惜冒空手而归的风险赌上一把。但是，假如现在你是一个身无分文，只能寄身贫民窟的酒鬼，那么，在面临这种选择时，你也许会做如下的盘算：如果白拿 30 美元，我就可以美美地喝上 3 天，如果能选中那个装着百元大钞的盒子，我就可以喝上 10 天，但是，如果选不中，我就没得喝了，所以还是拿 30 美元更划算。

现在，假如那个盒子里装的不是 100 美元，而是 100 万美元。当然，主持人给你的另外一个选择相应增加到了 30 万美元。我想大多数读者都会选择 30 万美元，因为他们担心一旦选择错误，最终一无所获，在以后的生活中他们将无法向自己的老婆或者家人交代——30 万美元虽然比不上 100 万美元，但它毕竟可以买一套新房啊！但是，如果你是比尔·盖茨（Bill Gates），你也许会对自己说："30 万美元只是一笔可有可无的小钱儿，假如是 100 万美元的话，我还可以拿它去资助一个科学实验室，这个实验室在一年之内，也许就可以研制出治疗一种新型疾病的药物。"

而那些坐在家里收看这个节目的观众要么会说"傻瓜，拿着现金走吧"，要么会说"应该赌一把"，不同的说法反映了他们不同的风险态度。

风险体现了人们的主观认识

"不确定性"和"风险"经常被互换使用，但严格来说它们并不是同一个概念。比如，对于同样的不确定性因素，一个酒鬼和比尔·盖茨就会分别赋予它截然不同的风险内涵。所以，我认为不确定性反映的是事物的客观特征，而风险则体现了人们的主观认识。

《韦伯斯特大学词典》（*Merriam-Webste's Collegiate Dictionary*）第 11 版对"不确定性"的定义是"不可预测的特点或者状态：不能肯定"。

当你抛硬币、掷色子或者预测第二天的天气情况时，都不可能提前知道准确的结果。事实上，根据海森堡不确定性原理（Heisenberg's Uncertainty Principle），即使是物理学家，也不得不承认基本粒子的行为是无法确定的。爱因斯坦（Einstein）虽然不相信上帝"掷色子"的说法，但是他也不得不承认上帝能够做我们人类无法看到的事情。我相信正如我的一个朋友说的那样：不确定性是一个宏大的总体设计（Grand Overall Design，此处我简写为 GOD）所带来的必然结果。无论你认为不确定性来源于哪里，都无法否认这一事实：不确定性的确反映了宇宙万物的客观特征。不过，风险就不同了。

《韦伯斯特大学词典》第 11 版对"风险"的定义是"损失或者伤害的可能性"。

A 公司的股价明天是否会有下跌的风险呢？对我来说并没有这种风险，因为我刚刚卖掉了这只股票。换句话说，只有 A 公司的股价下跌，才能证明我做了一次赚钱的交易，假如它的股价上涨，我反而要蒙受损失了。

A 公司的股价起伏波动、反复无常，这种客观事实就是一种不确定性，而股价的波动对股票持有者和股票卖出者的风险是不一样的。风险体现了人们的主观认识——这是有助于理解不确定性的第一个"思想把手"。

你一定听过"我可以用最后的 1 美元跟你打赌"的说法。一个人之所以会这样说，是因为他对一件事情有足够的信心，因而愿意用全部资产为这件事情的结果下赌注。这种说法要远比"我可以从 100 万美元财产中拿出 1 美元来跟你打赌"的说法更有说服力。虽然这两个赌注都是 1 美元，而且也都会面临风险，但是，它们体现出了两种截然不同的风险态度。

假如一片原始森林中有一棵摇摇欲坠的大树，在这棵树的树枝上放着一枚硬币，终于有一天，这棵树轰然倒地。但是这里没有一个人，因此也没有人为硬币落地时是哪一面朝上而打赌。在这种情况下，还有风险存在吗？当然没有风险。虽然硬币落地时究竟是正面朝上还是反面朝上是不确定的，但是，因为没人知道而且也没人关心这件事情，所以也就不存在什么风险。

需要记住的内容：

- 风险反映了人们的主观认识（第一个"思想把手"）。
- 风险反映了不确定的结果给特定的个人或群体可能带来的损失或伤害。
- 风险态度反映的是人们在追求某种利益时愿意承担的风险。

可以忘掉的东西：

- 效用理论——可以用"风险态度"来代替。

第 8 章

第二个"思想把手"：不确定性数据是一种分布形态

下个月的销售额是多少？你买的股票在明天会涨还是会跌？你从单位赶到机场需要多长时间？这些问题都是我们日常生活中面临的不确定性。正如前面所说的那样，风险通常都同不确定性联系在一起，但是，不确定性是客观的，而风险则是主观的。如果上述销售额是你自己公司的销售额，那么你所面临的风险就是该销售额的下降；如果是你竞争对手的销售额，那么你所面临的风险则是该销售额的增加。如果你继续持有上述股票，那么，你所面临的风险就是股价的下跌；但是如果你已经卖掉了这只股票，那么，你所面临的风险则是股价的上涨。如果去机场途中的交通状况比预期的要糟糕，那么你将承担错过航班从而机票作废的风险；如果去机场的交通状况比预期的还要畅通，那么，航空公司就将承担一定的"风险"，因为他们就不能既收了你的钱，同时又将你的座位转售给没票的乘客。

本章将介绍一个应用广泛的"思想把手"。它是一种独具特色的分布形态，我们可以很直观地看到它，利用这个"思想把手"，我们可以更好地观察和表述不确定性数据。

成败的概率

"投资 5 亿美元收购一家公司，只要经营良好，这项投资可以获得 10 亿美元的净值回报。如果有这样的机会，你愿意赌上一把吗？"这是鲍勃·阿米欧在就新业务评估的问题对内部管理人员进行培训时的开场白——当时，鲍勃·阿米欧正在位于新泽西州（New Jersey）新不伦瑞克（New Brunswick）的强生公司（Johnson & Johnson）医疗器械与诊断部担任业务开发总监。人们惯于取平均值的思维能够掩盖一个显而易见的事实：并购一家新的企业需要承担很大的风险。正因如此，鲍勃接下来对自己提出的问题做了如下的回答："你是否愿意去赌上一把取决于获得成功的概率。"

鲍勃虽然是一位心理学博士，但是他一直对统计学怀有浓厚的兴趣。不过，最初他还是做了一名为人排忧解难的心理医生。接下来，鲍勃指出："像一个人一样，一个企业也需要克服它的行为惯性——沿袭传统、不思变革的倾向。"同时，鲍勃还认为："正如健康的饮食和适当的锻炼可以给我们的身体带来长远的好处一样，对未来的风险和不确定性进行分析和管理也可以给企业带来长远的利益。而且，这种长远利益与企业的眼前利益（比如完成一次并购）是相悖的。"鲍勃将风险管理看作一种自我约束，它需要企业暂时牺牲眼前利益来换取长远利益。他认为收购一家新的企业是一种冒险，既有成功的可能，也有失败的可能，因此，在开始这个冒险之前，至少要对这两种可能性做出全面的评估。

用他的话来说："无论是同朋友一起玩德州扑克，还是对强生公司的一项重要投资进行评估，你都需要知道成败的概率。"

不确定性数据：未来事物的分布形态

统计学家经常用**随机变量**这样的红色词汇来形容那些不确定性数据，但是，我坚持使用通俗的说法，直接称它们为"不确定性数据"。

我们可以将不确定性数据想象成一种形态，未来事物的形态。统计学家把这种形态称为概率分布，或者简称为分布，在这里我也称之为概率分布。这是帮助我们理解不确定性的第二个"思想把手"。

下面，以一个试验药物的研发项目为例来说明概率分布。这个项目的长期经济价值（即不确定性数据）也许可以用图 8.1 来表示，其中，柱状图的高度代表了各种结果的相对可能性。请注意，因为各种可能性加在一起是100%，所以所有柱体的高度之和一定是 100%。

你也许在日常会话中从来没有用过"概率分布"这个术语，因此你希望我将它也列入红色词汇。如果是这样，请不要担心，这是我在本书当中要求你记住的唯一一个专业词汇，因为用概率分布来代替数据对于应对平均值的缺陷是至关重要的。下面我将用浅显的语言向你说明它是多么的简单易懂。现在，请看图 8.1，在这个经济价值分布图当中，一共有三组集中的柱体：

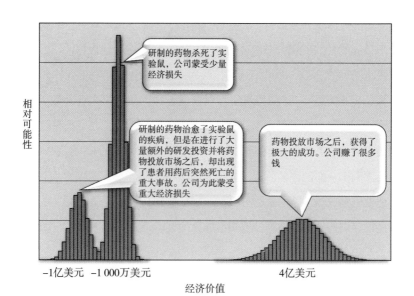

图 8.1　不确定性经济价值

- 右边那组又短又粗的柱体表明该公司获得 4 亿美元左右利润的可能性。
- 中间那组又高又细的柱体表明该公司遭受 1 000 万美元左右经济损失的可能性。
- 左边那组又短又细的柱体表明该公司不幸遭受 1 亿美元左右经济损失的可能性。

　　尽管经济学家用其他方式来看待概率分布——有的方式还会让你晕头转向，我却喜欢用这种柱状图来直观地展示这一问题。

　　假如你是上述研发项目的负责人，那么首席会计师可能会让你告诉他这个项目在理论上具有多大的价值。当你实事求是地告诉他研发一种新产品将会面临非常多不确定性因素的时候，他会冷冷地看你一眼，然后说："麻烦你给我一个确切的答案。"现在，你会用哪一个数据来描述这幅柱状图呢？通常情况下，你将会采用预期值，但是大多数人并不知道这个术语的真正意义，所以我就直接将它称为平均值。

　　一组数据的平均值是这些数据之和除以这组数据的数量。比如，3 和 7 的平均值就是（3+7）÷2=5。

　　平均值也可以应用到不确定性数据当中。比如，要计算上述研发项目的平均价值，我们假设可以在 100 万种相似的环境重复该项目 100 万次，然后，将每一次的损益结果加在一起除以 100 万，就可以得到该项目精确的平均价值。

　　下面，我为大家提供一个"思想把手"，通过它我们可以将不确定性数据的平均值和分布形态联系起来。首先，将柱状图想象成一个木制的模型，然后，可以找到这个模型的平衡点，这个平衡点就是这组不确定性数据的平均值。关于上述的研发项目，其平均价值是 9 500 万美元（见图 8.2）。

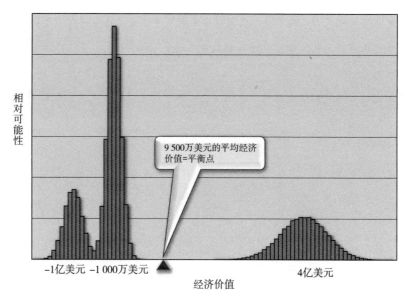

图 8.2　平衡点位置即是平均值

　　但是，一定要注意，我们绝不能将上述项目的不确定性经济价值分布图等同于 9 500 万美元。

弱式平均值缺陷

　　用平均值来代表不确定性数据究竟有什么不对呢？我将这种做法称为弱式平均值缺陷。下面举一个极端的例子。假如你劫持了一架飞机，并且要求航空公司给你 10 亿美元的赎金，同时假设你侥幸成功的概率是 1/1 000，换句话说，如果实施 1 000 次劫机行动，那么你每次的平均收益将是 100 万美元。尽管如此，没有一个人会认为每劫持一次飞机就可以得到 100 万美元。在后面的章节中我还将谈到强式平均值缺陷。强式平均值的缺陷所带来的结果更为糟糕，在那种情况下，你甚至连平均的权利都得不到。要想避免这些问题，唯一的办法就是不再将不确定性看作单一的数据，而将它看作一种分布形态。

　　你也许会说："一个数据不可能描述全部的可能性——这一点我可以理

解，但是，我又怎么能设计出一个像图 8.1 那样的分布形态图呢？"你可能从来都没有亲自设计过这样的分布形态图，因为一直都是 CPO 在为你做这项工作。但是，对你来说，很好地理解这个问题从而正确地解释其结果非常重要。下面让我们来看一项非常简单的投资。

有这样一个游戏（见图 8.3）：在四周标有刻度的游戏板中心有一个可动箭头，当你随意转动一下这个箭头之后，它有可能停留在 0 到 0.999 999 999 之间的任何一个位置。随之，你可以获得相应的一笔钱——这笔钱等于箭头所指的数字乘以 100 万美元。举个例子，假如箭头指在了 0.65 213 947 的位置，你就可以得到 65.213 947 万美元。

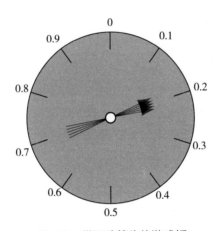

图 8.3 带可动箭头的游戏板

不过，我忘了告诉你这个游戏的风险了。如果箭头停在了 0.2 或者小于 0.2 的位置，你可能就要倾家荡产了，你需要卖掉汽车，卖掉房子，你将变得一无所有，到那个时候，你会对这个游戏彻底失去兴趣。

这项投资的不确定性在于箭头有可能指向游戏板上的任何一个数字。而它的风险则在于箭头指向 0.2 以及小于 0.2 的数字。现在，请测试一下你对如下问题的直觉：

● 这项投资的平均收益是多少？

● 投资者遭遇破产的概率有多大？

● 图 8.4 中的哪一种分布形态可以代表可动箭头指向数字的柱状图？

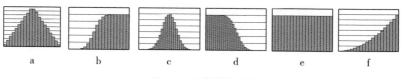

图 8.4　柱状图范例

为了回答上述问题，你可以重复转动箭头 1 000 次，同时在笔记本上不厌其烦地记下每一次的结果。但是，你也可以不必这么麻烦，在头脑中对此进行模拟即可。我建议你再浏览一遍上述问题，然后继续下面的模拟。

现在你准备好骑自行车了吗？在很多时候，一张图片可以胜过千言万语，而一次模拟则可以胜过 1 000 张图片。因此，如果你方便上网的话，我建议你登录 FlawOfAverages.com 去体验一下相关的模拟。

最新的模拟软件几乎可以在转瞬之间完成 10 000 次旋转模拟，不过，在该网站的第 8 章中，你可以对箭头进行一个慢动作的旋转模拟，从而看到条形图的生成过程并回答上述问题。

如果体验了网上模拟，那么，你就会看到游戏板上的箭头每转动一次，柱状图中与箭头指向的数字对应的柱体就会提高 1 格。也就是说，如果箭头停在了 0 到 0.2 之间，第一个柱体就会提高；如果箭头停在了 0.2 到 0.4 之间，第二个柱体就会提高，以此类推。图 8.5 表示的是经过 12 次模拟之后可能会出现的柱状图。因为数据是随机生成的，所以每一次模拟的准确结果都各不相同。

但是，无论一开始的柱状图是什么分布形态，在进行了 100 万次转动模拟之后，它最终将接近于图 8.6 所示的柱状图。根据这个柱状图，我们可以回答上述平均收益、破产概率以及分布形态方面的三个问题。

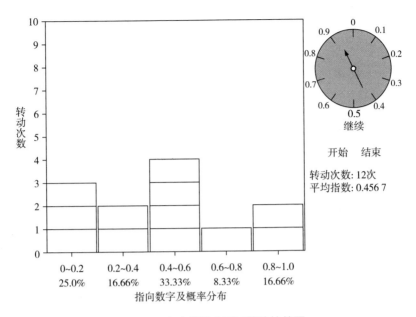

图 8.5　12 次模拟之后可能的柱状图

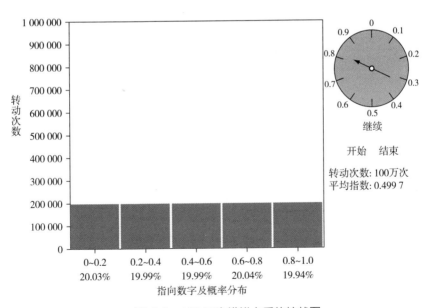

图 8.6　100 万次模拟之后的柱状图

平均收益约为 50 万美元，陷入破产的概率约为 20%，而正确的分布形态则是图 8.4 中形态 e。

虽然根据基本原理不难得出这个平面分布形态，但是，很多统计学专业的毕业生都会在这个问题上出错。我曾经用上述问题对数千名学生进行了测试，大约 1/3 的学生给出的答案都是同图 8.4 中形态 c[1, 2, 3] 相似的分布形态图。如果套用马克·吐温（Mark Twain）的话来说就是，学校已经耽误了这些学生的学习和成长。

鲍勃·阿米欧曾经为强生公司的管理人员提供了一个电子表格柱状图模板，以帮助他们理解各种冒险投资的分布形态（见图 8.7）。只需对交易参数进行假设分析，然后点击计算按钮，就可以立刻让柱状图和风险指标发生变化。在阿米欧的柱状图当中，白色的柱体代表的是积极的结果，而灰色的柱体则代表消极的结果，这种交互式的展示要远远胜过单一的数据，因为它可以让管理人员直观地看到自己的决策所具有的潜在风险。

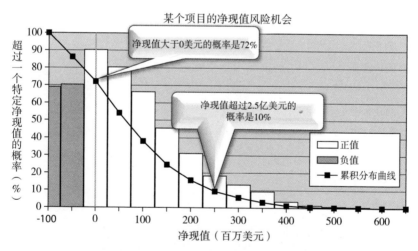

图 8.7　鲍勃·阿米欧的投资风险图

注：来自强生公司的免费图表。

图 8.7 中的光滑曲线就是所谓的累积分布曲线，它体现的是对同一些信息的不同表述。在这里，这条曲线显示了超过任何一个特定净现值的概率。从图中可以看出，净现值大于 0 美元的概率是 72%，净现值大于 2.5 亿美元

的概率是 10%。人们用柱状图通常是为了掌握出现各种结果的相对概率，而用累积曲线图则是为了了解获得不同程度成功的确切概率。

如今，作为一个私人顾问，阿米欧仍然将面对各种不确定性因素进行决策看作一种博弈。他曾经开玩笑说："当有人请我对可能的投资进行不确定性分析的时候，我总是喜欢把自己看成一个赌场预测师。"

给我一个概率分布图

如果你一直强调要消除平均值的缺陷，那么总有一天，你的上司会开始向你索要概率分布图，而不是单一的数据了。但是，你不能仅仅给他一张柱状图就算了事。更重要的是，想办法将柱状图中包含的信息融入你们的商业计划当中去。

这就涉及概率管理了。概率分布列——第 3 章提到过这一概念——是在单一数据元素里存储概率分布的一种方法。如果以转动箭头的游戏为例，概率分布列应该包含箭头转动 1 000 次的所有结果，而这些结果就如同装在瓶子里的魔鬼一样被全部储存在你的电子表格的一个单元格里。关于概率分布列这个概念，本书的最后一部分还将详细论述。

黑天鹅

当你有了不确定性数据的柱状图之后，是不是就知道所有结果的概率分布了呢？

当然不是。

还以转动箭头游戏为例。如果你转动箭头的时候用力过猛，导致箭头从转轴上脱落并且正好弹到你的眼睛，或者因为箭头的长时间旋转引燃了纸板，进而引燃了你的房屋，在这两种情况下，又将出现什么结果呢？在可动箭头游戏的柱状图上，你通常不会看到这样的结果，如果我不说，你也许永远都想不到这些情况。但是，它们发生的可能性真实存在。

哲学家卡尔·波普（Karl Popper）将上述意外事件称为"黑天鹅"事件。在过去的数百年里，欧洲人一直以为天鹅天经地义就应该是白色的。但是，直到 17 世纪，探险家在澳大利亚发现了黑色的天鹅，于是，这个发现立刻在世界上引起了轰动。

纳西姆·尼古拉斯·塔勒布（Nassim Nicholas Taleb）在他最近出版的《黑天鹅：如何应对不可知的未来》（*The Black Swan：The Impact of the Highly Improbable*）[4] 一书中对这一概念进行了详细的论述。根据他的定义，"黑天鹅"指的是符合如下三个条件的事件：以前从未发生过；发生之后能够产生极大的影响；发生之后，很容易解释。比如，著名搜索引擎谷歌的崛起、"9·11"恐怖袭击以及游戏板上的箭头脱落之后伤到你的眼睛等意外事件都可以称之为"黑天鹅"。我之所以没有将 2008 年发生的金融危机称为"黑天鹅"，是因为同"9·11"事件相比，金融危机来临之前，我们感觉到了更多的预兆。事实上，很多人都已经预料到了这场危机，并且从中获得了很大的利益。

因此，尽管柱状图是一种直观展示不确定性的伟大方法，但是，不要忘了还有可能发生一些极端的意外事件，而这些事件又很难预料。防范"黑天鹅"事件的最好方法是运用我们的直觉。为了改善我们的直觉，心理学家加里·克雷恩开发出了一种名为"前瞻训练"（Pre Mortem）[5] 的方法。这种方法让你先想象自己的计划混乱不堪，然后，再创造性地为这种结果寻找原因。

作者提示

如果这部分内容对你来说过于专业，你可以跳过去直接阅读下一章内容；如果感觉很容易理解，请继续阅读。

关于概率分布的其他概念

连续概率分布

在蒸汽时代的统计学当中，概率分布往往被描绘成光滑曲线而不是柱状图。而这恰恰给统计学教授提供了向统计学课程中引入微积分概念的理由——这一概念的引入将会让本来已经对统计学感到厌倦和困惑的学生更加难以忍受。但是，从技术上来说，从计算机科学家发现最小的正数是 2^{-32} 的那天起，光滑曲线就消失了（当然，在数学家看来，这只是一个玩笑，因为最小的正数是不存在的）。如果你对完美的光滑曲线分布感到迷惑不解，那么就请你画一张柱状图吧。保罗·哈尔莫斯（Paul Halmos）说过"可以撒一点谎"，这里应该是采纳这一建议最合适的地方。如果把不确定性数据想象成一个柱状图，你将不会被过分地误导。

中位数和众数

与平均值有关的两个概念分别是中位数和众数。

中位数是指在不确定性数据当中处于中间位置的数，比它大或比它小的数各占 50%。也就是说，柱状图中，比它高的柱体和比它低的柱体在数量上各占 50%。如果柱状图围绕中点对称分布，那么这组不确定性数据的中位数就相当于它们的平均值，但是，并非所有情况下都是如此。举例来说，假如一个屋子里有 10 个人，所有人的平均收入是 8 万美元，而且，中位数收入也是 8 万美元——有一半人的收入高于 8 万，另一半人的收入低于 8 万。现在，如果由沃伦·巴菲特（Warren Buffet）来代替其中一个收入高于 8 万美元的人，那么，这时候，他们的中位数收入并没有变化。但是，他们的平均收入会高达好几百万美元。

众数指的是一组数据中出现次数最多的数值，比如图 8.1 中的 –1 000 万美元。众数也被称为最有可能出现的数，但是，从图 8.1 中我们可以看出这种说法多么具有误导性。无论如何，中位数和众数毕竟都是单一的数字，并不能代表整个概率分布形态。

平均律及其错误

你模拟转动箭头游戏的时间越长，平均结果就越接近 0.500 0 ——如果你不相信，不妨在网上尝试一下，这就是平均律的一个例子。平均律指的是，只要你从同一组不确定性数据当中不断地提取样品数据，那么它们的平均值将会接近于一个单一的结果，即这组不确定性数据真正的平均值。

很多人都错误地理解了平均律，认为用平均值代替不确定性数据是合情合理的。但是，有时候平均律会出现自相矛盾的情况。一些习惯于逆向思维的数学家一直在试图创造一些根本没有平均值的病态分布，但是由于平均律对大多数不确定性数据来说都是正确的，所以，多年以来，这些数学家都面临着不小的挑战。

虽然在日常生活中很少见到根本没有平均值的不确定性数据，但是，不必担心，我们手头上就有这样的例子。在前面所说的转动箭头游戏中，各种结果的倒数（即用 1 分别除以从 0 到 0.999 999 999 之间的任何一个数之后得到的一组数据）就是一组没有平均值的不确定性数据。请参见图 8.8，左图表示的是转动 1 000 次可动箭头之后得到的平均结果，右图则表示该结果的倒数。

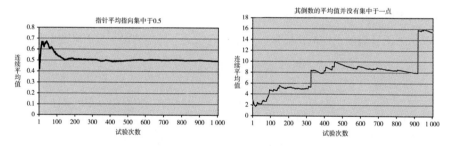

图 8.8　可动箭头游戏结果及其倒数的连续平均值

从左图可以看出，经过 150 次实验之后，平均值开始稳定在 0.5 左右，此后，就一直保持在这个水平，几乎没有什么大的变动。从右图可以看出，经过 900 次试验之后，平均值开始稳定在 8 左右。但是，转眼之间，由于上一次的实验结果非常小，它的倒数就变得很大，从而把平均值从 8 一下子拉升到了 16。从理论上说，这幅图中的曲线将永远起伏不定，也就是说这组不确定性数据不会有一个平均值，所以，请大家直接抛弃平均律。

需要记住的内容：

● 不确定性数据是一种分布形态。

● 展示概率分布的常用方法是柱状图。柱体的高度代表了各种结果的相对可能性，而所有柱体的高度之和一定等于100%。

● 另一个重要的分布形态是累积分布，它表示一个数据大于或者小于某个特定价值的概率。

● 不确定性数据的平均值（也称为预期值）位于概率分布模型的平衡点。

● 要创造性地想象没有包括在概率分布之内的"黑天鹅"。

可以忘掉的东西：

● 随机变量——用"不确定性数据"来代替。

第9章
第三个"思想把手":不确定性数据的组合

2000年6月的一个早晨,我和Cineval(美国一家专门从事戏剧及影视剧评估的咨询公司)的总裁瑞克·麦德雷斯坐在佐治亚酒店(Georgian Hotel)的阳台上——这家酒店位于加利福尼亚州的海滨城市圣莫尼卡(Santa Monica),一边呼吸着清新的空气,一边欣赏着太平洋上的美景。在我们的面前,麦德雷斯的笔记本电脑正在展示一些电影票房的概率分布(见图9.1)。

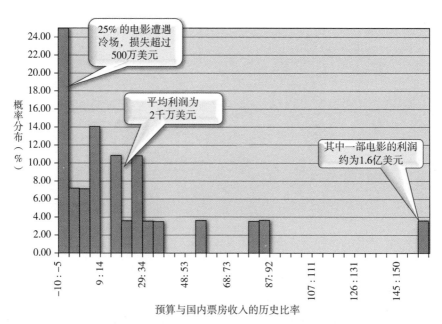

图 9.1　电影票房的概率分布

注:来自 Cineval 的免费图表。

麦德雷斯毕业于加利福尼亚大学伯克利分校（University of California, Berkely）的近东语言与文明系，毕业后曾加入美国"和平队"并且到海外工作数年。然后，他开始在纽约一家大型银行任职，在此期间，他还从加利福尼亚大学洛杉矶分校（University of California, Los Angeles）获得 MBA（工商管理硕士）学位。在银行工作期间，他的任务之一就是为一家电影公司确定一个银行信用额度——这家公司拍摄了《脏舞》（Dirty Dancing，1987 年首映）和其他一些不太成功的电影。除此之外，他还负责很多相似的项目，从这些工作当中，麦德雷斯掌握了评估戏剧和影视作品产权的专门技能。做了多年的娱乐业银行家之后，他终于在 20 世纪 90 年代中期成立了自己的评估公司 Cineval。

2000 年年初，麦德雷斯参加了我在加利福尼亚州帕洛阿尔托（Palo Alto）举行的一个模拟研讨会。共进午餐的时候，他对我说，他正在评估一项电影产权方面的投资，问我是否有必要为投资人模拟一下该项投资的不确定性。我就告诉他：作为受托人，不事先进行风险模拟是一种失职。于是，几周之后，我们就相约在他办公室附近的佐治亚酒店见面详谈这个问题。

转动箭头游戏投资组合

在讨论电影产业投资组合的成败之前，先让我们分析一项简单的投资：转动箭头游戏投资组合。

在上一章，我们刚刚介绍过这种投资，它的投资回报等于 100 万美元乘以箭头指向的数字。而且，一旦箭头指向的数字小于 0.2，你就可能破产。同时，投资的平均回报是 50 万美元，而箭头指向的数字小于 0.2 的概率是 20%。

现在，假如你投注一次可以转动两次箭头，然后，取两次结果的平均值作为你的游戏结果。那么，你的投资回报就等于 100 万美元乘以两个结果的平均值，计算公式如下：

平均回报 =100 万美元 ×［（指数 1+ 指数 2）÷2］

同样，如果这次投资的实际收益少于 20 万美元，你将陷于破产。另外，这一投资的平均收益仍然是 50 万美元。

那么，这种新玩法的概率分布形态是什么样的呢？请从图 9.2 中选出你认为能够正确反映这种形态的一幅图。

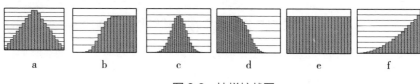

图 9.2　抽样柱状图

 如果你还对转动箭头游戏感兴趣，那么你可以登录 FlawOfAverages. com 网站，然后点击第 9 章去模拟这两次投资。如果在前面已经进行了多次模拟，你可以继续阅读下面的内容。

为了理解转动两次箭头之后得到的平均结果的分布形态，可以先来考虑一下掷色子的情景。掷一个色子，你有可能得到以下 6 种结果，而且出现每种结果的概率都是一样的（见图 9.3）。

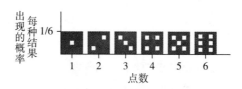

图 9.3　掷一次色子可能得到的结果

如果同时掷两个色子，那么，你有可能得到以下 11 种结果（见图 9.4）。这时候，如果你仍然认为所有结果出现的概率完全相同，那么今天晚上请到 Joe's Bar and Grill（美国一家位于海滩上的著名休闲餐厅）跟我一起玩一把双色游戏。到时候，不要忘了带上你的钱包。

从图 9.4 中可以看出，两个色子组合在一起结果为 7 的可能性最大，比 7

大或者比 7 小的数字出现的概率依次递减。因此，整个概率分布图呈现中间高两头低的形态。

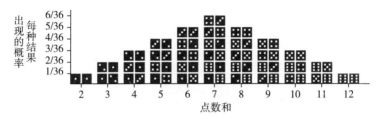

图 9.4　同时掷两个色子可能得到的结果

同样的道理，在转动两次可动箭头得到的平均结果当中，出现 0.5 的概率最大，而出现比 0.5 大或者比 0.5 小的结果的概率依次递减。因此，如图 9.5 所示，它的概率分布图也是呈现中间高两头低的形态。如果你选了图 9.2 中的形态 a，我就要恭喜你了，因为你选对了。不过，如果你选的是形态 c，我也会给你满分的。遗憾的是，在我测试过的统计学专业毕业生当中，能够选出正确答案的只有一半左右。

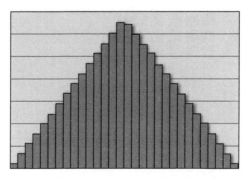

图 9.5　两次转动箭头游戏平均结果柱状图

有读者也许会问，如果多于两次转动箭头或者同时抛掷超过两个色子，它们的平均结果又该如何分布呢？图 9.6（a）和图 9.6（b）表示的正是这样的分布形态。

登录 FlawOfAverages.com 网站，你还可以模拟两次以上的可动箭头游戏。

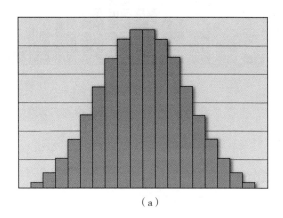

（a）

（b）

图 9.6 （a）三次转动箭头游戏平均结果柱状图；（b）同时掷三个色子可能得到的结果

概率分布形态同风险之间的关系

你也许一直在耐心地阅读这一章，并且希望从中学到一些关于不确定性和风险的实用知识。在这一章，我已经论述了一次转动箭头的平均结果的分布形态图是水平的，而多次转动箭头的平均结果的分布形态图是中间高两边低。那么，这些事实与风险之间究竟有什么关系呢？

它们之间大有关系。正因如此，我才将不确定性数据的组合作为理解不确定性的第三个"思想把手"。如果不确定性数据的分布形态是中间较高，那么，它的两端一定较低。而在箭头游戏的投资中，这样的分布形态则说明投资者遭遇破产风险的概率比较低。事实上，一次投注可以转动一次箭头的投资者遭遇破产的风险是 20%，一次投注可以转动两次箭头的投资者遭遇破产的风险则只有 8%。这个风险降低的幅度甚至比俄罗斯轮盘赌游戏中从两颗子弹变成一颗子弹的风险变化还要大。

这种现象就是概率论或者统计学教材中所谓的"**中心极限定理**"。根据这个定理，当你对大量独立的不确定性数据进行求和或者取平均值的时候，它们的分布形态接近著名的钟形分布，也称为**正态分布**（见图 9.7）。

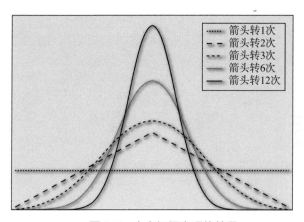

图 9.7　中心极限定理的效果

当你对 12 次转动箭头的结果取平均值的时候，它的分布形态已经非常接近**正态分布**了，这时候，即使是分布图的绘制者恐怕也难以将它同其他的**正态分布**区分开来。请注意，因为 5 种形态的柱状图同时出现在一幅图中将会相互重叠，所以我在这里没有用柱状图而是用了光滑曲线。

多样化：可以取代"中心极限定理"的绿色词汇

这里我们又提到两个红色词汇，所以现在需要稍作停顿，对它们加以说明，以免有的读者在理解上出现困难。只要用"钟形曲线"来代替**正态分布**，相信大多数人都能够理解。但是，**中心极限定理**有点儿棘手。就像单身酒吧一样，这是一个"暧昧"得让人不愿轻易提及的词汇。但是，这个概念又非常重要，因此不得不提及。幸运的是，我找到了一个和它十分接近的绿色词汇。

两次转动箭头或者同时掷两个色子的结果的分布形态是中间高两端低——可以解释这一现象的绿色词汇是"多样化"。

我并不是说这个词汇可以帮助你在单身酒吧里成功地获得异性的青睐，但最起码可以让你不至于被人赶出来。虽然"多样化"并不能非常确切地代表**中心极限定理**的全部内涵，但是，它的确可以形容**中心极限定理**对日常生活的重要影响，这种影响可以用一句古老的谚语来表达：不要将所有鸡蛋都放在一个篮子里。一次投注转动两次箭头或者同时掷两个色子就是一种多样化的投资，这可以增加获得平均收益的概率。

从上一章中我们可以看到，转动箭头游戏及掷色子游戏是分析理解不确定性和风险的极好方法。事实上，哈里·马科维茨在他的一部论述"投资组合理论"的重要著作[1]当中，就是以讨论转动箭头游戏开篇的。不过，对几乎任何一种概率分布——比如电影利润的概率分布——来说，多样化都有相似的效果。

重复取样

下面请看图 9.8，它跟图 9.1 一样，反映的是某一类型的电影——这些电影都经过了精心的挑选，不仅有着不同的主题，而且涉及不同的明星——在票房收入上的概率分布。这些影片的平均利润是 2 000 万美元，但是其中有

25% 的影片遭遇冷场，损失超过了 500 万美元。而在这些影片中，有一部是像《泰坦尼克号》(*Titanic*) 那样非常成功的电影，票房收入达到了 1.6 亿美元。

我和麦德雷斯仅花了几分钟时间，就用 Excel 建造了一个模型，还在电脑上模拟了由多部电影构成的投资组合的盈亏结果。从理论上来说，这些电影可能的盈亏结果就像下图展示的那样。如果将 28 部电影的盈利状况分别写在乒乓球上面，然后再将乒乓球放入一个篮子里，那么，当你摇动篮子并且随机从篮子里取出一个乒乓球的时候，你就会得到一个数字。你不需要知道这些数字究竟是怎样分布的。数字跟乒乓球一样是随机排列的。

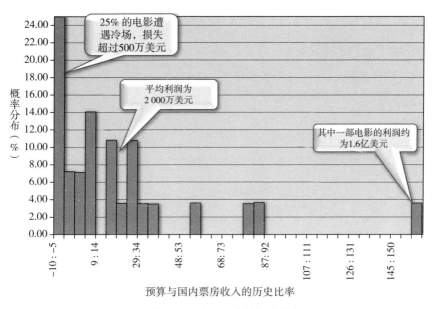

图 9.8　电影票房的概率分布

你需要反复地从篮子里抽取样品，并且在每次取样之后再将乒乓球放回篮子里，从技术上说，这种方法被称为重复取样。它是计算统计学中的一个基本程序——在以后的章节中我们将继续讨论这一点。利用计算机可以在一秒钟之内完成几十万次重复取样过程——这当然比人工取样快多了。然而，那些蒸汽时代统计学的创始人在教学的过程中，为了证实自己的理论，往往强迫他们的研究生利用色子或者写有数字的小球进行繁重的人工取样工作。

多样化的威力

　　假如你要从这一类型的电影当中随机选择一部进行投资，那么图 9.8 可以就你的投资提出一个合理的预期收益。从图中可知，你的平均收益将是 2 000 万美元，而投资失败蒙受亏损的概率是 25%。我和麦德雷斯还模拟了随机抽取两部以上的电影进行多样化投资的收益情况。模拟结果显示，进行多样化投资之后，平均收益并没有变化。但是，因为亏损的投资和盈利的投资往往能够相互抵消，所以，投资收益柱状图的形态将会发生很大变化，当然，蒙受亏损的概率也将发生重大变化（见图 9.9）。请注意，随着投资组合的多样化，投资者蒙受亏损（这里指的是损失 500 万美元以上）的概率将会大幅度降低。

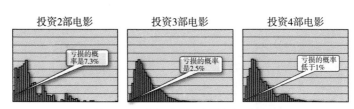

图 9.9　对电影进行多样化投资的效果

　　看了这些结果之后，我说，聪明的投资者每次至少会选择 3 部以上的电影进行投资。麦德雷斯接着说："很多人需要几十年才能领悟到这一点。"虽然一次投资很多部电影并不现实，但是，了解一下一次投资 10 部或者 100 部电影的钟形分布（见图 9.10）也大有好处。从图中我们可以清楚地看出，随着投资多样化程度的提高，你获得超额利润的概率和蒙受亏损的概率都会不断降低。

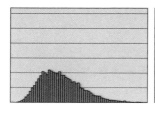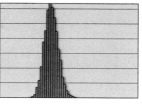

图 9.10　投资 10 部电影（左图）和投资 100 部电影（右图）
时投资回报的钟形分布

登录 FlawOfAverages.com 网站，你可以模拟多样化电影投资。

中心极限定理的典型案例

在我们进行这次模拟的几个月之后，麦德雷斯给我打来了电话。在电话中，他兴奋地告诉我："这个原理同样适用于动画片数据库！"我一时没有反应过来他在说什么，就问他是什么原理。于是他解释说："是多样化投资的原理，在根据过去动画片的票房收入进行多样化投资组合模拟的时候，我发现它的平均收益同普通电影一样，也呈钟形分布。"

我立即从书架上抽出我的概率论教科书查找相关的章节，的确，他说对了：**中心极限定理**不仅适用于普通的电影，也适用于动画片。（好了，我说"翻教科书"只是开个玩笑，但是有些统计学家认为这样做非常可笑。我希望能对那些虽然不是统计学家却对统计学家的幽默感兴趣的读者有所帮助。）

中心极限定理当然适用于动画片。就像万有引力定律一样，它几乎适用于所有的事物。这是麦德雷斯第一次运用模拟的方法，当时，他正在帮助一个电视节目发行人为一些电影和连续剧筹集资金。由于工作的便利，那位发行人能够为麦德雷斯提供一些典型的历史数据，让他进行重复取样。但是，麦德雷斯提醒说，这样的历史数据并非总是能够轻易得到。

他说："大多数的影视制作公司出于竞争的考虑，都不愿意公开它们影视产品的收益，这就使准确预测一部新电影的收益状况困难重重。"麦德雷斯还指出：他开始接触蒙特卡罗模拟是在 2000 年，那时候，这种方法在影视投资方面的应用还非常有限。"但是，在最近几年里，随着对冲基金和私人股权投资公司开始投资电影市场，它的应用已经变得十分普及了。"由于没有真实的参考数据，一些投资顾问就只能根据他们的推测来进行模拟。麦德雷斯认为："在很多情况下，那些复杂的统计学分析会给投资者造成一种错觉，让他们相信自己的投资将会带来丰厚的回报，事实上，这些统计学分析往往是基于假设的数据而不是真实的数据，所以有可能导致灾难性的后果。"

下面是麦德雷斯最近在为电影公司的一项投资建模的过程中处理数据问题的方法。"我首先回顾了这群制片人多年来拍摄的所有影片，同时对预算开支和国内票房收入进行了比较，并以此作为评价他们业绩好坏的标准。"预算开支和国内票房收入方面的数据都可以在公共数据库中查到。然后，麦德雷斯又根据预算开支以及演员阵容等标准对这些电影进行了筛选，只留下那些同他们计划投资的电影相似的一部分电影。他说："他们计划投资的电影预算相对较少，在演员甄选上也有一定的限制。"这样，他就选出了大约50 部与计划投资的影片相似的电影。"然后，根据预算与国内票房收入的历史比率，我开始运用蒙特卡罗模拟来分析他们计划投资的电影。"麦德雷斯继续说，"我能够为管理人员、投资人以及贷款人等各利益攸关方提供详细的评估，让他们准确地知道这项投资的最佳资本结构、不同业绩结果的风险等级以及预期收益。"

虽然统计学专业的学生都知道**中心极限定理**，但是，在我带的研究生当中，能够正确地画出可动箭头游戏分布形态柱状图的只有 1/4 左右。甚至有一个博士生将两次转动箭头的平均结果的分布形态画成了水平的柱状图，在知道了正确答案之后，他不好意思地告诉我，他原本认为两次以上游戏结果的分布形态是中间高两端低。事实上，从一次游戏到两次游戏才是最为关键的一步。但愿大家都能像瑞克·麦德雷斯那样，将多样化融入自己的意识中，并且经常在实践中加以运用。

需要记住的内容：

● 不确定性数据的组合呈现一种中间高两端低的分布形态（第三个"思想把手"）。

● 上述情况是多样化带来的结果。

● 只要将足够多的不确定性数据加在一起，它们的结果就会呈现出钟形分布。

可以忘掉的东西：

● **中心极限定理**——可以用"多样化"代替。

● **正态分布**——可以用"钟形分布"代替。

第10章
应该被抛弃的西格玛

我们知道，用一个数字来代替不确定性数据会让人忽视潜在的风险和不确定性。因此，在很久之前——甚至在蒸汽时代之前，数学家就提出来一个衡量不确定性的标准。如今，这一标准已经成了"黄金标准"。然而，令人遗憾的是，这个标准是一个红色词汇：**西格玛**（即希腊字母∑，小写为 σ），也称为**标准差**。人们也常常会提到**西格玛**的平方，即**方差**或者 σ²。一个红色词汇就够让人头疼的了，更不要说一下子出来三个，而且还有一个希腊字母。事实上，它们代表的基本上是一个意思，换句话说，它们都是衡量不确定性数据分布范围的标准。通常情况下，只要看一看分布形态图就可以明白这一点（见图10.1）。概率分布的范围越广，可能的变化就越大，**西格玛**和**方差**就越大。

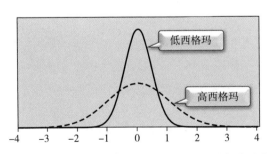

图 10.1　平均值相同但变化程度不同的概率分布

多年来，我调查过数以千计的研究生和管理人员，问他们是否能写出**西格玛**的计算公式。尽管几乎所有的人都听说过这个术语，但真正知道它确切定义的人只占一小部分。这难道还算得上是一个黄金标准吗？

你也许听说过**六西格玛**管理——由摩托罗拉（Motorola）公司首创、用于改善产品和服务质量的管理原则和技术。管理人员很好地掌握了这些原则和技术之后，就可以有效地减少产品或者服务的质量波动，从而让自己的产品或服务始终保持良好的质量。然而，最近的一个发现让我感到十分惊讶：在行政教育学课堂上，一大群参加过**六西格玛**课程培训的管理人员却不知道**西格玛**是什么意思。

为了同这个所谓的黄金标准相比较，我在课堂上问了他们另一个问题：在开车的时候，如果突然有一个小孩子跑到车前面去捡一个足球，他们会怎么做。对这个问题，全班的人立即做出了反应。大多数人都表示自己会迅速踩刹车，因为这是大家公认的黄金标准。值得赞扬的是，即使是少数几个表示要加油门而不是踩刹车的仇视人类的家伙，也迅速而果断地表明了观点。

一些读者也许会认为，既然很多人都不了解**西格玛**，那么最好的办法就是告诉人们**西格玛**的真正含义。但是我并不这样认为，这不仅是因为**西格玛**的意义难以理解，而且在本书中，我会将它看作一个过时的词汇（我的地盘我做主）。

在给**西格玛**下正式定义之前，我先来打个比方。如果说研究某一个特定的不确定性数据就相当于分析一个罪犯，那么不确定性数据的平均值和**西格玛**就相当于这个嫌疑人的身高和体重。这些数据在夏洛克·福尔摩斯（Sherlock Holmes）的谜案中也许非常重要，但在现实中并不能为我们提供更多的细节。现在，我们通常都使用监控摄像机、面部照片以及基因提取等手段来锁定那些坏蛋。这些高科技的刑侦手段相当于前面提到的鲍勃·阿米欧为强生公司提供的可视化模拟模板以及在下面要谈到的模拟输出。

模拟输出

下面请看图 10.2，其中包括一幅概率分布柱状图和一幅累积分布曲线图，这两类图在第 8 章都已经介绍过了。柱状图表示的是不确定性数据的分布形态（可能是你要找的嫌疑犯的面部特征），反映了出现各种结果的相对可能性。该图的平衡点是它的平均值。

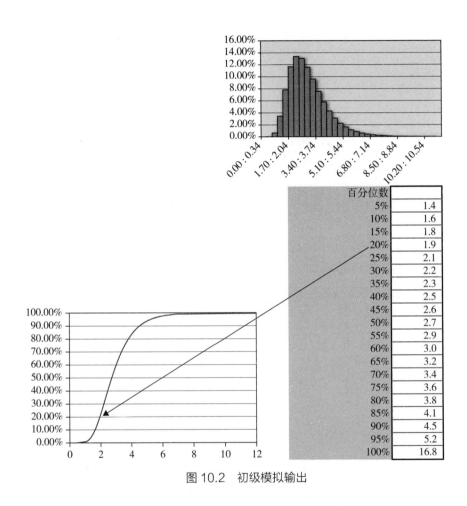

图 10.2　初级模拟输出

累积分布曲线图展示的是不确定性数据小于任何一个特定值的概率。该图右边的表格是对该图的进一步说明。比如，在表格中与 20% 相对应的数字是 1.9，这说明这个不确定性数据小于或者等于 1.9 的概率是 20%。请注意，我们在第 1 章介绍过风险价值，其实，这个概念基本上指的就是概率分布——比如，5% 的风险价值就是 5% 的概率分布，只不过听起来更花哨一些罢了。尽管如此，从"思想把手"管理的角度上来说，这个术语的首字母缩写词 VaR 还是有一定价值的，因为它可以提醒我们：同**方差**（variance）一样，这个概念早已过时了。

要想理解不确定性数据集合及其相互关系——这相当于调查一个犯罪团伙，还需要另外的"思想把手"。不过，当不确定性数据单独出现的时候，图 10.2 就包含了所有需要的信息。在不确定性数据呈现标准钟形分布的特殊情况下，平均值和**西格玛**合在一起，可以通过简单的形式反映相同的信息。但如果是其他的分布形态，就不能反映相同的信息了。下面，我将给出一个关于**西格玛**的有用的定义。

西格玛的定义

西格玛是产生于蒸汽时代的一个不合时宜的概念，它的基本功能是让那些试图学习概率统计的人丧失信心。

历史上，**西格玛**对概率统计的理论发展的确起到了重要的作用，时至今日，很多科学领域以及质量管理部门还在使用这一概念。但是，对我们大多数人来说，这个概念已经由于缺乏时代性而显得过于陈旧，而且随着计算统计学的兴起，这一趋势已经越来越明显了。因此，我建议用"变化"（variation）一词来代替**西格玛**，这是因为不仅在英文发音上，而且在意义上，这个词都同**方差**很相近，同时，它不是一个红色词汇。关于这个话题，我原本准备了更多的内容，但是，因为担心一部分读者可能会忙于看书而忘记了吃午饭，所以就没有将那些内容放到书里。不过还好，我已经将它们放在了网上，有兴趣的读者可以免费阅读。

 在 FlawOfAverages.com 网站上，我不仅简单地回顾了**西格玛**的历史，而且讨论了置信区间，还给出了一个关于**西格玛**的不同于传统却更为精确的定义。

需要记住的内容：

- 柱状图。

- 累积分布曲线图。

- 百分位数。

- 变化。

可以忘掉的东西：

- 标准差、西格玛、方差以及 σ ——用"变化程度"代替其中任何一个概念，不过同时还需要用"概率分布的百分位数"来具体说明。

第 11 章

第四个"思想把手": 特里·戴尔和马路上的醉汉

"请大家想象一下这样的场景：在繁忙的交通要道上，一个醉汉拎着酒瓶子跌跌撞撞地在川流不息的车辆间穿行。"在 1995 年的一次培训课上，我对富国银行（Wells Fargo Bank）的一群管理人员说，"假设这个醉汉的平均位置始终都在马路的中间线上，那么你是否可以据此认为这个醉汉始终会安然无恙呢？显然，任何人都会对这个问题做出否定的回答。"（见图 11.1）[1]

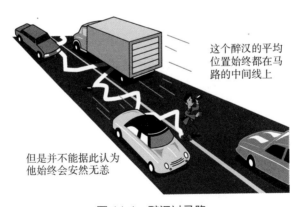

这个醉汉的平均位置始终都在马路的中间线上

但是并不能据此认为他始终会安然无恙

图 11.1　醉汉过马路

我话音刚落，就有一个人大声说道："这正是我们的奖励计划经常超出预算的原因！"

说话的人是特里·戴尔。我并不能确切地知道她说这话的用意，但是我知道她已经发现了一个强式平均值缺陷的案例。20 世纪 70 年代，特里开始以出纳员的身份到银行任职。1995 年，她已经是富国银行的执行副总裁了，而两年之后，她又坐上了富国银行零售业务部总经理的宝座。这家银行在员工奖金预算方面屡屡出现问题，当时，特里正在为这一问题寻求解决办法。

下面是特里在阐述她的想法时举的一个简单的例子。假如每位银行雇员每年销售的活期账户数量不等，但平均每人为 200 个。为了增加银行业绩，你决定对那些销售额超过平均水平（200 个账户）的雇员进行奖励，奖金为每人每年 1 000 美元。顺便提一句，我听说一些业内人士将销售额超过 200 个账户的时刻称为"欢庆的时刻"。那么，你需要为员工发放的平均奖金是多少呢？有人认为：因为银行雇员的平均销售额是 200 个账户，所以他们根本就得不到奖金，那么他们的平均奖金自然也为零。仔细想一想，事实真的是这样吗？

实际上，大约有一半的银行雇员将会体验到"欢庆的时刻"，所以银行需要向雇员支付的平均奖金是 500 美元。当然，实际的问题要比这里说的复杂得多，但是，有一点是确定无疑的，那就是，以雇员的平均销售额为依据来制订奖励计划是毫无意义的。

强式平均值缺陷和弱式平均值缺陷

前面我们说过，平均值的缺陷分为两种，一种是弱式平均值缺陷，另一种是强式平均值缺陷。在瑞克·麦德雷斯的模拟中，电影的投资实现多样化之后，投资人面临的风险发生了变化，但是每部电影的平均利润保持不变，仍然是 2 000 万美元。因此，用平均值代表每部电影利润的做法虽然会让你对潜在的风险视而不见，但是，至少你可以得到投资组合的平均利润。这种情况所体现的平均值缺陷就是弱式平均值缺陷。

强式平均值缺陷带来的结果会更糟糕，你甚至连平均收益都得不到。平均雇员的奖金并不等于平均奖金。这是理解不确定性的第四个"思想把手"。下面请回忆一下第 1 章中的强式平均值缺陷的案例：

- 芯片生产的平均利润（即预期利润）低于与平均客户需求相关的利润。
- 软件开发项目的平均研发周期（即预期研发周期）长于该项目各个子程序的平均研发周期。
- 管理容易变质的抗生素所需的月平均成本（即预期月平均成本）高于与平均客户需求相关的月平均成本。

人们习以为常的行为方式很难改变

当有人像特里那样领会了诸如"平均值缺陷"之类的新概念时，我总会异常激动，就像一个初涉爱河的年轻人第一次与意中人约会归来一样，对未来充满了美好的期待。但是，坦白地说，大多数情况下，我的期待都没有任何的结果。即使一些经理人看到了改进他们业务的一线曙光，人们习以为常的行为方式也很难改变。所以，当富国银行不再给我打电话、写信和送鲜花的时候，我并不感到意外。

但是，认识了特里·戴尔之后，我的上述看法发生了变化。我确信，第一次听了我的课之后，富国银行的管理人员一定还希望从我这里学到更多的东西。但是，当时富国银行正在忙于收购另一家银行，而且在此后的两年里，这件事情一直都在吸引着他们的注意力。不过，到了1997年，也就是他们完成这次收购之后，我接到了马修·拉斐尔森——他是我在富国银行的主要联系人，同时也是我以前的学生——打来的电话，他说富国银行希望我再去给他们上一堂课。

到了马修的办公室，我被眼前的景象惊呆了。原来，富国银行的人正在用 Crystal Ball 为他们的奖励计划以及其他多个结果难以预料的活动建模。两年之前，我讲的案例让特里·戴尔眼前一亮，此后，这一点思想的火花一直留在她的脑海深处。"人们习以为常的行为方式很难改变"这一说法并不适合戴尔，而这也为她赢得了"人类飓风"的雅号。此后，富国银行在对管理人员的培训项目中，形成了并一直保持着一种注重分析思维和警惕平均值缺陷的文化。

概率分布的变化

如今，富国银行奖励计划的制订和实施主要由泰森·派尔斯负责。派尔斯是富国银行零售业务部主管销售计量和报告的高级副总。他曾经到斯坦福大学工程学院参加我的管理科学课程的培训，一开始，他就对这门集应用心理学和统计学于一体的课程进行了演示。通过这种轻松互动的方式，派尔斯开始了他的管理学课程的学习。派尔斯曾经执教于世界少年棒球联盟（Little League baseball），他性格随和、平易近人，善于和人交往。其实这也跟他的工作性质有很大的关系。在日常工作中，他管理着 45 000 名银行雇员，而且要处理各种投诉、回答各种问题以及整理各种建议。要承担如此众多的工作，他必须像过去当棒球教练时那样处理各种统计数据。

派尔斯说：“多年以来，在对销售业绩概率分布的认识方面，我们已经有了巨大的飞跃。起初，我们认为它是一个钟形曲线，但是，后来我们认识到奖励计划能够以多种方式改变这个钟形曲线。”

从图 11.2 中可以看出，随着奖励门槛的变化，销售业绩的概率分布也在变化。不过，派尔斯认为：“销售业绩很好的雇员和销售业绩很差的雇员对奖励计划的反应也许截然不同。”而且，派尔斯的同事马克·鲁比诺——他以前也是我的学生——也发现：奖励门槛的提高一方面会促进一部分员工的工作积极性，从而提高他们的销售业绩，另一方面也会让一部分员工感到目标更加遥不可及，从而破罐子破摔，完全放弃这个目标。马克将前一类人称为“上进者”（Strivers），而将后一类人称为“堕落者”（Divers）。比较一下图 11.2（a）和图 11.2（b）就会发现，两种奖励计划分别将销售业绩的概率分布拉向了两个不同的方向。

派尔斯说：“当然，奖励计划是一个复杂的问题。销售不同的产品，你也许就需要运用不同的奖励办法。”显然，他不打算以雇员的平均销售额为依据来制订奖励计划了。

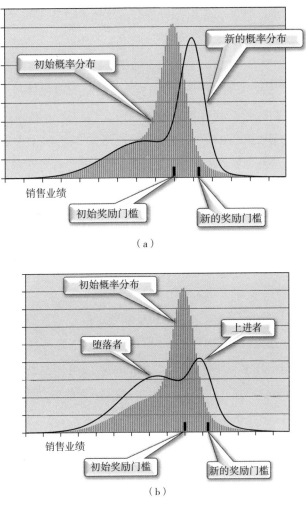

图 11.2 （a）销售业绩概率分布随奖励门槛的变化而变化；（b）上进者和堕落者

评估一个天然气矿井

下面我要提供一个明显具有不同特征的强式平均值缺陷方面的案例。假如你们公司计划收购一个探明储量为 100 万单位的天然气矿井。如果每单位天然气当前的价格是 10 美元，而开采及运输成本为 9.5 美元，那么，每单位天然气将能够带来 0.5 美元的利润。但问题是，在你决定购买这个矿井之后，还需要一个月的时间来完成这笔交易，那么，等到一切就绪、准备开采的时候，天然气的价格也许已经发生了意想不到的变化。

因此，为了准确地计算出这次投资的预期收益，你的领导会要求你预测一下一个月之后的天然气价格。你可能会回答说："这很难说，一个月之后，它有可能涨几美元，也有可能会跌几美元。"这显然不是领导想要的答案。因此，他会要求你"给我一个准确的数字，我需要对这个矿井做出评估"。这时候，你只能说："好吧，我想平均起来，一个月之后的价格应该同现在持平。"这样，领导终于满意了，于是，他根据每单位 10 美元的平均价格计算了这个矿井的预期价值，即以 0.5 美元的单位利润乘以 100 万单位的储量，从而得出了 50 万美元的预期价值。

下面这种假设可以作为更好地理解天然气矿井平均价值（即预期价值）的"思想把手"。假如不去购买矿井，而是分别在 1 000 个行星上购买 1 000 个矿井 1/1 000 的股份。天然气不可能在星际间运输，因此，每个行星上的天然气价格不等，但是，平均起来，每单位天然气的价格为 10 美元。而且，在较长一段时间里，这个平均价格不会有太大的变化。也就是说，天然气的未来价格不存在什么不确定性。这样，你的投资所具有的平均价值（即预期价值）就等于这 1 000 个矿井的价值之和除以 1 000。

现在，我们再来看你领导的评估方法。他的评估是以天然气的平均价格为依据，这实际上忽视了未来天然气价格的不确定性。根据本书前面的论述，你也许会认为上述 1 000 个矿井的平均价值一定会低于以平均天然气价格为依据计算出来的矿井价值。真的是这样吗？

事实并非如此！

恰恰相反，平均起来，前者的价值更高。如果天然气价格上涨，这些矿井的价值当然就会相应地增加。你也许会说："但是，如果天然气的价格下跌呢？这种情况下，投资者恐怕就要蒙受一大笔损失了吧。"其实，投资者并不会蒙受损失。因为，一旦天然气的单位价格跌到了 9.5 美元以下，你就不会继续生产了。你有停产的自由，如图 11.3 所示，这种自由可以保证你一定可以获得利润。也就是说，如果某些行星上的天然气的单位价格低于 9.5

美元，你就可以选择关闭这些矿井，因此，当你综合分析上述 1 000 项投资的时候，你会发现，尽管某些投资并没有产生利润，但实际上任何一项投资都没有亏损。

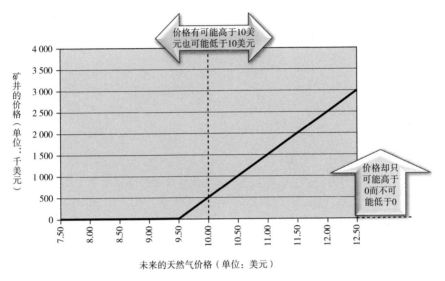

图 11.3　天然气矿井在不同天然气价格条件下的价值

举例来说，假如现在的单位天然气价格是10美元，而未来的价格既有可能上涨，也有可能下跌，再假设上涨或者下跌的幅度都是2.5美元。因此，它的平均价格仍然是10美元。现在，如果天然气价格上涨了2.5美元，那么，单位天然气的利润将是3美元（即12.5 - 9.5），而整个投资的回报将是300万美元（即3 × 100）。如果天然气价格下跌了2.5美元，那么，继续生产肯定会赔钱，因此，你将会关闭矿井，停止生产，这时候，整个投资的回报为0美元。300万美元与0美元的平均值为150万美元，这个数字相当于按照天然气平均价格计算出来的利润的3倍（见图11.3）。另外，即使按照合同的规定，你必须继续生产，你的平均利润也不会低于50万美元。

虽然出多少钱去购买一个矿井是你的自由，但是，如果你不知道矿井实际的平均价值要高于以天然气平均价格为依据的预期价值，你就有可能因为出价过低而丧失成功竞购的机会。

这个案例说明平均值的缺陷有两种截然相反的表现形式。有时候，以不确定性数据的平均值为依据制订的计划会过高地估计平均结果，而有时候又会过低地估计平均结果。

"飓风"袭击伦敦

特里·戴尔后来的情况如何呢？ 2005 年，她开始担任总部位于伦敦的劳埃德 TSB 零售银行（Lloyds TSB Retail Bank）的 CEO。由一个金发碧眼、风风火火的美国女人去管理一个庞大的英国银行，听起来像是"巨蟒小组"（Monty Python）喜剧片中的故事，事实上也的确有可能成为那样的故事。然而，没有想到的是，2007 年，戴尔竟然被评选为在英国最有影响力的 50 位美国人之一，还受到了英国商业媒体的高度赞誉，他们说希望伦敦能够刮一场"人类飓风"[2]。

戴尔走马上任之后的决策之一就是要为劳埃德打造出像她在富国银行培养出来的那种分析文化。为了帮助她实现这一目标，我同斯蒂芬·朔尔特斯——他是我在剑桥大学贾奇商学院的同事—— 一起于 2006 年对劳埃德的管理人员进行了一系列的培训。一些高层管理人员虽然可能会口头上赞成行政培训，甚至还会许诺为他们的中层经理提供学习的机会，但事实上，他们自己很少会花时间去消化并运用那些严肃的课程内容。但是，特里就不是这样，她更愿意以身作则，当好表率。她曾经亲自带着 16 名常务董事，专程从伦敦来到剑桥大学参加了为期两天半的培训。在这次培训中，我和斯蒂芬还将我们的教案一并给了他们，并且允许他们在以后的行政培训中将这些教案分发给各个学员。

"人类飓风"迎战金融海啸

最近，特里从伦敦回到了纽约，开始在花旗集团（Citigroup）担任全球客户战略总监以及北美零售银行 CEO。我和斯蒂芬为劳埃德做最后一次培训的时候，特里已经离开了。因为她不在这里工作了，所以我可以比较方便地了解她的部下对她的看法。就我所知，她的下属——无论是男是女——无不对她在如此短的时间内所取得的成就表示钦佩和惊讶。当我写作本书的时候，这位"人类飓风"正在纽约迎战金融海啸，在此我祝愿她能够克敌制胜、早传捷报。

需要记住的内容：

- 强式平均值缺陷表明，平均投入（即预期投入）并不总会带来平均产出（即预期产出）。这是第四个"思想把手"。
- 马路上的醉汉。

可以忘掉的东西：

- 人们习以为常的行为方式总是难以改变。

第 12 章
延森不等式——强式平均值缺陷的具体细节

　　强式平均值缺陷就是数学家所熟知的**延森不等式**，它不仅掩盖了潜在的风险，也掩盖了可能的机会。因此，洞悉这一概念将有助于你规避风险、把握机遇。在上一章，我们已经看到了平均值缺陷有两种截然相反的表现形式。以不确定性数据的平均值为依据制订的计划有时会过高地估计平均结果，有时又会过低地估计平均结果。下面是一些可以表现这两种情况特点的一般性规则。

电子表格与不确定性数据输入

　　平均值缺陷之所以会四处蔓延，是因为数以百万计的电子表格用户输入他们模型的都是不确定性数据的平均值——他们天真地以为这样可以得到最佳的结果。然而，数学家对强式平均值缺陷并不陌生，100 多年以来，他们一直将它称为**延森不等式**。当然，正因为给它取了这样一个名字，一般人才会对它知之甚少。

　　顺便提一下，一个数学家会把可以进行输入、输出以及公式计算的典型的电子表格模型称为函数。如果一种函数的某些输入项是不确定性数据，那么，数学家会把它称为**随机变量函数**。

　　因此，如今世界上数以百万计可以进行不确定性数据输入的电子表格其实就是**随机变量函数**。所以，如果需要使用电子表格，你可以先到网上查一下**随机变量函数**的定义。也许只要稍加比较，你就会对这个红色词汇失去兴趣，因此，你最好还是按照我的解释来理解这一概念。

数学家所谓的"不等式"指的并不是社会的不公平，而是指的一个数值不等于另一个数值。约翰·路德维格·威廉·瓦尔德马尔·延森（Johan Ludwig William Valdemar Jensen）是 19 世纪晚期丹麦（Danish）的一名电话工程师——当时，丹麦几乎还没有出现电话[1]。同时，他还是一位业余数学家（这是那些职业数学家对从事其他工作的数学家的蔑称）。延森曾经证明了不少重要的定理，其中最为著名的就是他在 1906 年证明的不等式。

作者提示

　　下面的内容可能会让部分读者感到不易理解。不过，它们对于培养我们识别强式平均值缺陷的直觉却是非常重要的。因此，我建议大家至少要浏览一下这部分的图表，同时一定要阅读"微笑与皱眉"部分。

延森不等式描述了将不确定性数据代入公式之后的 4 种情况（见图 12.1）。

下面是对**延森不等式**四种情况的简要介绍：

- 公式的图形是一条直线。公式的平均值等于将不确定性数据的平均值代入公式所得到的值。
- 公式的图形是一条上升的曲线（**凸函数**）。公式的平均值大于将不确定性数据的平均值代入公式所得到的值。
- 公式的图形是一条下降的曲线（**凹函数**）。公式的平均值小于将不确定性数据的平均值代入公式所得到的值。
- 公式的图形不同于以上的任何一种图形。公式的平均值无法确定。

现在，对一个直线型电子表格模型来说，它几乎只能进行加减运算，有时候也可以进行乘法运算。它所采用的只是一个条件指令、最大值、最小值、查找功能以及大多数电子表格公式。如果一个模型不是直线型的，那么，它就会导致强式平均值缺陷。在这种情况下，进行模拟通常是评估一个模型真正平均输出的唯一有效方法。

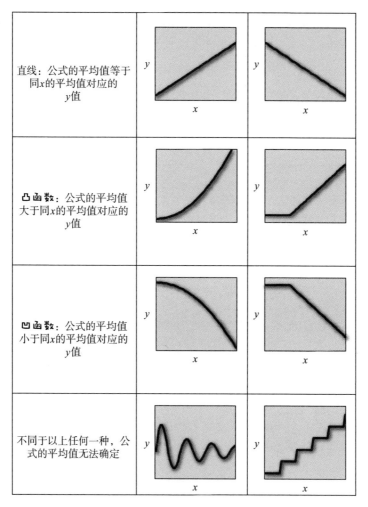

图 12.1　延森不等式概述

自由与制约，微笑与皱眉

　　斯蒂芬·朔尔特斯出生在德国一个贫穷落后的小山村，当时，他们那里有机会接受中学教育的人寥寥无几。不过，朔尔特斯是幸运儿之一。但是，由于他的方言口音过于浓重，他的中学语文老师经常听不懂他说的话。学习母语尚且如此，学习外语就更是困难重重了。读中学期间，英语是他最头痛的课程，正因如此，他还被迫留级一年（在这一点上，我们两个可谓难兄难弟）。然而，他当年的英语老师也许没有想到，16 年之后，朔尔特斯成了剑桥大学的教授——在剑桥大学，我们一起开发出了上一章中谈到的为劳埃德提供的培训课程。

在给他的 MBA 讲授平均值缺陷的时候，朔尔特斯介绍了能够导致强式平均值缺陷的商业计划通常所具有的两大特征：自由与制约 [2]。

自由

如果你的商业计划允许你在不确定性趋于明朗之后自由地进行相关的选择，那么，该计划的平均结果就会好于以不确定性数据的平均值为依据制订的计划。本章前面叙述的天然气矿井的案例就体现了这一原理。因为在天然气价格下跌的时候，投资者可以选择暂不开采，所以天然气矿井的实际平均价值将会高于以天然气平均价格为依据计算出来的矿井价值（见图 11.3）。

朔尔特斯对此有生动的描述："请绘制一幅你的商业计划价值与不确定性数据可能价值的对比图。如果它对你'展颜微笑'[3]，这是一个好消息。因为从平均价值来看，你的商业计划将会比以不确定性数据的平均值为依据制订的计划更有优势。"即图 12.1 第 2 排所展示的情况。

制约

如果不确定性的结果对你未来的行动产生了制约，那么，你的计划的平均结果将比不上以不确定性数据的平均值为依据制订的计划所能带来的结果。我们在第 1 章谈到的电脑芯片生产商的案例可以很好地说明这一点（见图 1.2）。在那个案例当中，即使市场需求大大增加，该生产商的销售额也不可能无限增长，因为它要受到自身生产能力的制约。因此，生产商的平均利润要低于与平均市场需求相关的利润。朔尔特斯再次说道："相反，如果价值图'眉头紧锁'——这是一个坏消息，那么，你商业计划的平均价值将会低于以不确定性数据的平均值为依据制订的计划的价值。"即图 12.1 第 3 排所展示的情况。

微笑与皱眉

请注意，当你参照不确定性数据来预测自己生产成本的时候，情况就会完全相反：上升的曲线将会成为"魔鬼的微笑"，而下降的曲线将会成为"魔鬼的皱眉"。

强式平均值缺陷的另一个典型案例是 2008 年美国爆发的次贷危机。次贷危机与按揭贷款的拖欠率和房价息息相关。当房价下跌的时候，按揭贷款的拖欠率往往就会提高，同时，次级抵押贷款机构的利润将会相应减少。而当房价上涨的时候，按揭贷款的拖欠率往往会有所下降，同时，次级抵押贷款机构的利润将会相应增加。因此，分析家就以平均房价为依据来计算抵押贷款投资所能带来的利润，但是这样的计算方法过高地估计了平均利润。

下面我们来分析其原因。以一个涉及多个房产市场的抵押贷款投资组合为例。假如不同房产市场的房价有涨有跌，而平均的房价维持不变，那么，你认为该投资组合的利润图会是什么样的呢？在房价上涨的地区，按揭贷款的拖欠率会有所下降，同时投资者的利润会有所提高。但是，在房价下跌的地区，按揭贷款的拖欠率会提高。在某些情况下，房价下跌得非常厉害，以至于到了资不抵债的程度。这时候，按揭贷款的拖欠率会急剧提高，因为很多以按揭贷款方式购房的人宁愿把房屋钥匙交给银行，而自己搬到汽车旅馆里去住。

上述情况可以从图 12.2 中体现出来，该图的数据虽然是假设的，但它说明的道理是千真万确的。无论是否将它看成"魔鬼的皱眉"，它都是一个坏消息。在这个例子当中，一个地区的房价上涨 8% 所带来的利润增长还不足 5%，然而，另一个地区房价下跌 8% 所带来的利润下降却高达40%。显然，以平均房价为依据的按揭贷款投资组合将不能实现预期的利润。

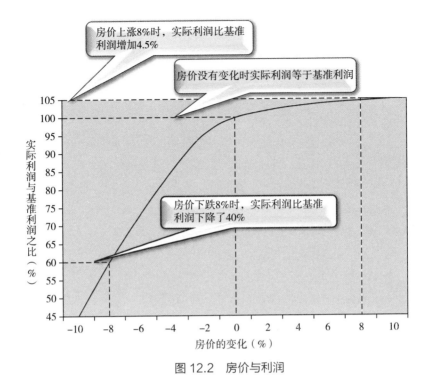

图 12.2　房价与利润

　　特里·戴尔离任前，劳埃德的金融策划总监是斯图尔特·白金汉姆。他总结了该银行如何通过行政培训使全体雇员深刻认识了平均值的缺陷："如今，在我们的银行当中，从上到下，很多人都在讲一种'标准的建模语言'。他们都知道去寻找非线性关系，而且都清楚不确定性将会带来一系列可能的结果而不是一个单一的、靠不住的预期结果。"同时，他讲述了劳埃德在推广新技术方面避免出现常见错误的方法："重要的一点在于加强对管理者和模型构建者的培训，以确保他们能够充分地利用从下属那里获得的新技能。"

　　"这是不是说我们已经不再像从前那样制订计划了呢？"白金汉姆说，"这是肯定的。如今，我们在制订计划的时候，会更多地分析各种因果关系，更多地考虑各种不确定性因素，同时会模拟各种可能的结果。我们已经取得了大量成功的案例，但是因为涉及我们的商业机密，所以就不一一奉告了。"

需要记住的内容：

- 自由。

- 制约。

- 微笑。

- 皱眉。

可以忘掉的东西：

- 随机变量函数——用"具有不确定性输入的电子表格模型"来代替。

- 延森不等式——虽然延森的在天之灵可能会提出异议，但我还是建议使用"平均值缺陷（强式）"来代替。

- 凸函数——用"上升的曲线（微笑）"来代替。

- 凹函数——用"下降的曲线（皱眉）"来代替。

第13章

第五个"思想把手":相关的不确定性

迈克尔·库比克曾经将自己逼到了绝境。在读大学的时候,由于对数学充满了恐惧,迈克尔一直在尽可能地推迟选修那些与数学有关的课程。转眼就到了最后一个学期,他要想保持4分的平均成绩,唯一的办法就是马上开始学习数学。兵法有云:置之死地而后生。的确如此,迈克尔不仅在当年顺利通过了数学考试,而且现在创办了自己的应用计量科学公司(Applied Quantitative Sciences, Inc.),这是一家旨在帮助企业模拟潜在的风险和不确定性从而为其解决一系列商业难题的顾问公司。[1]

最近,一个手术器械生产商找到迈克尔,希望他帮忙评估一下自己公司现有产品以及新产品的投资组合在未来的前景——除了现有的一系列产品之外,该公司的好几个产品研发小组正在致力于组建新的生产线。一直以来,每一个产品研发小组只负责预测他们所研发的新产品未来的市场需求,而市场部则只负责评估目前已经投放市场的产品。

值得称道的是,有的研发小组并不是盲目地给出一个单一的平均市场需求预期,而是通过模拟来得到一个关于市场需求的概率分布。但是他们只是各自为政,并没有将现有产品和未来产品的投资组合统一起来进行模拟,所以他们的做法只是相当于各自摇晃自己的梯子,而没有将所有的梯子用木板连接到一起来晃动。

下面以一种新产品和一种有可能被这种新产品所取代的现有产品为例来说明这一问题——新产品未来的市场需求预期由它的研发小组负责评估,而现有产品未来的市场需求预期则由市场部进行评估。如图13.1所示，假设这两个小组的模拟结果有两种：一种是未来市场需求很大（概率为50%），另一种是未来的市场需求很小（概率为50%）。

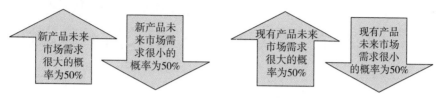

图13.1 两个小组模拟的市场需求结果

两个小组的预测都有充分的依据，但是，如果公司将这两个预测结果综合在一起的话，就有可能出现如图13.2所示的4种结果——每种结果出现的概率是25%。

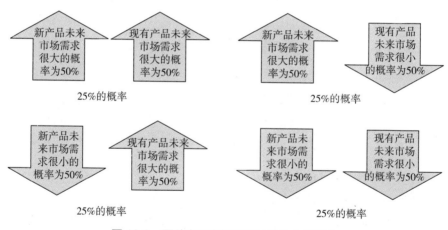

图13.2 两种产品市场需求结果的全部组合

但是，要想让现有的产品保持很高的市场需求水平，唯一的办法就是不用新产品去替代现有的产品，而要想让新产品获得很好的销路，唯一的办法就是淘汰现有的产品。因此，图13.2中的第一种和第四种结果都是不可能出现的，而正确的概率分布似乎更应该像图13.3那样。

在各自为政进行模拟的时候，产品研发小组和市场部都没有考虑现有产品和新产品市场需求之间的关系。在迈克尔的帮助下，该公司建立了一个考虑到二者关系的模型。他认为："如果没有搞清楚这种关系，就会过分地夸大产品的市场需求，进而促使企业支出不必要的资本成本，同时还达不到预期的收益。"这种厘清事物间关系的观念就是理解不确定性的第五个"思想把手"。

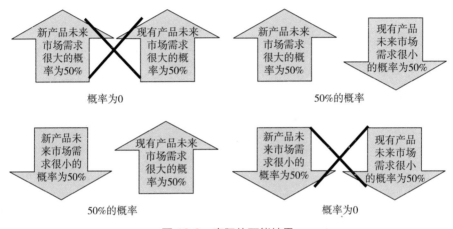

图 13.3　实际的可能结果

协方差和相关性

在蒸汽时代的统计学中，人们用**协方差**和**相关性**来形容那些线性相关的不确定性数据。而且，在谈到相关的不确定性时，人们也会用到"**统计依赖性**"这个术语，不过这个术语暗示着一种不确定性的出现取决于另一种不确定性，而事实上二者的关系有可能是相互的。因此，在本书中我直接用"相关的不确定性"来代替这一术语，这种表述不仅易于理解，而且更为准确和全面。

下面，我们再以两个石油公司的股票为例来说明相关的不确定性。当石油价格上涨或者下跌的时候，两家石油公司的股价通常都会随之上涨或者下跌。但是，油价并不是影响股价的唯一因素，除此之外，税收政策和环保法规也会对不同公司的股价造成不同的影响，所以有时候，即使是油价上涨，也会使一个公司的股价上涨，而另一个公司的股价下跌。

正如哈里·马科维茨于 1952 年在他获得诺贝尔奖的投资组合理论中所描述的那样，把握相关的不确定性是投资管理的核心。[2] 在以后的章节中，我们将详细地介绍马科维茨和他的追随者威廉·夏普。在这里，我首先要介绍一些有助于理解他们最近提出的证券投资理论的"思想把手"。

三种理想化的投资

为了介绍"相关的不确定性"，我首先假定有如下三个投资机会。

第一个投资机会是石油开采。假设在石油开采领域进行投资的平均收益是 1 000 美元。不过，如图 13.4 所示，其中还有很大的不确定性。也就是说，你有可能遇到不利的情况，比如有人发明了一种以海水为动力的汽车，这时候，你将面临 5 000 美元以上的亏损；你也有可能遇到有利的情况，比如开大排量越野车在中国成为时尚，这时候，你的实际收益将高达 7 000 美元。如果你喜欢用红色词汇，那么，你可以把这个概率分布看成一个平均值为 1 000 美元、**西格玛**为 3 000 美元的**正态分布**。

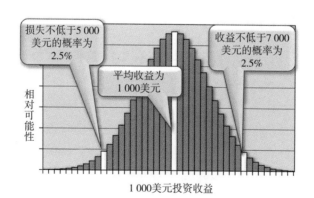

图 13.4 石油投资

第二个投资机会是购买航空股票。假设这种投资所面临的不确定性同石油开采一模一样。也就是说，平均收益为 1 000 美元，而且收益区间为 −5 000~7 000 美元的概率为 95%。

最后一个投资机会是生产甘草制剂。同样，假设这项投资的平均收益是 1 000 美元，而且投资者可能会遇到有利的情况（人们发现甘草制剂可以治疗癌症），也还可能会遇到不利的情况（人们发现甘草制剂能够致癌）。另外，它的收益区间为 −5 000~7 000 美元的概率也为 95%。

为了便于对这三种投资的不确定性进行比较，大家可以参考图 13.5。

现在，假如你必须从上述三个投资项目中选择一个进行投资，而且这一投资项目还需要押上你的全部财产。在这种情况下，你会选择哪一种呢？提示一下：正确答案只有一个，而且这是一个脑筋急转弯。

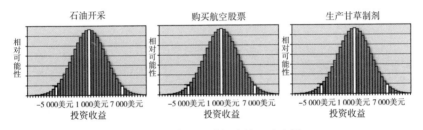

图 13.5 比较三种投资的不确定性

现在公布正确答案：无论你选择哪一个，都是正确的（我已经告诉你了这是一个脑筋急转弯）。也就是说，无论你选择哪一个投资项目，最终的收益都是一样的。

一些读者也许会说："这一章的题目就是'相关的不确定性'，所以，这三项投资之间应该有一些联系才对。"没错，本章的题目的确是"相关的不确定性"，而且上述三项投资也的确有可能产生联系，但是如果你将自己所有的资金都投入其中的一个项目，那么，它们之间即使有联系，对你来说也没有任何意义了。

投资组合

当然，在现实世界中，没有人会将自己的全部资产都投入某一个项目中。当你同时进行一种以上不确定性投资的时候，你的投资就可以被称为一种投资组合，这种组合将会对你的投资产生两方面的影响。首先，它会带来在电影投资案例中谈到的那种多样化的效果；其次，不同投资之间的相互作用将会给整个投资组合的收益带来某种影响。虽然这两方面的影响并不会改变投资组合的平均收益，但是它们都能够改变不确定性的程度，而这种不确定性是同风险密切相关的。

前面我们说过，不同的人在面对风险的时候会有不同的态度：有的人会孤注一掷，而有的人则会但求自保。为了方便下面的论述，我们假设你属于后者。

三种理想化的投资组合

假设有如下三种理想化的投资组合：

- 组合1：分别将50%的资金投入石油开采和航空股票。
- 组合2：分别将50%的资金投入航空股票和甘草制剂生产。
- 组合3：分别将50%的资金投入甘草制剂生产和石油开采。

因为每一种投资的平均收益都是1 000美元，所以每一种投资组合的平均收益也是1 000美元。请注意，因为我们只是进行了一种线性计算，所以这里并不会出现强式平均值缺陷。但如果从风险的角度来看，就不能这样类推了，因为每一种投资组合中的不同投资会相互影响。

它们之间的关系主要有哪些呢？我们知道，燃料成本在航空公司的整体经营成本中占据很大比例，因此，当石油价格上涨的时候，航空公司的成本就会大幅增加，而盈利就会相应减少，所以它们的股价就会下跌。相反，当油价下跌的时候，由于燃料成本降低，航空公司的股价就会上涨。当然，现实世界中的情况远比我说的要复杂，因为在遇到类似情况的时候，航空公司都会利用衍生金融工具来减少相关的风险。但是，在这一章，为了论述的方便，我假定上述三种投资中，只有开采石油和购买航空股票之间有联系。

理解相关不确定性的"思想把手"：散点图

假如多年以来，你一直保存着石油价格和航空公司股价的历史记录，那么，将这些数据绘制成一幅散点图的话，它很可能就会像图 13.6 中左边那幅图一样。其中的每一个点对应着一个年份，x 坐标代表的是石油价格的变化，而 y 坐标代表的是航空公司股价的变动。这两种不确定性数据自身的概率分布都是钟形曲线，但是，如果一种不确定性数据的值较大的话，与之对应的另一种不确定性数据的值一定较小，反之亦然。

另外，假设石油开采与生产甘草制剂之间没有联系（虽然我可以肯定，在生产甘草制剂的时候，一定会使用微量的石油衍生产品来调配色彩和口味），那么它的散点图将如图 13.6 中右边那幅图一样。

现在，作为一个相对保守的投资者，你准备选择一种投资组合投入自己的全部资金。那么，你究竟会选择哪一种组合呢？为了强迫自己动脑筋思考这个问题并为自己的决定负责，我建议你在阅读下面的内容之前，先将自己的选择写在纸上。

如果我马上给出正确答案，你虽然可以得来全不费工夫，但你可能就无法从中学到更多的东西了。俗话说：授人以鱼不如授人以渔。的确，假如你送给别人一条鱼，他也许只能吃上一天，但是如果你教给他打鱼的方法，他就可以一辈子有鱼吃了。因此，我要引导大家自己去寻找这个答案。

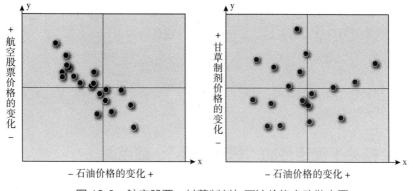

图 13.6　航空股票、甘草制剂与石油价格变动散点图

因为我们假定开采石油同生产甘草制剂之间没有什么关系，所以我们首先来分析二者的投资组合。我习惯于将每一种投资看作在抛掷一枚色子。那么，生产甘草制剂和开采石油的投资组合就相当于同时抛掷两枚色子，它的分布形态如图 13.7 所示。

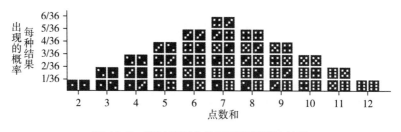

图 13.7　同时掷两个色子可能得到的结果

作为一个保守的投资者，你最不喜欢这个概率分布图中的哪些部分呢？如果你的回答是两端，那么很遗憾，你所接受的教育已经影响到了你的学习和成长。事实上，即使是保守的投资者也渴望发财致富。因此，他们最不喜欢的只是最左边两枚色子相加为 2 点的那个结果。

假如你的经纪人跑来告诉你以海水为燃料的汽车已经研制成功，因此石油开采已经毫无价值，那么，这件事情同甘草制剂能够致癌之间有什么必然的联系吗？没有，它们是相互独立的两件事情。因此，即使在石油方面的投资不会带来任何收益，你的投资组合获得最少收益（掷出 2 点）的概率也并不会增加。

　　同样，因为航空运输和医药生产是互不相干的两个产业，所以在选择购买航空股票和生产甘草制剂的投资组合之后，即使其中的某一项投资失败了，另一项投资也不会因此受到牵连。但是，如果你选择的投资组合是开采石油和购买航空股票，那么，当以海水为燃料的汽车已经研制成功的消息再度传来的时候，你在石油开采方面的投资自然会遭遇重创，但是这时候，你购买的航空股票价格是否也会随之狂跌呢？显然不会。由于油价下跌，航空业成本也会随之降低，所以航空股票方面的投资收益不仅不会减少，反而会有所增加。因此，这种投资组合获得最少收益（抛出 2 点）的概率将会大大减少。

　　由此可见，尽管上述三种投资组合的平均收益都是 1 000 美元，但是，相比之下，开采石油和购买航空股票的组合所面临的潜在风险小得多。关于三种投资组合的实际概率分布，请参见图 13.8。

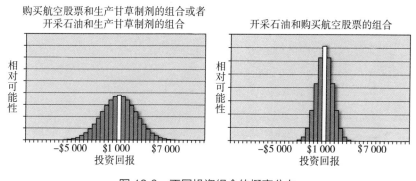

图 13.8　不同投资组合的概率分布

　　当我在课堂上给我的学生或者参加培训的管理人员谈到这个案例的时候，大多数人的第一反应是否定石油开采与购买航空股票的投资组合，因为他们认为两者相互关联。事实上，正确的下意识反应应该是否定那些呈正相关的投资组合，比如同时购买两家航空公司的股票。关于这样的投资组合，请参见图 13.9。

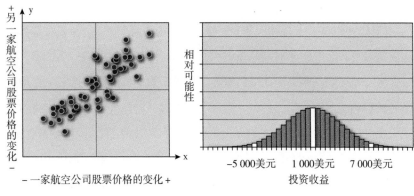

图 13.9　呈正相关的两种投资的组合

与正相关投资相反的是负相关投资。负相关投资又称对冲投资，这种投资组合可以减少不确定性，同时降低潜在风险。

相关性

人们不知道我反对的是哪一种**相关性**。他们会认为，**相关性**的引入是蒸汽时代统计学的一大进步，即使它的推导可能会令人眼花缭乱，但是你可以在 Excel 上面用 CORREL 函数很容易地来计算它。

 请登录 FlawOfAverages.com 网站，尝试在 Excel 的 X-Y Data 里面使用 CORREL 函数。如图 13.10 所示，因为 0.007 5 的结果微不足道，所以那些不负责任的分析家就会据此认为 X 和 Y 之间没有关系。

	D2		f_x	=CORREL(A3:A1002,B3:B1002)		
	A	B	C	D	E	F
1	Data			Correlation		
2	X	Y		0.0075		
3	0.305747	0.447602				
4	0.041731	0.999129				
5	0.249475	-0.96838				
6	0.300301	0.38903				
7	-0.30335	0.363549				
8	0.13844	-0.78793				
9	-0.30055	0.414816				
10	0.857529	-0.51444				

图 13.10　Excel 里的 CORREL 函数

　　然而，一个敏锐的观察者在利用这些数据绘制散点图之后，也许会察觉到两个变量之间的非线性关系（见图 13.11）。**相关性**这个产生于蒸汽时代的概念并不能准确地描述这种情况，但是，在后面的章节中我们将会看到，概率管理可以做到这一点。需要说明的是，我最喜欢通过散点图来理解不确定性数据之间的关系。

　　如需了解**协方差**与**相关性**这两个概念更直观的解释，请登录 FlawOf-Averages.com 网站进行查阅。

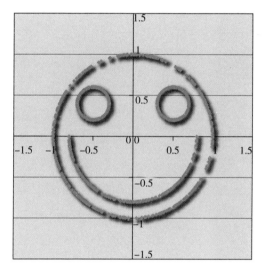

图 13.11　一个明显具有关联却没有相关性的散点图

　　在讨论相互关系的时候，我们千万不能忘记随着时间的流逝，不确定性数据还有可能同它自身产生某种联系。统计学中描述这种现象的是一个专业术语——自相关。举例来说，一只股票今天的涨跌几乎同它明天的涨跌没有太大的关系。但是，如果在相当长的一段时间里，利率一直都非常高，那么，在不久的将来，它的股份很可能就会有所降低。相反，如果它长期在低位徘徊，那么不久之后股价也许会有所提高。

　　同样，不确定性在不同的时间里也会发生动态的变化，如果仅以单一的平均值来代表这种不确定性，显然会让人误入歧途。下面以房价为例来说明这一点。如果某个地区的房价持续下跌，以致那些按揭购房的业主到了资不抵债的境地，那么这时候会发生什么事情呢？这些业主要么会主动将房产交还给银行，要么会被银行强制收回房产。而这样做又会对未来的房价造成什么影响呢？现在，持有大量房产的银行将会想方设法尽快地将这些"累赘"推向市场，然而此时的市场已经一片萧条，因此，更多的住房供应只能进一步推动房价的下跌。而房价的继续下跌会让更多的业主陷入资不抵债的境地，然后，会有更多的房产被银行收回并进入市场流通，从而推动房价继续下跌。这样，就像有一只无形的手在推动着这一切，整个经济会陷入一种恶性循环，而且，在这个过程中，也不会出现可以逆转形势的"黑天鹅"。事实上，这就是美国房产泡沫的破灭过程。你也许已经注意到了，房产泡沫的破灭将给整个经济造成可怕的影响。问题是，即使你知道泡沫必将破灭，也很难准确预测何时会破灭，很难准确预测破灭可能会带来的后果。上述状况都为所谓的混沌理论所支配。它们不能被很好地模拟，因为假设的微小变化将导致结果上的重大差异。然而，即使不能准确地对风险进行量化，风险终究是存在的，因此，任何谨慎的投资者都希望能更好地了解风险。

那么，究竟怎样监控房产泡沫破灭的风险呢？根据菲利克斯·萨尔蒙（Felix Salmon）2009 年 2 月发表在《连线》（*Wired*）杂志上的一篇文章[3]，由住房抵押贷款支撑起来的庞大的证券市场在 2008 年轰然崩溃，导致这场金融危机的主要根源竟然是由华裔数学家李祥林（David X. Li）发明的一个名为"高斯联结相依函数"（Gaussian copula function）的数学公式。萨尔蒙认为，投资者在"评估潜在风险"的时候普遍采用的是一个"虽然便捷却具有致命缺陷"的计算公式。这种方法将各种房地产投资之间复杂的相互关系简化成了"一个包罗万象的简单数字"。没有绘制散点图，没有研究分布形态，也没有对前述的潜在混沌行为进行辨别。正如萨尔蒙所说："一切结果都来自计算机模型的'黑匣子'，人们根本就没有根据自己的常识对它们进行简单的判断。"事实上，这就好比让人们驾驶一架虽然装备有先进仪表却没有挡风玻璃的飞机。

需要记住的内容：

- 各种不确定性之间的相互关系。这是第五个"思想把手"。

- 正相关与负相关之间的区别。

- 散点图。

可以忘掉的东西：

- 相关性——用散点图来代替。

- 协方差——用散点图来代替。

第三部分　决策与信息

信息可以减少不确定性。当然，这里所说的信息必须是有价值的信息。事实上，大多数人都认同，在我们现有的经济当中，有一部分就是信息经济。那么，究竟应该怎样评价一条信息的价值呢？简单地说，就是看它对我们的决策能够产生多大的影响。

第三部分主要讲述的就是决策和信息之间的关系。

第14章
决策树

我第一次接触今天所谓的"决策分析"是在 6 岁的时候。那是 1951 年的冬天，当时，我父亲带着我在巴黎休假，还接受了古根海姆奖（Guggenheim Fellowship），在写一本名为《统计学基础》（ *The Foundations of Statistics* ）[1] 的书。我看父亲整天伏案工作，就问他在干什么，他说正在思考人们如何做出一个决定，还给我举了下面这个例子。

一个人去饭店吃饭，他在点菜的时候不知道是该选炸鸡还是选烤牛肉。相比之下，他对炸鸡更感兴趣，但是在做出最后决定之前，他问了服务员一个问题："今天你们这里有烤鸭吗？"服务员说："有哇！"于是，那个人就说："噢，那我就要一份烤牛肉吧。"最后，父亲总结出一系列原则，这些原则可以指导理性的人在面临不确定性因素时做出正确的决策。而上面那个人的决策则被认为是一种非理性的决策，因为无论他要选择炸鸡还是烤牛肉，同饭店里有没有烤鸭都没有任何关系。

父亲的整个后半生都在研究诸如此类的问题，他同米尔顿·弗里德曼等人一起为**理性预期理论**的发展成熟奠定了坚实的基础。在《统计学基础》一书的第 16 页，父亲曾这样评价这种理论：

同这种理论提倡的观点相似的一句谚语是"三思而后行"，而与之相反的一句谚语则是"船到桥头自然直"。

这个理论所依据的原则是，人们将对潜在的不确定性做出正确的评估（三思），然后再做出理性的决策（行动），从而实现预期收益最大化的目标。但是，父亲深知生活的复杂性，他明白再好的理论也不可能被轻而易举地应用到实践中去。因此，他又告诫说：

> 我们几乎完全不可能依据这个原则去规划一次野餐或者去下一盘国际象棋。

但是，他认为国际象棋可以作为一种决策理论最初的试验田。实际上，事实已经证明父亲在国际象棋这个特殊的案例上是错误的：如今，电脑程序是棋坛的冠军，因为它们更具理性。但是，实验显示：当人们不借助任何外物，而是单纯运用自己的头脑针对不确定性因素进行决策的时候，即使是非常老练的人，也往往会有不理智的举动。比如，当我们为接受实验的患者提供两种假设的治疗方案时—— 一种方案有 90% 的概率可以挽救病人的生命，而另一种方案有 10% 的概率导致病人死亡，尽管这两种方案本质上没有差别，但他们通常会选择前者。[2]

我认为，在进行决策的时候不可能甚至也不应该完全理性。比如，艺术创作虽然需要理性地决策，但是没有任何情感的参与而完全依靠理性创作出来的作品会显得矫揉造作。在我看来，在进行决策的时候，有的人会完全依靠自己的理性，有的人则会完全借鉴自己的经验。然而，要想做出最好的决策，必须将理性和经验结合在一起。

由于在针对不确定性因素进行决策方面做出了大量开拓性工作，我的父亲往往被认为是决策分析的创始人之一。[3] 但是，直到 20 世纪 60 年代中期，斯坦福大学的罗纳德·霍华德（Ronald A. Howard）教授才对这门学科做出正式的定义。[4] 毫无疑问，多年来，我在餐桌上从我父亲那里学到了大量关于这门学科的知识，不过，我正式接触决策分析却是在 20 世纪 90 年代中期，当时，我和霍华德都在斯坦福大学任教，我旁听过他主讲的这门课程。正如我们可以清晰地看到大型钟表上分针的转动一样，在他的课堂上，你也可以明显地感觉到自己智慧的增长。我听到许多人描述他们在听这门课时的体会，他们原本以为这是一门与理性思维密切相关的课程，没想到却从中学到了很多情感术语。

决策树

有助于理解决策分析的一个重要"思想把手"是决策树。为了引入这个概念，我首先要举一个简单的例子，这个例子可以让我们迅速地理解决策的流程机制。

现在，假如有一件令人愉快的事情和一件令人痛苦的事情，而你必须从中选择一件来做。

假设做这件令人愉快的事情给你带来的欢乐相当于让你赚了 200 美元，因此，它的价值是 200 美元；而做令人痛苦的事情给你带来的烦恼相当于让你损失了 300 美元，因此，它的价值是 −300 美元。如图 14.1 所示，我们可以用一个决策分支来表示上述事实。

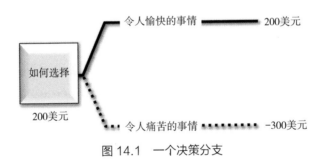

图 14.1　一个决策分支

两相对比，你显然会选择前者，所以，图 14.1 中左边的决策节点所显示的价值是 200 美元。这里的基本原则是，面临多种可选项的时候，你应该选择最佳的选项——最佳选项用实线表示，其他选择则用虚线表示。到目前为止，我们还没有发现决策过程中有什么困难。

不过，当不确定性因素出现的时候，我们就必须进行决策分析了。如果你选择去找乐子——请注意，这件事情虽然刺激，但是也需要冒很大的风险，你有可能被人抓住，到时候就非常麻烦了，因为一旦被抓，你将陷入异常尴尬、屈辱的境地，甚至还将面临其他严重的后果，其损失不亚于被迫支付1 000美元。然而，如果你愿意忍受一定的痛苦而选择第二件事情，那么，你自然就不会遭遇被抓的窘迫。上述分析可以用图14.2来表示。按照惯例，不确定性节点都是圆形的。因为我们还没有确定被抓的概率，所以决策树的这一节点并没有显示相应的价值。

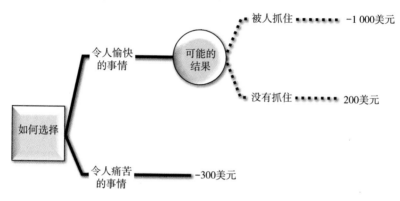

图14.2 带有一个决策分支和一个不确定性分支的决策树

如果你认为在找乐子时被人抓住的概率只有10%，那么，如图14.3所示，这件事情的平均价值就相当于80美元（即 −1 000×10%+200×90%=80）。虽然这一价值不能同完全没有风险时——没有风险时的价值为200美元——相比，但毕竟要比做那件令人痛苦的事情强多了，所以，权衡之后，你仍然愿意选择去找乐子。请注意：在实际的决策分析过程中，我们将会把这一公式加以改进并用它来解释人们的风险态度——我在第7章提到过这一概念。

但是，"被人抓住的概率为10%"这个假设中的10%究竟是如何计算出来的呢？这时候，那些天真的决策分析家也许就会忽视主要问题而致力于为这个问题寻求一个确切的答案。事实上，这时候更为重要的问题在于，"出现不确定性事件的概率增加到多大的时候，我将会改变主意"。这一点非常重要。所以我必须重申：要转换一下思考的角度，问一问自己"出现不确定性事件的概率增加到多大的时候，我将会改变主意"。

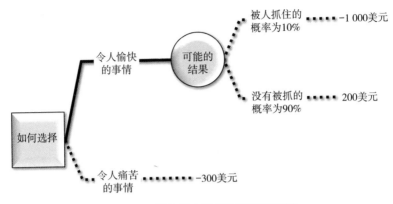

图 14.3　带有概率数据的完整决策树

利用决策树软件可以很容易地回答这个问题。在 Excel 中被用来创造这些案例的附件是 XLTree——在我的教材中有这个附件。如果你有 Excel，你就可以登录 FlawOfAverages.com 网站去体验这个模拟。

如果你在 FlawOfAverages.com 网站上进行模拟实验，你就会发现，当被人抓住的概率增加到 42% 的时候，你的最佳选择就是去做那件令人痛苦的事情（见图 14.4）。

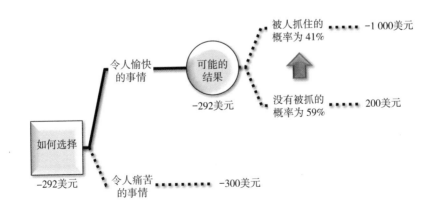

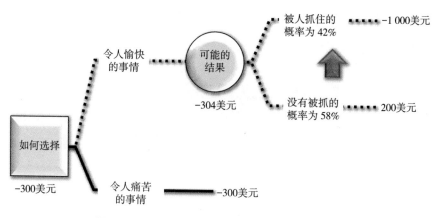

图 14.4　被抓的概率达到 42% 时应该改变决策

提出正确的问题

长期以来，管理学专家都在试图通过建立复杂模型的方法来获得正确的答案。然而，正如约翰·图基（John Tukey）在第 4 章中提醒我们的那样，这些答案虽然是正确的，但针对这些答案的问题往往是错误的。相反，那些简单的模型有时候却能够迅速为我们提供正确的答案。

在这个案例当中，最初的问题是"是否应该去找乐子"，而正确的问题则是"被人抓住的概率是否超过了 41%"。

一个由多人组成的委员会也许永远都不能就"被人抓住的具体概率"达成一致意见，但是，他们有可能轻而易举地就"这个概率是否超过了 41%"取得共识，从而顺利地完成决策过程。

回报社会

在斯坦福大学，霍华德教授除了教书之外，每年还要指导若干博士生进行决策分析方面的论文写作。另外，他还是战略决策集团公司（Strategic Decisions Group）——该公司成立于 1981 年，是一家在业界很有威望的咨询公司——的创始人和董事长。经过将近 20 年的打拼，到了 20 世纪 90 年代末期，霍华德和他的同事都已经成了资深的咨询专家，而且他们的公司运转良好,利润丰厚。不过,最近霍华德告诉我说:"我们感觉到一种强烈的使命感,那就是我们该回报社会了。"关于这种想法,霍华德的同事鲍勃·洛伊有着更详细的描述——鲍勃·洛伊是斯坦福大学的 MBA,毕业后曾在美国"和平队"从事工程工作,后进入霍华德的战略决策集团公司。

洛伊回忆说:"在为企业领导提供咨询服务的 20 余年里,我越来越感觉到另一个群体——青少年群体——也迫切需要掌握良好的决策原则。"因此,洛伊做出了一个几乎是闻所未闻的职业转变,在 1999 年,他通过了一系列的考试,顺利拿到了教师资格证书。从那以后,他一直在旧金山湾区的一所中学担任数学和决策分析教师。

在教书后不久,洛伊还和霍华德等人一起就大学预科阶段是否应该进行决策分析课程教育的话题展开讨论。最终,他们决定设立一个"决策教育基金",并以此作为经费支持来开发相关的教材和培训相关的教师。[6]

在洛伊执教的中学,很多学生都在老师的指导下对自己的重要决定进行了理性的分析。比如,一个遭受家长虐待的女孩子曾打算离家出走,但是在经过理性分析之后,她没有这样做。再比如,一个体育专业的学生准备做一个风险较大的膝盖手术,但是他担心这次手术会对他将来争取大学奖学金造成影响。在经过仔细的权衡之后,他决定做这个手术,结果手术很成功,后来他也如愿以偿地拿到了奖学金。另外,还有一个学生由于悲观厌世而产生了自杀的念头,但是在经过理智的分析之后,他最终放弃了这个荒唐的决定。

需要记住的内容:

● 决策树。

● 缺乏理性的人。

可以忘掉的东西:

● 理性预期理论。

第 15 章
信息的价值：除了价值，别无所是

多年以前，我为大约 50 名政府情报分析专家上过一堂研讨课。在上课之前，我问他们是否有人正在研究解决具体的问题。其中一个分析师举手回答说，他正在研究如何对用于搜集情报的资源进行最佳的配置。因为情报是他们的初级产品，所以，如何更有效地搜集情报似乎是一个重要的问题。然后，我又问他们是否听说过决策树，这时候所有人都举起了手。而当我接着问他们是否听说过信息的价值时，却惊讶地发现举手的只有寥寥四五个人。而其中一个分析师对这个问题做出了一个重要的回答：只有那些有可能改变一个决策的信息才是有价值的——这个观点将在下面的论述中得到证实。

不确定性的补充

信息是不确定性的补充，也就是说，对任何一种不确定性因素而言，都可以通过相关的信息来减少其不确定性程度或者完全消除其不确定性。有时候这样的信息很廉价，而有时候它们却千金难买。关于这一点，我的父亲曾在书中写道："只要不是过度地耗费时日，或者代价过分昂贵，在做出一项决策之前，都必须首先进行认真细致的调查研究工作。"

信息化时代是致力于提供信息的时代，但是，究竟该以什么为依据来判断一条信息是否过分昂贵呢？判定标准应该是这条信息的经济价值。

赛弗恩·达登（Severn Darden）是第二城喜剧团（The Second City）的元

老之一，也是伟大的喜剧演员。他在一个剧目中扮演一名哲学教授，他有这样一段开场白："你也许会问我，为什么我要讨论宇宙而不讨论其他的话题？答案非常简单：因为在这个世界上，除了宇宙之外，一无所有！"[1]

如果套用一下达登的台词，我们同样可以说：为什么我要讨论信息的价值而不讨论其他话题？因为在信息化时代里，信息除了价值之外，别无所是。然而，很少有人知道专门论述信息价值的简单理论。

你能回答如下问题吗？

一家制造企业正在引进一种新产品，但不能确定该产品的市场需求，因此不知道什么样的生产能力才能既满足市场需求又不至于造成产品积压。这时候，一家市场调查公司声称只要给他们 100 万美元，他们就可以将这种不确定性减少一半。现在的问题是，花这么多钱值得吗？

一家制药公司正在研制一种新的化学药品。在推向市场之前，必须要对它进行临床试验。现在，一共有两种试验方案可供选择——这两种方案的共同点是成本都很高，不同点在于它们分别可以解决与功效相关的不同问题。那么，该公司究竟应该选择哪一种试验方案呢？

战争的一方正在组织一场战役，但不清楚敌方的军事实力到底如何，因此必须去搜集相关的情报。问题是，应该让多少人冒着生命危险去侦察敌情比较合适呢？

上述问题都与信息的价值密切相关。

1966 年，斯坦福大学的霍华德教授发表了一篇简短的论文专门来讨论"信息价值理论"[2]，也就是今天所谓的"信息的价值"。这一理论是决策分析的延伸，它对信息化时代有着深刻的影响，还同决策树有着密切的关系，然而，这一理论却没有被广泛地了解。下面我们就用这一理论来对上一章提到的那个案例进行分析。

这条信息对你有多大价值

在上一章中，我们设想了一个人在做一件令人愉快的事情和一件令人痛苦的事情时该如何选择的案例。假如你选择令人愉快的事情之后，有可能会被守夜人抓住。他每天晚上的工作是从 10 座建筑物中选择一座进行巡逻。因为不知道他实际的巡逻计划，所以对你来说，他巡逻任何一座建筑的概率都是 1/10，即你在找乐子时被他抓住的概率为 10%。请注意，虽然我们有理由相信这个概率是确定无疑的，但是正如在前面讨论决策树时看到的那样，我们也完全可以将这个概率当成一个变量来进行分析。现在，假设你认识一个人，而这个人对那个守夜人的巡逻计划了如指掌。

你认识的这个熟人所提供的信息可以完全排除在找乐子时被抓的可能性。因此，在准备冒险之前，你肯定会去向这个熟人询问守夜人的巡逻计划。这时候，他也许会向你提出一个经典的问题："这条信息对你有多大价值？"

事实上，如果不熟悉信息的价值，没有人可以正确地回答这个问题。下面两点是回答这个问题的关键。

假如没有这个信息，首先要考虑你将如何决策，然后再据此计算出可能的结果。

假如掌握了这个信息，首先要计算出可能的结果，然后再考虑该如何决策。

这意味着要对决策树进行重新排列，如图 15.1 所示。

我们假设你认识的那个人所提供的情报是真实的，这样，你将从他那里得到两种可能的信息：一是守夜人将会出现，二是守夜人不会出现。守夜人出现的概率为 10%，在这种情况下，那个熟人会警告你不要外出。因此，这时候你只能选择去做那件令人痛苦的事情。另外，守夜人不出现的概率为 90%，在这种情况下，那个熟人会告诉你那里畅通无阻，这时候你肯定会选择去找乐子。如图 15.1 所示，这意味着在掌握了信息之后，平均结果将是 150 美元（即 $-300 \times 10\% + 200 \times 90\% = 150$）。同没有掌握信息时相比，最大的变化是现在不存在被抓的可能性了。

在没有掌握信息之前，你的决策的平均价值只有 80 美元，而得到信息之后，这个平均价值就增加到了 150 美元，因此，这个信息的价值就是 70 美元。如果提供信息的人对你开出的价格是 100 美元，那么，你就应该让他走开，因为花那么多钱去购买他的信息还不如你自己去碰运气。

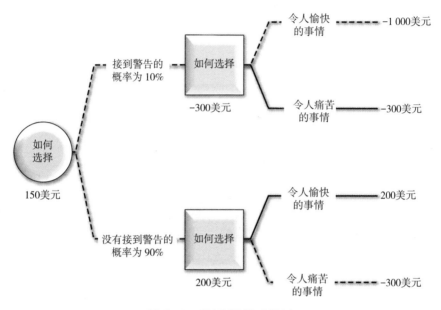

图 15.1　重新排列的决策树

就上一章的这个例子而言，你不需要预先知道概率，就可以通过分析来确定别人为你提供的信息是否值 100 美元了。而且，在你认识的人为你提供的信息不一定真实的情况下，也可以用这种方法来评估。不过，那时候我们将它的价值称为"不完全信息的价值"。

一个军事案例

下面让我们来看一个军事案例。战场上，红蓝双方隔河对峙。红方士兵把守着河上的两座桥梁，其中一座桥上还有一辆坦克镇守。现在，蓝方的一辆坦克必须要占领一座桥梁，以掩护其士兵渡河作战。由于烟幕重重，蓝方不知道红方的坦克究竟把守着哪一座桥（见图 15.2）。

图 15.3 展示了这次进攻可能出现的各种结果。最右面的数字代表的是红蓝双方人员伤亡情况的差异，其中，正数表明伤亡情况对蓝方有利，而负数则表明对红方有利。对蓝方来说，攻击没有红方坦克把守的桥梁需要付出的代价显然要小一些。但是，由于蓝方不知道对方的坦克究竟在哪座桥上，所以，无论如何决策，他们预期的平均伤亡人数都将比红方多出 30 人。

图 15.2　红蓝双方隔河对峙

注：丹泽戈尔绘。

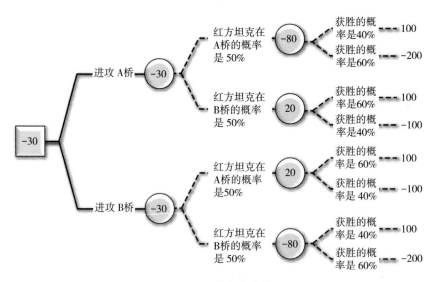

图 15.3　蓝方的决策

关于这个模型的更多细节，请登录 FlawOfAverages.com 网站查阅。

　　蓝方指挥官不愿意按照上述决策去执行这次进攻任务，他认为应该先派遣一队侦察员去确定一下对方的坦克究竟部署到了哪座桥上。他知道侦察员可以做到这一点，但很可能要为此伤亡 5 名队员。这样做是否值得呢？为了回答这个问题，应该先分析一下在蓝方事先知道了红方坦克的部署位置从而避实击虚时的战争结果，图 15.4 就是表示这一结果的树形图。

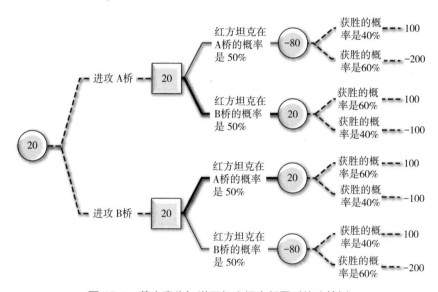

图 15.4　蓝方事先知道了红方坦克部署时的决策树

　　根据上述分析可知，在不知道红方坦克部署的情况下展开进攻，蓝方平均要比红方多伤亡 30 人。而从图 15.4 中可以看出，在知道了红方坦克部署的情况下展开避实击虚式的攻击，蓝方的伤亡人数平均要比红方少 20 人。也就是说，这条情报可以让蓝方的伤亡人数减少 50 人。并不需要对人类生命的价值进行深刻的思考，我们就可以知道：相对于 50 人的伤亡而言，5 个人的伤亡显然是一个较小的代价。

虚假信息的价值

现在，让我们反过来假设蓝方防守，红方进攻。同时，为了增加趣味性，再假设战场上没有烟幕。在这种情况下，红方可以通过望远镜观察到蓝方坦克的部署位置并且采取避实击虚的进攻，从而在战斗中赢得主动——在伤亡人数上比蓝方少 20 人。蓝方指挥官知道只有在红方认为自己可以在伤亡人数上占据优势的时候才会发起攻击。因此，蓝方计划在另一座桥上安置一辆高仿真坦克模型来迷惑敌人，因为这样做可以让该桥遭受攻击的概率减少 50%（见图 15.5）。而且，这也会让红方认为自己在伤亡人数上将不占优势（比蓝方多伤亡 30 人），从而打消进攻的念头。然而遗憾的是，司令部不能马上运来一辆高仿真坦克模型，而只能通过降落伞空投过来一辆充气型橡胶坦克模型。根据蓝方的估计，将这辆充气橡胶坦克模型布置在另一座桥上之后，红方发现真相的概率大约为 2/3。那么，红方是否会发动进攻呢？

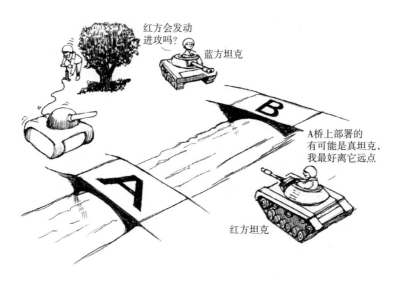

图 15.5 用高仿真坦克模型迷惑敌人

注：丹泽戈尔绘。

利用 Excel 中的决策树，可以很容易地计算出红方发动进攻的动机。图

15.6 就清晰地展示了这种动机——由图可知，红方对蓝方兵力部署的不同判断将直接影响他们的进攻动机。

　　首先来分析没有橡胶坦克模型时的情况。因为没有烟幕，所以红方可以确切地知道蓝方坦克的部署位置。如果蓝方坦克部署在 B 桥，那么，红方将会知道 A 桥一定没有坦克把守，所以他们发动进攻的动机将异常强烈。在图 15.6 中与这种情况相对应的是最左边的区域。由图可知，红方发动进攻的动机是 20，这时候，蓝方就很被动了。假如蓝方的坦克部署在 A 桥，红方发动进攻的动机同样是 20，只不过他们进攻的目标会有所不同罢了——在图 15.6 中与这种情况相对应的是最右边的区域。

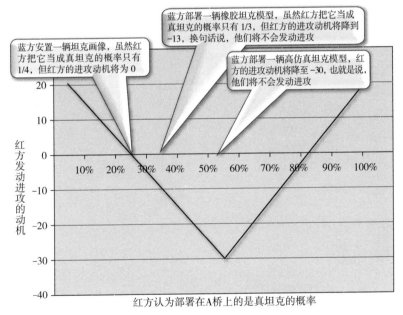

图 15.6　红方对蓝方兵力部署的不同判断影响着他们的进攻动机

　　现在，假设蓝方将真正的坦克部署在 B 桥，而将橡胶坦克部署在 A 桥。这时候，即使红方将 A 桥的橡胶坦克当成一辆真坦克的概率只有 1/3，他们的进攻动机也将严重受挫（只有 −13 ）——在图 15.6 中与这种情况相对应的是从左至右 1/3 处。事实上，即使蓝方在 A 桥安置一大张坦克画像——这时候，红方把它当成一辆真坦克的概率也许只有 1/4——也足以作为一种有力的威慑，让红方的进攻动机降低为 0。

在第二次世界大战时期，盟军使用了大量的橡胶坦克（只要在互联网上搜索一下，你就会发现相关的照片，其中一张表现的就是 4 名士兵举着一个逼真的坦克模型的情景[3, 4]）。在 1944 年诺曼底登陆前后，盟军都使用这些橡胶坦克来迷惑德军。

在制订军事计划的时候，应该时刻考虑到信息的价值。一方面，应该尽可能地搜集对方的信息；另一方面，还应该避免自己真实的信息泄露出去，同时释放出虚假的信息去迷惑对方。千万不要忘了：采用战略欺骗的手段让敌人摸不着头脑也是对敌人强有力的威慑。正因如此，只有在确信自己能够在短时间内取得决定性胜利的情况下，才可以发动一场战争。否则，时间一久，自己的战略意图就会被敌人察觉。在互联网时代里，这一点表现得尤为明显。比如，人们也许会把你作为撒手锏的武器装备或者用以迷惑敌人的伪装物和模型以视频的形式发到网上，四处传播，从而让你的军事机密变得尽人皆知。在酒吧里，一个人高马大的恶棍无缘无故地挑衅另一个远比他瘦弱的对手。但是，假如一个小时之后，他还没有将对手打倒的话，他的色厉内荏、外强中干就会暴露无遗，因此，这个恶棍引起众怒从而被人群起而攻之的可能性就大大增加。

原型构建

下面，让我们回忆一下唐纳德·克努特（Donald Knuth）提出的建造模型的 5 个步骤。其中的第 5 步是"当你发现了自己真正想要的东西之后，抛弃前 4 步的努力，从头再来"。原型往往可以为我们提供大量的信息，从而给我们带来意料之外的惊喜。那么，这些信息究竟价值几何呢？在迈克尔·施拉格看来，这些信息的价值非常大。施拉格是《严肃的游戏》一书的作者，该书讲述了电子表格如何"发起了一场商业史上规模最大、意义最深远的原型构建以及仿真模拟的实验"。

施拉格就如何进行模型和原型投资以控制革新风险的问题向企业提出了建议，他认为信息价值的理念是一种有益的启示，它"有助于我们评估多做一个实验，多进行一次迭代，多做一次模拟，多调整一次原型究竟有什么价值"。[5]施拉格解释说："我的一些委托人甚至将他们自己的客户也放到了信息价值的考虑当中。为什么要这么做呢？因为对于从实验或者原型中获得的信息，客户会有不同的看法，而这种看法值得我们参考。"

在后面的章节中，我们将会看到：相对于一些有目的的信息搜集活动而言，一个廉价的原型——比如一个用纸折叠而成的飞机模型——往往能够为我们提供更多有价值的信息。对信息的价值论述最为精辟的还是伦纳德·霍华德，下面就以他的精彩论述作为本章的结束语。

信息的价值

只要认真地思考一下，你就会发现，任何决策都有三个构成要素，它们分别是替代方案、信息和取舍标准。我喜欢将一个决策看成一个三条腿的凳子：对三条腿的凳子而言，不管少了哪一条腿，它都将失去平衡；同样，在上述三个构成要素当中，无论少了哪一个要素，都无法形成一个决策。如果没有任何替代方案，你将无法做出一个决策。如果无法看到行为与结果之间的联系，换句话说，如果没有必要的信息，你将无法做出一个决策。假如你不在乎事情的结果，你就不用做任何决策，完全可以率性而为。但问题是结果对你至关重要，所以你必须对每一个举措、每一个行为有一个取舍的标准。

在评价信息搜集活动的时候，应该强调信息的价值。在同各种企业——它们分别采用做调查、开设实验工厂、进行钻探实验和对照试验等方法来搜集信息——打交道的过程中，我们发现，它们在搜集信息的过程中的投入与产出比竟然只有10∶1，这显然是一种巨大的资源浪费。对一项信息搜集活动来说，必须要有实实在在的成果，而且，这些成果要同利益的不确定性密切相关，要能够对决策过程产生重大影响。另外，从经济上来说，这些成果要能够同投入相协调。

——伦纳德·霍华德

第四部分　平均值的七宗罪

　　第四部分列举了平均值的一些重要缺陷。其中一些缺陷根据前面提到的"思想把手"就可以理解，而另一些缺陷则需要做进一步的解释。

第16章
平均值的七宗罪

1999 年，当斯蒂芬·朔尔特斯开始用我的教材和电子表格软件来给剑桥大学贾奇商学院的 MBA 上课的时候，我们开始通信联系。后来，我们一起为剑桥的几个客户制定并实施了行政培训项目方案。在这些合作的基础上，我们最终开始共同致力于概率管理的研究，即关于如何管理不确定性的研究。[1]

在开始合作教学之前，我和斯蒂芬各自都在为数千名学生讲授平均值的缺陷，而且我们所采用的教学方式也非常相似。同解释微积分之类的专业术语相比，我们的课程非常简单。学生来到教室，我们向他们提出一些同平均结果有关的问题。这些问题虽然简单，但学生并不能正确地回答。于是，我们会给他们讲被淹死在河里的统计学家和被撞死在马路上的醉汉。故事讲完之后，学生基本上也都理解了我们所要表达的主要思想。几天之后，他们就开始进行相关的模拟并且欣喜地将自己的感悟讲给其他人听了。

有一次，当我们一起给企业管理人员进行行政培训的时候，刚刚讲完一个关于平均值缺陷的简单案例，有一个学员突然起身告辞。等到课间休息的时候，他的同事给我们解释了他匆匆离开的原因。原来，我们刚才举的例子让他意识到自己在前一天的一桩生意上犯了大错，现在，他正在打电话试图挽回损失。

下课之后，我和斯蒂芬来到附近的一个小酒馆进行例行的课后讨论。我们两个人都有一种抑制不住的兴奋，感觉自己就像是法力无边的高僧，刚刚让一个盲人重见光明一样，我们知道很多管理人员都需要我们的帮助。

这时候，我忽然灵机一动，向斯蒂芬建议说："我们为什么不能模仿《圣经》的说法也列举出平均值的'七宗罪'呢？"斯蒂芬高兴地说："这是一个好主意。"当我们喝完两杯啤酒的时候，平均值的七大罪状已经被我们列举出来了。当然，从一开始，我们就知道平均值的罪状可能远不止七条，所以我们给它增加了第八条罪状："误导人们，让人们以为它只有七条罪状。"到写作本书时为止，我们一共列举出了平均值的 12 条罪状，当然最后一条还是上面所说的第八条。关于其他罪状，等到我们发现之后会随时补充，有兴趣的读者可以登录 FlawOfAverages.com 网站查阅相关的更新。不过，无论以后还能找到多少条罪状，我都打算将它们统称为"七宗罪"。

罪状清单

这份清单中的大部分内容最初见于《今日奥姆斯》杂志，我们在引用之前，已经征得了原作者的同意[2]。部分内容我们在前面的章节中已经讨论过了，其他内容也将在后面的章节中详细论述。

1. 每个家庭有 1.5 个孩子。很多时候，平均值所表现的情况——比如平均每个家庭有 1.5 个孩子——实际上并不存在。再举一个例子，一家银行也许有两个主要的青年客户群：一个是平均收入 10 000 美元的学生群体，另一个是平均收入 70 000 美元的教授群体。试想，这家银行能否以这两个客户群的平均收入——40 000 美元——为依据来设计相关的产品和服务呢？

2. 以平均值为依据制订的计划总是无法如期实现。我们在前面举过两个这样的例子。一个是你和爱人一起去参加豪华晚宴的案例，另一个是关于软件开发的案例。在第二个案例当中，整个软件由 10 个相互独立的子程序构成，而这些子程序的平均研发周期都是 6 个月。于是领导得出结论：整个软件的研发周期也是 6 个月。但事实上，10 个子程序全部在 6 个月之内研发成功就相当于在抛掷 10 枚硬币的时候同时正面朝上，这种概率要小于 1/1 000。

3. 鸡蛋与篮子。假如分别用两种方法来保存 10 个鸡蛋：一种方法是将它们都放在一个篮子里，另一种方法是将它们分别放到 10 个篮子里。如果每一个篮子掉到地上的概率都是 10%，那么，这两种方法保证让鸡蛋完好无损的平均概率都是 90%。但是，如果采用第一种方法，损失掉所有鸡蛋的概率就会高达 10%，而如果采用第二种方法，损失掉所有鸡蛋的概率则仅有百亿分之一——看到这个案例，你就不会再对多样化投资有什么怀疑了。

4. 分等级的风险。人们在选择一项投资组合方案之后，通常会将组合中的各项投资分成三六九等，然后，先对自己认为最好的项目进行投资，接下来投资次一等的项目，以此类推。这样，最后终于轮到那些"不重要"的项目时，他们的预算资金早已经用完了。这种做法公然违背了现代投资组合理论——该理论强调不同投资项目的相互依赖。如果根据分等级的原则来看，火灾保险是一种荒唐可笑的投资，因为平均来看，那是一种赔钱的投资。但是，假如你的投资组合当中有一所房子，那么火灾保险其实是很有必要的。

5. 忽视制约因素。请回忆一下前面提到的那个芯片生产商的案例。该生产商在设计自己公司的生产能力时依据的是未来市场需求的平均值。这样，如果实际市场需求小于平均值，公司利润就会低于预期。但是，如果实际市场需求大于平均值，它的销售额也将受到自身生产能力的制约而不可能大于平均值。也就是说，实际利润只可能低于预期而不可能高于预期，所以，平均利润一定会低于以平均市场需求为依据计算出来的利润。

6. 忽视了自由选择权。前面提到的那个投资天然气矿井的案例可以说明这一点——在那个案例当中，边际生产成本是已知的，而未来的天然气价格却是不确定的。通常情况下，人们都会以未来天然气的平均价格为依据来评估矿井的价值。如果天然气的未来价格高于平均值，矿井的价值自然会更高。但是，即使天然气的未来价格低于平均值，甚至低于边际成本，你也并不会因此而亏损，因为你可以选择暂停生产。这样，你的利润就只可能提高而不可能下降，所以，矿井的平均价值将会高于以天然气平均价格为依据计算出来的矿井价值。

7. 双重打击。前面我们举过一个抗生素销售公司的案例。由于未来的市场需求难以预料，而抗生素又非常容易失效变质，该公司就根据平均的市场需求来安排自己的产品库存数量。这样的话，如果实际市场需求恰好等于平均值，那么，就不会产生任何库存成本。但是，如果实际市场需求小于平均值，那么公司将额外承担由于药品失效变质所带来的成本；如果实际市场需求大于平均值，那么公司需要承担额外的空中运输成本。所以，虽然以平均市场需求来计算的库存成本为 0，但实际的平均成本却是大于 0 的。

8. 极限值的缺陷。在自下而上进行预算规划的过程中，如果每个部门都因为担心可能出现透支的情况而有意提交一个大大超过平均值的预算方案，那么，当这些预算在进行逐级汇总的时候，一层层不必要的"脂肪"就会不断累积，最终造成巨大的预算浪费。而在对考试成绩或者疾病发病率等统计数据的分析过程中，如果只注重那些高于或低于平均值的结果，甚至会导致更为严重的后果。关于这一点，我们将在第 17 章详细阐述。

9. 辛普森悖论（Simpson's Paradox）。在对一种减肥产品进行临床试验的过程中，如果不分性别进行统计，结果发现人们的平均体重会有所下降。然而，在将男女分组进行统计的时候却发现，不论男女，平均体重都有所增加。在第 18 章，我将对这一奇怪的统计现象做出解释。

10. 朔尔特斯收入谬误。假如你正在经营多种商品——这些商品的价格不等、销量不一，而且利润各异，那么，你也许会遇到这样的情况：在根据平均销售量和平均利润率进行计算的时候，你发现自己可以赚钱，但实际上你在赔钱。关于这一点，我们将在第 19 章详细论述。

11. 把偶然当作必然。每个人都希望自己付出的辛勤劳动能获得别人的认可，但有一些成功纯属偶然。那么，究竟该如何判断某件事的发生是出于偶然还是必然呢？我们将在第 20 章对这个问题做出回答。

12. 误导人们，让人们以为它只有 11 条罪状。平均值的第 12 条罪状是诱使人们放松警惕，以为它没有其他罪状了。

作者提示

　　以下 4 章内容将介绍平均值的第 8 条到第 11 条罪状，这 4 章的顺序编排并没有特殊的用意。因此，你完全可以根据自己的兴趣选择阅读顺序。甚至，你也可以跳过这 4 章，先阅读后面"实践应用"部分的内容。

第 17 章
极限值的缺陷

　　居民耳垂平均尺寸比较大的地区往往都是小城市，你是否知道这样一个事实呢？更令人惊讶的是，如果有更多的人理解了这种看似微不足道的生活琐事，每年就可以节省数百万美元。为了解释其中的原因，我首先要谈一个在大企业工作过的人都非常熟悉的问题：自下而上预算法。

预算误区

　　假如一个公司一共有 10 个部门，而且每个部门的副总都分别向公司的 CEO 提交一份预算方案。这些部门副总并不能确切地知道本部门究竟需要多少资金，但是为了讨论的方便，我们假定每个部门的平均资金需求为 100 万美元（实际需求为 80 万~120 万美元），同时假定他们对各自预算的准确性都有 90% 的把握。另外，他们的资金需求互不相干，也就是说，一个部门的预算并不会对其他部门造成影响。

　　如果每一个副总都按照平均需求来提交预算方案，即每个人的预算都是 100 万美元，那么，CEO 只要将这 10 个数字加在一起，就可以得到正确的总预算，即 1 000 万美元。因为这只是一个简单的线性计算，所以这种情况下并不会出现强式平均值缺陷。

　　但问题是，如果按照平均需求来提交预算方案，那么，在现实中出现预算透支的概率就会高达 50%，所以哪一个副总都不会提交这样的预算方案。

相反，他们所提交的方案很可能是一个他们确信——我们假定他们有 90% 的把握——不会出现透支现象的方案。在编制预算的时候，很多人都会采用这种做法。

假如实际预算的不确定性是一种钟形曲线，而且它的变动范围如前所述，那么，部门副总有 90% 的把握（第 90 个百分位数）认为不会出现透支的预算大约应该是 113 万美元，如图 17.1 和图 17.2 所示——前者表示的是各种实际资金需求的相对可能性，后者则是以累积曲线的形式来表示这种可能性。

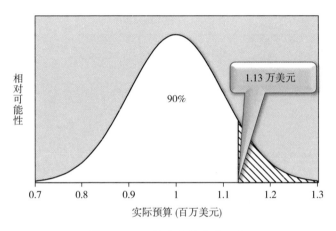

图 17.1　不能确定的资金需求

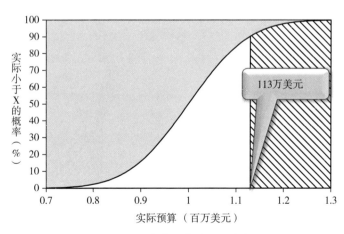

图 17.2　资金需求的累积分布

假设一家公司只有两个部门，每个部门分别由一个副总来负责，同时假设这两位副总提交的预算方案都是 113 万美元。那么，该公司的 CEO 是否有 90% 的把握认为整个公司的预算就是 226 万美元呢？我看未必。

当相互独立的不确定性被加在一起的时候，正如前面谈到的同时抛掷两枚色子和电影投资组合所证明的那样，多样化就会使概率分布的范围相对变窄。这一点可以从图 17.3 中体现出来——该图中两个横轴分别代表了 CEO 和部门副总的视角。

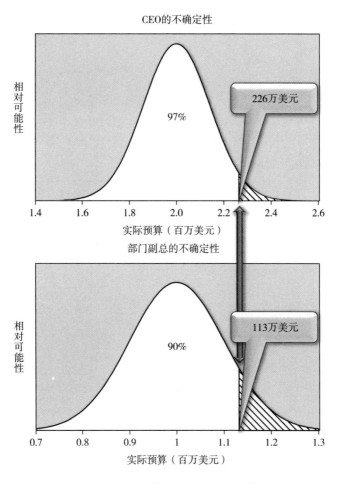

图 17.3　CEO 和部门副总的相对不确定性

从图 17.3 中可以看出，如果两位部门副总都有 90% 的把握认为他们的资金需求不会超过 113 万美元，那么，CEO 将会有 97% 的把握相信整个公司的资金需求不会超过 226 万美元。上面所说的是只有两个部门的公司，如果是一家拥有 10 个部门的公司，情况又会如何呢？首先，整个公司的预算应该是 10 乘以 113，即 1 130 万美元。其次，多样化程度的提高使 CEO 对这个预算有了 99.998% 的把握（见图 17.4）。

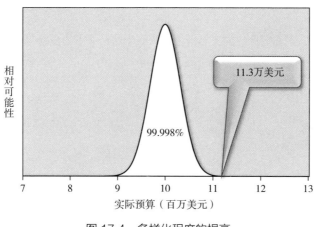

图 17.4　多样化程度的提高

不断累积的"脂肪"

同部门副总相比，CEO 有更多的把握认为不会出现超过预算的情况——你也许会认为这是一件好事，但事实并非如此。

只要做一个简单的数学运算，就可以知道：只要预算达到 1 040 万美元，首席执行官就会有 90% 的把握。因此，如果将公司预算定为 1 130 万美元，那么，这就意味着每年都会有本来可作为营运资本的 90 万美元资金被闲置。很简单，CEO 之所以不需要过多的预算储备，是因为到了年底的时候，即使某些部门资金吃紧，他也可以从资金依然充裕的其他部门调配一些过来，从而使整个公司不会出现预算透支的情况。如果忽视了多样化的作用，那么，企业在进行预算编制的时候，不必要的"脂肪"就会一层一层地累积起来。

现在，你也许会认为节约下来的 90 万美元并不是一个大数目，但你却不能不承认增加 90 万美元的额外利润并非易事——如果明白了这一点，你就会意识到这一现象的重要性。

富国银行的马修·拉斐尔森对这个问题有着深刻的认识。一次，他要求手下的管理人员评估他们提交的预算的第 50 个百分位数，从而避免上述的预算误区。大多数管理人员都意识到，他们的上司正在致力于减少不确定性，而且也理解这个要求。但毕竟旧习难改，有些人依然按照原来的方法来制定预算方案。当一位管理人员提交了一份看起来比较离谱的方案之后，拉斐尔森就问他说："你们部门的实际资金需求低于这个数字的概率有多大？"那位管理人员回答说："50%。"拉斐尔森接着又问："那么，实际资金需求高于这个数字的概率又有多大呢？"这实际上问的还是同一个问题，只不过是变换了一个角度而已。然而，那位不惜违背概率学原理的管理人员却回答说："我确信绝不会超过这个数字。"

最危险的方程式

在谈了预算误区之后——我最初就是在这个领域里发现极限值的缺陷的，好奇的读者朋友也许会问：这个预算误区同本章开头提到的耳垂的例子究竟有什么关系呢？下面我就要讲这个问题。

几个月之前，我给我的老朋友霍华德·威纳打电话闲聊。我告诉他我正在辛苦地赶稿子，他回答说他也在写一本书。于是，我们就通过网络交换了尚未完成的书稿。威纳是美国国家医学考试委员会著名的研究员，他曾经在美国教育考试服务中心任职 20 年（该中心负责设计美国大学理事会举办的各种考试）。

预算层层累积变大是多样化的结果，而在《描绘充满变数的世界》[1] 一书中，威纳对这种普遍存在的多样化效应进行了集中论述。他指出，早在 1730 年，法国数学家棣莫弗（De Moivre）就已经对此做出了精确的解释。关于耳垂平均尺寸的问题，也许可以做如下的理解。首先让我们假设一种极端的情况：假如有一个小得不能再小的村镇，在那里只生活着一个居民，而且他的耳垂非常大，那么，这个村镇居民耳垂的平均尺寸也将非常大。然后再来看纽约市这样一个国际大都市里人们耳垂的平均尺寸。因为这里居民众多，所以这个数字将会非常接近于全体美国人的耳垂平均尺寸。

顺便提一下，你知道居民耳垂平均尺寸最小的地区会是哪里吗？当然，同样是小村镇。事实上，城市的规模同人们的耳垂大小并没有必然的联系，之所以会出现上述情况，只是因为小范围抽样调查的平均结果的变化幅度比大范围抽样调查的平均结果的变化幅度更大罢了。

实际上，关于耳垂的案例所体现出来的平均值缺陷不仅会出现在预算编制的过程中，而且会出现在流行病发病率统计、犯罪率分析、考试成绩比较以及其他平均值受到关注的领域。威纳在他的书中举了一个相关的例子：美国一些出发点良好却头脑愚笨的社会改革家注意到，平均考试成绩较高的学区往往是小学区而不是大学区，因此，为了提高教学质量，他们就主张将大学区分割成小学区，从而造成了几十亿美元的财政浪费。假如这些人当初关注的不是高分而是低分，那么，他们就会发现平均考试成绩较低的学区也是小学区而不是大学区，在这种情况下，他们也许就要大声疾呼将小学区合并成大学区了，当然，这一过程中几十亿美元的财政浪费同样不可避免。

威纳将多样化的基本原理称为"最危险的方程式"，正因为漠视这一基本原理，人们才做出了近 1 000 年来的一系列令人误入歧途的愚蠢决策，这些决策不仅代价很高，而且效果适得其反。我建议你读一读威纳先生的这本书，你将从中发现更多迷人的细节。

总之，只注重那些反常的结果，如第 90 个百分位数、高于平均水平的癌症发病率或者低于平均水平的考试成绩等，就会产生极限值的缺陷。如果将这些极端的结果简单相加或者拿它们同其他结果进行比较，往往就会得出错误的结论。

需要记住的内容：

● 抽样调查的范围越小，平均结果的变化幅度就越大。

可以忘掉的东西：

● 棣莫弗。

第18章
辛普森悖论

作为一个反映平均值缺陷的典型案例，辛普森悖论已经困扰研究人员多年。利用图表的形式很容易解释什么是辛普森悖论。下面通过一个案例来说明这种悖论。有人曾经对以芜菁甘蓝汁——这种汁液似乎具有快速减肥的功效——为主要原料的一种减肥产品进行了临床试验。在试验中，有 48 名受试者分别服用了不同剂量的该产品。图 18.1 展示了服用之后的效果。

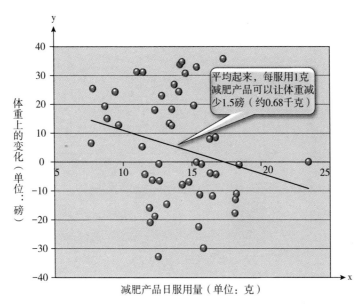

图 18.1 日服用量与体重变化之间的关系

图中的 x 轴表示的是 48 名受试者每天的服用量，y 轴表示的则是经过为期一周的试验之后受试者体重的变化。向下倾斜的直线（在统计学上被称为线性回归）表明：在一周之内，每服用 1 克减肥产品，体重平均可以减少 1.5磅。如果仅从这些数据来看，这种减肥产品的功效可谓相当神奇了。但是，在得出最后结论之前，我们还要对相关的数据做进一步的分析。

在上述分析中，我们并没有将实验对象的性别因素考虑在内，事实上，如果将这一因素考虑在内，结果就大不相同了。图 18.2 表示的是另一次试验的结果——这一次是将男女分组统计，其中黑点代表男性，白点代表女性。从图中可以看出，这次的统计结果居然同上次大相径庭：不论男女，在服用该减肥产品之后，平均体重不但没有减少，而且有不同程度的增加。

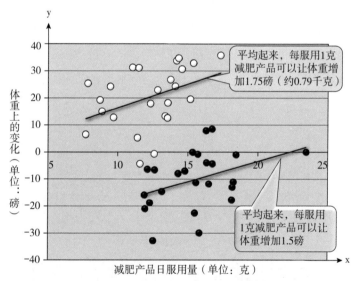

图 18.2   男女分开统计的日服用量同体重变化之间的关系
（黑点代表男性，白点代表女性）

这种现象究竟该如何解释呢？这说明该减肥产品并没有减肥效果。那为什么在第一次试验的时候，人们的平均体重会有所下降呢？我们可以假设一种情况来说明这一点。假如试验恰好是在篮球赛季结束之后开始，因为大多数接受试验的男人不再整天坐在电视机前面一边观看比赛，一边狂饮啤酒

（在此期间，他们的平均体重会迅速增加），所以，他们的平均体重自然会大幅下降，当然，这种下降同服用减肥产品并没有关系。同时，接受试验的女性在体重上也许会有所增加，但男女的统计数据放在一起，总体上的平均体重仍然会有所减少。

肾结石

肾结石方面的研究为我们提供了一个关于辛普森悖论的真实案例。《英国医学杂志》（*British Medical*）曾经刊登过一篇关于治疗肾结石的文章，作者从治疗效果上对两种治疗方案进行了比较。[1] 从接受治疗的所有肾结石患者的统计情况来看，B 方案的疗效比 A 方案好。但是，在按照病人结石的大小进行分类统计的时候，却发现对那些结石直径小于 2 厘米以及结石直径大于 2 厘米的患者来说，A 方案的疗效比 B 方案好。这又如何解释呢？

棒球运动

俄勒冈州立大学（Oregon State University）的数学教授肯·罗斯（Ken Ross）出版过一本名为《棒球场上的数学家》（*A Mathematician at the Ballpark*）的书。在这本书里，他举了一个与棒球击球率有关的辛普森悖论的例子。[2]1995—1997 年，大卫·贾司提斯（David Justice）每年的击球率都高于德里克·基特（Derek Jeter），但是，当把三年的数据集中在一起计算的时候，却发现基特的击球率高于贾司提斯（见表 18.1）。这种现象又如何解释呢？

表 18.1　基特和贾司提斯的平均击球率

年份	1995		1996		1997		合计	
德里克·基特	12/48	0.250	183/582	0.314	190/654	0.291	385/1 284	0.300
大卫·贾司提斯	104/411	0.253	45/140	0.321	163/495	0.329	312/1 046	0.298

辛普森悖论出现的原因

当变量取决于隐藏因素的时候，就会出现辛普森悖论。在前面的例子中，男人刚好在吃了减肥产品之后体重有所下降，这就让我们认为体重之所以会下降，是因为减肥产品发挥了效用。然而事实上，他们体重的下降是因为他们不再大量饮用啤酒了——这个因素是完全隐藏在数据背后的。在与肾结石有关的案例中，隐藏因素是结石的大小，如果忽视了这个因素，就会得出相反的结论。关于与棒球有关的那个案例，我认为通过说明每位运动员上场击球的总次数——这一点往往被忽视——就可以对看似矛盾的现象做出合理的解释。遗憾的是，每当我试图把这件事情想清楚的时候，都会觉得头痛。也许哪一位读者朋友可以提供一个清楚的解释，到时候我会把它放在Flaw-OfAverages.com网站上，与大家分享。

第19章
朔尔特斯收入谬误

　　银行赚钱的方式之一是先以较低的利率借入资金（银行之所以能够这样做，是因为它们有良好的信用），然后再以较高的利率将资金贷给消费者（消费者之所以必须支付更高的利率，是因为他们的信用不像银行那么好）。银行支付的利率和收取的利率的差额被称为利润率。假如银行每年支付给存款人的利率是4%，而向最好的贷款客户收取的利率是6%，那么，它这部分业务的利润率就是2%。如果银行也愿意将钱以14%的利率借给那些信用不是特别好的客户，那么，这部分业务的利润率就是10%。实际上，银行会依据贷款客户的信用等级、年龄、收入以及其他因素来确定不同的贷款利率。

　　银行的纯收入不仅取决于它们的利润率，而且取决于它们的收支余额。假如一笔业务的利润率是6%，收支余额为600美元，那么银行在这笔业务上的年度纯收入就是36美元（即600乘以6%）。当然，贷款的管理和维护也需要一定的费用，我们假设这部分费用为每年25美元。因此，银行通过这笔业务就可以获得11美元（即36减去25）的利润。现在，我们假设银行所有业务的平均收支余额和平均利润率分别是600美元和6%，那么，是否可以认为银行的平均利润就是11美元呢？

　　这是剑桥大学的斯蒂芬·朔尔特斯教授给我讲的一个关于强式平均值缺陷的案例，这个案例非常微妙、令人费解。如果收支余额同利润率在统计学上毫无瓜葛，那么，平均利润就应该是11美元。但问题是，二者存在着密切的联系。事实上，银行的收支余额越大，客户的信用越好，银行的利润率往往就越低。

因此，在将 11 美元的平均利润率写入你的年度报告之前，请首先思考这样一个问题：平均利润率和平均收支余额能够准确反映两种类型客户的真实情况吗？假如在你的客户当中，信用较好的和信用较差的各占一半。从信用较好的客户那里，你可以获得 2% 的利润率、1 000 美元的收支余额以及 20 美元的年平均纯收入。同时，从信用较差的客户那里，你可以获得 10% 的利润率、200 美元的收支余额以及 20 美元的年平均纯收入。但是不要忘了，每笔业务还需要支出 25 美元的管理成本，因此，实际上每笔业务都会让你亏损 5 美元（见表 19.1）。将所有业务放在一起计算，银行得到的平均利润是 11 美元，然而，实际上银行在每笔业务上都蒙受了 5 美元的亏损。

"当然，银行再傻也不会按照目前的贷款规模来计算它们的收入，"朔尔特斯说，"否则，它们就要面临破产了。但是，在计划未来收入增长的时候，它们往往会假定自己的平均收支余额是在不断增长的。这将导致同样的错误——除非每个客户的业务增长都严格保持原来的比例。"

请注意，假如银行的收支余额增加之后，利润率也随之增加而不是像一般情况下那样随之减少，那么，它的实际平均利润将会大于根据平均利润率和平均收支余额计算出来的平均利润。

表 19.1 所有业务的平均利润是 11 美元，但是，每笔业务的平均损失是 5 美元

	收支余额 （美元）	利润率 （%）	纯收入 （美元）	扣除管理成本 之后的利润 （美元）
□ 高收支余额	□ 1 000	□ 2	□ 20	□ −5
□ 低收支余额	□ 200	□ 10	□ 20	□ −5
□ 平均值	□ 600	□ 6	□ 20	□ −5
□以平均利润率和平均收支余额为依据所进行的错误的平均值计算				
□	□ 600	□ 6	□ 36	□ 11

经济学 101

如果一家企业在销售某种商品，那么，它的收入就等于售出商品的数量乘以商品的价格。在经济学中有一个最基本的常识，即商品的价格越高，购买的人就会越少，而销售商也会越多。这就是每本经济学书籍中都会提到的著名的供需关系理论（见图 19.1）。

那么，如果某种商品的供应量和需求量都不能确定，情况又将如何呢？为了更好地说明这个问题，我们需要假设如下两种特殊的情况：供应量已知但需求量未知的情况和需求量已知但供应量未知的情况[1]。

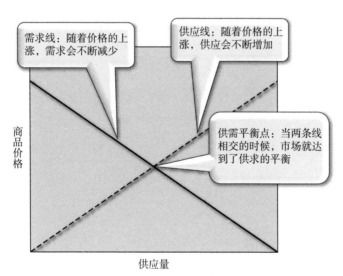

图 19.1　供应、需求以及供需平衡点

需求量已知但供应量未知

假如有一种消费品，比如具有特殊用途的电脑芯片，它的需求线可以确定，但是，它的生产成本尚不明确，因此，它的供应线不可确定（见图 19.2）。

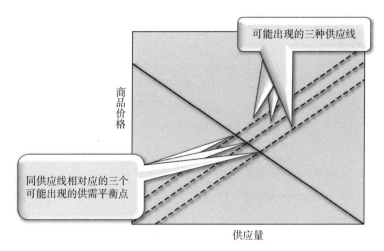

图 19.2　需求量已知但供应量未知时的供需线

同图 19.1 相比，图 19.2 中的平均价格和平均供应量并没有什么变化，但是，供需平衡点的位置却有可能向左上方或者右下方移动：供应量很小的时候，该商品的价格会上涨，销售量会下降，供需平衡点向左上方移动；供应量很大的时候，该商品的价格下跌，销售量上升，供需平衡点向右下方移动。在这两种情况下，商家的平均收入都会小于平均价格与平均销售量的乘积。需要特别说明的是，在图 19.2 中的供应线从左上方向右下方移动的过程中，商品价格与销售量的乘积会越来越小。

供应量已知但需求量未知

现在，让我们假设有一种时尚产品，比如一种时装，它的市场需求难以预料，但是它的生产成本以及供应线是明确的（不管多么时尚，衣服毕竟还是衣服）。这种情况可以用图 19.3 表现出来。同样，这时候平均价格以及平均供应量依然没有发生变化，但是，供需平衡点的位置有可能向左下方或者右上方移动：当需求量很小的时候，价格下跌，供需平衡点向左下方移动；当需求量很大的时候，价格上涨，供需平衡点则向右上方移动。在这两种情况下，商家的平均收入都会大于平均价格与平均销售量的乘积。另外，需要说明的是，在图 19.3 中的需求线从左下方向右上方移动的过程中，商品价格与销售量的乘积将会逐渐增大。

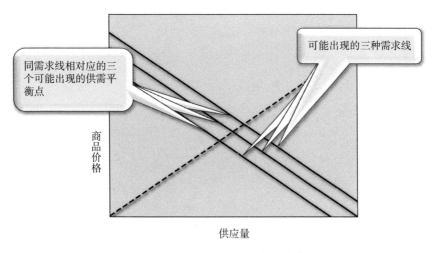

图 19.3　供应量已知但需求量未知时的供需线

就我所知，还没有人对这种平均收入的不对称性做过明确的论述，所以我暂时称之为"朔尔特斯收入谬误"。如果将来有哪位经济学家给我写信，愤怒地声称他早在若干年前就发现了这一事实，或者告诉我，早在 18 世纪亚当·斯密（Adam Smith）就对此有过明确的论述，那么，我会及时地在 FlawOfAverages.com 网站上进行更正。

总之，如果企业的收入是两个不确定性变量——比如利润率和收支余额或者价格和销售量——的乘积，那么，就会出现朔尔特斯收入谬误。

如果两个不确定性变量的关系呈现负相关，那么，企业的实际平均收入将会小于以两个不确定性变量的平均值为依据计算出来的收入。

如果两个不确定性变量的关系呈现正相关，那么，企业的实际平均收入将会大于以两个不确定性变量的平均值为依据计算出来的收入。

第 20 章
把偶然当作必然

你也许听说过这个关于营销主管的故事：他知道在自己投入的广告费当中，只有一半发挥了作用，但永远也不知道发挥作用的究竟是哪一半。如果你能够对自己所采取的各种举措可能产生的结果做出直接的判断，那么，去管理一家企业就会易如反掌。但是，当那些你可以掌控的事情同众多你无力掌控的事情——如市场状况、竞争态势以及天气条件等——纠缠在一起的时候，管理一家企业就会困难重重。

广告宣传的效果

假如你是一家公司的销售主管，在你负责的 30 个销售区域当中，你在 10 个区域投放了广告。现在，你刚刚通过市场检验获得相关的销售数据。如表 20.1 所示，这些数据反映了一个月以来你们公司的产品在各个市场中销量的变化。

从表中可知，在投放了广告的 10 个市场中，平均销售量比上个月增长了 7.35%，而在没有投放广告的 20 个市场中，平均销售量则只增加了 3.93%。二者相差 3.42 个百分点，所以广告显然是有效果的。

但是，这可能只是一种偶然。平均值的第 11 条罪状就是把偶然当作必然。那么，为了弄清楚一个结果的出现究竟是偶然还是必然，就要进行验证，这就是统计学所谓的**假设检验**——它包括 **T 检验**和 **F 检验**两种形式。

表 20.1　一个月以来产品在市场中销量的变化

投放了广告的市场		没有投放广告的市场		
市场 1	6.6%	市场 11	−2.8%	
市场 2	9.8%	市场 12	1.9%	
市场 3	8.6%	市场 13	−7.9%	
市场 4	−1.3%	市场 14	8.5%	
市场 5	4.9%	市场 15	4.1%	
市场 6	14.1%	市场 16	3.0%	
市场 7	11.4%	市场 17	3.3%	
市场 8	13.9%	市场 18	1.7%	
市场 9	6.6%	市场 19	6.6%	
市场 10	−1.1%	市场 20	7.0%	
		市场 21	3.4%	
		市场 22	5.0%	
		市场 23	8.2%	
		市场 24	6.6%	
		市场 25	4.1%	
		市场 26	10.1%	
		市场 27	−3.5%	
		市场 28	−1.2%	
		市场 29	10.6%	
		市场 30	9.9%	
平均值	7.35%	平均值	3.93%	两个平均值之间相差 3.42 个百分点

与此相关的一个简单例子是抛掷硬币。假如我走到一群人中间，声称自己可以预测出硬币落地之后是正面朝上还是反面朝上。有人不相信我的大话，于是就抛掷一枚硬币进行验证，结果发现我的预测准确无误。然后，我就扬扬得意地说："怎么样，现在相信了吧？"这时候，观众肯定不会心服口服，因为对一枚硬币做出正确预测的概率是 50%——统计学上把这种可信度不高的概率叫作 P 值。换句话说，你的正确预测很可能只是一种巧合，所以并不会引起观众的兴趣。相反，如果我宣称自己可以连续 10 次做出正确的预测，那么，观众的兴趣很可能一下子就来了。虽然连续 10 次做出正确预测也有可

能只是一种偶然，但是，这种偶然性出现的概率只有 1/1 024（即 0.5 的 10 次方），因此，在这种情况下，人们就会相信我真的具有未卜先知的特异功能了。但是请注意，假如有成千上万的人同时参与预测，那么即使有一个人可以连续 10 次做出正确的预测，也会被认为只是一种偶然。

那么，我们该如何利用这种逻辑来分析表 20.1 中的数据呢？在蒸汽时代的统计学中，有很多可以进行这种分析的方法，不过，我更推崇下面的计算方法。首先，我们要抱着吹毛求疵的态度假设表 20.1 中 3.42 个百分点的差异只是一种偶然现象，也就是说，假设这种差异跟广告宣传没有关系——这种假设在统计学中被称为**零假设**。这就等于说，表 20.1 中的 30 个销售数据都是来源于具有同样分布特征的地区。如果这个假设成立，那么，当我们将 30 个数据的次序打乱，再按照一列 10 个、另一列 20 个的形式随机进行排列的时候，两列的平均值之间还应该相差 3.42 个百分点左右。否则，就说明我们的假设是错误的。

在这里，我们可以采用第 9 章提到的重复取样的方法来进行上述验证。首先，将表 20.1 中的 30 个销售数据分别写在 30 个乒乓球上，并且将它们放入一个篮子里。然后，再逐一随机地取出篮子里的球，并将上面的数据依次填写在两列空白的表格中（每次取球之前都要晃动篮子将球的次序打乱）。将表格填满之后，我们需要分别计算出两列数据的平均值，看看左边一列的平均值是否比右边一列多出 3.42 个百分点。这个实验需要反复进行好几千次，同时，要记下左边的平均值比右边多出 3.42 个百分点的次数。这本来是一件相当烦琐的工作，不过，利用计算机在几秒钟之内就可以全部搞定。最后，计算机的模拟结果显示，两列数据的平均值相差 3.42 个百分点以上的实验在总实验次数中还不足 5%。这个结果说明上述假设是错误的，换句话说，你的钱没有白花，因为你投放的广告确实发挥了作用。

药品的疗效

相似的检验方法还被用来确定那些新研制出来的药品是否具有很好的疗

效。当然，在这种情况下，判断的依据应该是相关的药品在减轻或者消除病人症状、延长病人生命方面的效果是否显著。从统计学上来讲，5% 以下的 **P 值**通常都被认为是统计上显著的，因为 5% 的 **P 值**就意味着病人病情的改善是出于偶然而不是得益于药物的概率只有 1/20。不过，需要注意的是，同预测硬币的反正一样，如果一家大型制药公司在检验一种药物的疗效时，接受试验的人数非常庞大，那么，5% 的 **P 值**仍然会被认为只是一种偶然。此类问题都是人命关天的大事，我建议还是咨询训练有素的统计学家为好。

一个老掉牙的骗局

一个陌生人给你打来匿名电话，告诉你他在某某公司担任要职，因此掌握着可以让你在股市中获得巨大收益的内部信息。但是，由于他在公司中的地位特殊，根据相关的法律，他自己不能利用这些信息进行股票交易。不过作为一个毫不相干的陌生人，你可以名正言顺地利用他提供的信息来赚钱，当然，他也能够从你这里得到相应的回报。他并不要求你马上就对他深信不疑，相反，他会首先用事实来证明自己的确拥有内部信息。比如，他告诉你某某公司的股票第二天将会上涨，还说等到第二天股市收盘时再给你打电话进行确认。

果然，该公司的股票第二天真的涨了，但是，因为上涨和下跌的概率各占 50%，所以你会认为他的预测也许只是一种巧合。到了第二天约定好的时间，那个陌生人又打来了电话，这次他告诉你该公司的股票在下一个交易日将会下跌，结果，他的预言再一次得到证实。就这样，他连续 5 天都做出了正确的预测。只需进行简单的运算，你就会发现他的预测是一种巧合的概率只有 1/32（即 1/2 的 5 次方）。而这一概率已经足以证明他在该公司中的权威地位。

在取得你的充分信任之后，他开始建议你依据他提供的信息去投资股票。又经过 5 天之后，你已经获得了相当可观的利润。这时候，那位神秘人物再次打来电话，提醒你他已经连续 10 天都做出了正确的预测，同时还告诉你如果希望继续获得有价值的信息，你就必须将已赚取利润的 75% 装在一个信封里，然后在指定的时间里将它放在某个公园的某个长凳上。为了源源不断地获得财富，你自然会一切照办。但是，从此之后，这个人便销声匿迹，再也不给你打电话了。

那么，这个陌生人究竟是如何行骗的呢？很简单，在第一天，他分别给数千人打电话，对其中一半人说某公司的股票将要上涨，而对另一半人说该股票将要下跌。因为上涨和下跌的概率各占50%，所以，无论如何，到了第二天，他都将获得一半人的信任。因此，他可以故伎重施，再将这剩下的一半人平均分成两组，并且分别给他们提供一个完全相反的预测。这样，一天淘汰掉一半，以此类推。10天之后，依然相信他的人，也可以说依然没有成为这场骗局牺牲品的人，已经为数不多了，而你就是其中的幸运儿之一。这种骗术简单易学、操作方便，甚至只需要通过邮件就可以实施。我相信部分读者就收到过别人主动提供的类似的股市或者球赛预测。在这里，提醒大家千万不要相信他们，当然，更重要的是千万不可参与其中，否则等待你的必将是法律的严惩。

需要记住的内容：
● 一定要通过实验来确定已经发生过的事情是否出于偶然。

可以忘掉的东西：
● 假设检验——用"这是不是一个偶然事件"来代替。
● P 值——用"某件事纯属偶然的概率"来代替。
● T 检验和 F 检验——用"模拟"来代替。请登录 FlawOfAverages.com 网站查阅相关的案例和参考文献。
● 零假设——用"假设某件事情的发生纯属偶然"来代替。

实践应用

在基础知识板块，我们讨论了管理和控制不确定性和风险的一些基本"思想把手"。为了充分地理解这些"思想把手"，你需要不断地在实践中应用它们。有意思的是，有时候越是专心致志地去思考一个问题，越是不得要领，相反，在心不在焉的时候却往往能够灵光乍现、豁然开朗。同样，对"思想把手"的应用也是如此。

在这个板块当中，我将介绍一些可以应用这些"思想把手"的重要领域和相关的案例，这些介绍也许能够对你有所启发。

首先，我将在第五部分介绍现代金融领域——在这一领域，已经有人由于在克服平均值缺陷方面成就卓著而获得了诺贝尔奖。然后，我将讨论依然普遍存在平均值缺陷的其他领域。

第五部分　金融领域的平均值缺陷

20 世纪 50 年代初期，哈里·马科维茨提出了"投资组合理论"，该理论明确地指出了平均值的缺陷——我所说的弱式平均值缺陷，从而在金融领域掀起了一场革命。特别是，仅用平均收益并不能对一项投资做出准确的说明，除此之外，我们还必须了解相关的风险。到了 20 世纪 60 年代，威廉·夏普对投资风险问题进行了详细的阐述，从而使规避风险成了投资者的普遍理念。不久之后，现代投资组合理论便在投资领域获得了广泛的认可。正因如此，马科维茨和夏普在 1990 年一起获得了诺贝尔经济学奖。

20 世纪 70 年代初期，费雪·布莱克（Fischer Black）、米伦·斯科尔斯以及罗伯特·默顿三个人共同提出了期权定价模型，该模型解释了强式平均值缺陷的一个特殊案例，即股票期权的平均收益并非具有特定平均价值的"标的股票"的收益。他们为此建立的模型使金融衍生工具大幅增加。由于在期权理论上的贡献，他们于 1997 年获得了诺贝尔经济学奖。

上述现代思想先驱使金融领域首先认识到了平均值的缺陷。为了更好地理解他们的思想，我们应该尝试将上述原理推广应用到商业、政治以及军事等领域——如今，这些领域在制订计划的时候仍然以平均值为中心。

第 21 章

养老投资

几乎所有人都会遇到一个深受平均值缺陷影响的问题：为养老而投资。

斯蒂芬·波伦（Stephen Pollan）和马克·莱文（Mark Levine）在《一文不名地死去》（*Die Broke*）一书中指出：当一个人死去之后，即使曾经有万贯家产，对他也没有任何价值了。所以，当一个人健在的时候，一定要做好两件事情：第一件事情是照顾好家人，第二件事情是确保在自己去世之前花掉所有的个人财产。[1]对于这种观点，不同的人也许会有不同的态度——就我而言，我很赞同这种观点。但是，无论你对此持什么态度，都可以将它作为制订你养老金计划的一个有益的起点。即使你希望在去世之后给子孙留下一笔财产，下面的讨论同样会对你有所启发。

现在，假如你有 20 万美元的退休金，而且你估计自己还能再活 20 年。为了讨论上的方便，我们假定你得到了神灵的指点，因此确切地知道自己将会在 20 年之后离开人世。那么，为了实现在去世时刚好把养老金花得干干净净的目标，你每年应该支取多少钱才合适呢？我们假定你的养老金被投资于已经有几十年发展历史的共同基金，据估计，在未来相当长的时间里，该基金的业绩还将维持过去的水平——虽然近来的事实表明，这种估计也许并不准确，但是，同仅仅以平均值为依据的预测相比，它仍然算是较好的预测。该基金的年度收益虽然会有波动，但是平均起来，每年将会有 8% 的投资回报。传统上，那些理财规划师将上述信息汇总之后，会分别将它们填入养老金计算器。总的退休金是 20 万美元，然后每年减去一定数额的生活开支，再加上剩余养老金的 8%。通过同时考虑收入和支出两个因素，我们很快就可以得到一个可以让你刚好在 20 年内花完全部养老金的年度支出标准。就这个例子而言，20 年间的年度支出标准应该是 21 000 美元（见图 21.1）。

你可以登录 FlawOfAverages.com 网站下载本章的相关模拟资料，如果你的电脑上装有 Excel，你也可以进行在线模拟。

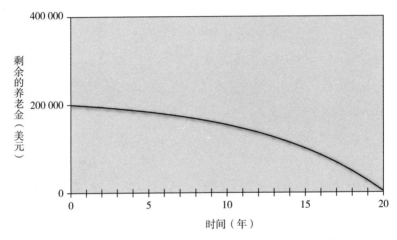

图 21.1　年度投资回报率为 8% 时，每年支出 21 000 美元，
刚好可以在 20 年内用完 20 万美元养老金

那么，图 21.1 是否有问题呢？问题很多。首先，假设每年将获得 8% 的平均收益就是一个严重的误导。为了避免平均值缺陷，你必须模拟出该基金每年的收益波动。假设过去的收益波动可以代表未来的收益波动，那么，你未来的财产变化依然有可能遵循很多种轨迹。图 21.2 是用电脑随机模拟出来的 12 条可能的财产变化曲线，从图中可知，这些曲线会围绕着图 21.2 中以平均值为依据绘制出来的曲线（虚线）上下波动。

现在，如果你提前两三年花完了自己所有的养老金，那么，你也许可以依靠子女的接济和赡养维持生计，或者搭个顺风车到旧金山同其他的流浪汉一起去金门公园（Golden Gate Park）乞食度日。但是，如果你提前 5~15 年用光了全部的积蓄（即图 21.2 中的粗体曲线所描绘的情景），那么你的晚年生活将会异常悲惨，而且需要特别指出的是，出现这种情况的概率将近 50%。

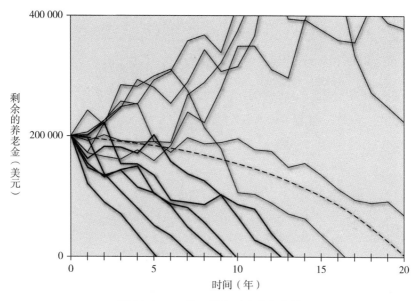

图 21.2 12 种可能的财产变化曲线

因此，从这个案例中，我们可以看出平均值的缺陷：如果按照每年获得 8% 的平均收益来计算，我们在 20 年内将不可能出现破产的情况。但是，如果考虑到所有的不确定性因素，我们会发现提前陷入破产的概率实际上高达 50%——不过，出现这种情况的前提是，未来的收益状况同过去相似，但事实并非如此。

为多数人提供模拟

金融引擎公司（Financial Engines）是由诺贝尔经济学奖得主威廉·夏普创建的一家投资顾问公司。该公司 1996 年率先在养老金规划方面运用蒙特卡罗模拟。[2]1997 年，夏普告诉我，起初他料想自己将会面临一场技术层面上的竞争，而最终从众多的竞争对手中脱颖而出的必将是能够提供最精确模拟的公司。然而，出乎他意料的是，大多数金融顾问公司当时所使用的分析工具依然是平均值，换句话说，他们仍然是按照图 21.1 所表示的方法来进行分析。有感于此，夏普写了一篇名为《太虚幻境的理财计划》（*Financial Planning in Fantasyland*）的评论，用诙谐的笔墨对那些落伍的金融顾问进行了嘲讽——这篇文章可以在线阅读。[3]

从某种意义上说，金融引擎公司可以算是概率管理型公司的原型。该公司最核心的东西是 25 000 多项投资在收益方面的概率分布数据库。最初，它只提供在线模拟，主要客户都是大型企业——这些企业的雇员主要用该项服务来管理自己的养老金账户。不过，随着时间的推移，一些客户也开始请他们为自己的投资管理出谋划策。

当金融引擎公司迈出了历史性的第一步之后，诸多小公司也纷纷效仿：它们要么利用 @RISK 或者 Crystal Ball 软件来建立自己的模型，要么研发自己独立的模拟软件。

这本来应该是一种可喜的进步。不过，威斯康星州（Wisconsin）麦迪逊市（Madison）的注册理财规划师迈克尔·杜比斯（Michael Dubis）警告说："许多理财规划师在运用蒙特卡罗模拟的时候，都把它当成了威力无穷的法宝，仿佛只要用了它，所有的理财规划都将完美无缺。"他指出："如果这些规划师没有很好地理解统计学以及用于模拟的假设，那么，利用蒙特卡罗模拟也是十分危险的。"同时，杜比斯还提出了一个缺乏统一标准的问题。我们知道，当一个人在计算 3 加 2 等于多少的时候，无论他心算、使用纸和笔进行演算，还是使用算盘、计算器甚至 Excel 进行计算，都会得到同一个结果：5。事实上，模拟同样如此。真理是永恒的，而正确的模拟结果也是不会变化的。他说："如今，业界迫切需要一个统一的概率分布表述标准。有了这样的标准之后，无论使用什么样的软件，任何一个理财规划师在面对同一个问题时，都将得出相同的结论。"问题是，即使模拟用户都做了相同的假设，每一个软件包也会按照各自的方法来生成随机数据。而概率分布列的优势恰恰在于：任何两次使用相同假设的模拟都将得到完全相同的结果。

巴黎的米尺

杜比斯明确地阐述了概率管理这一新兴领域的一个主要目标：开发出可用于各个行业的标准概率分布库。正如巴黎科学院曾经铸造了一把代表标准长度的白金米尺一样，公众也应该有一个衡量养老金收益概率分布的在线基准。当然，这一基准可以采用不同的表述方式。杜比斯认为："很多人都渴望在进行养老金收入评估的时候，不要再涉及令人费解的对数**正态分布**，而采用既包含'宽尾理论'和'芒德波罗分布'（Mandelbrot Distribution）的基本思想又通俗易懂的方式。"在这里，虽然迈克尔谈到的几个专业词汇可能会让你感到陌生，但是，他这段话的主旨是明确的：事实上，我们可以通过多种标准的方式来模拟资产的价值。如果根据所有的标准分布假设来看，你的投资组合都是非常安全的，那么，你会真正放心。如果根据其中一组假设来看，你的投资组合不够安全，那么，你必然会对相关的标准进行更多的了解，甚至可能在工作的间隙与同事进行探讨。而让人们在工作的间隙与同事一起探讨概率问题，也许正是概率管理的终极目标。

消除不确定性因素

现在让我们回顾一下本章开头所举的那个关于 20 万美元养老金的例子。如果养老金每年的投资收益没有任何起伏波动，那么，图 21.1 就准确地反映了未来的资产变动轨迹。事实上，不确定性越少，投资收益越稳定，投资人遭遇破产的概率就越小。图 21.3（a）和 21.3（b）就分别表示了同一项投资在不确定性程度不同的条件下的不同模拟结果。

既然减少养老金投资的不确定性可以降低投资人遭遇破产的风险，那么为什么没有人这么做呢？事实上，已经有两个人为此做出了贡献，而且还获得了诺贝尔经济学奖，他们就是现代投资组合理论的创始人哈里·马科维茨和威廉·夏普。利用投资组合理论可以设计出一种尽可能规避风险又尽可能扩大收益的投资组合，在接下来的两章里，我们将对该理论进行详细的论述。

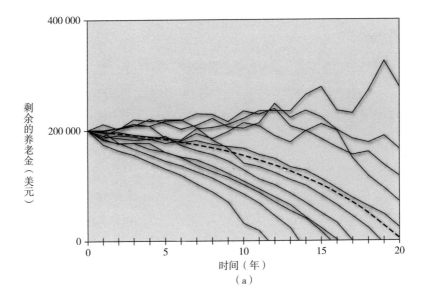

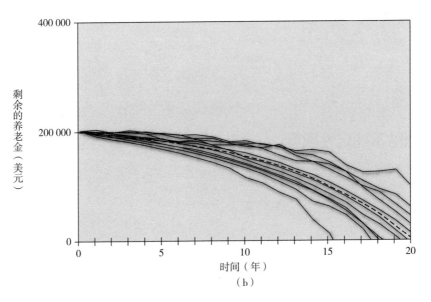

图 21.3 （a）破产的概率大约为 20%；（b）破产的概率大约为 8%

当然，2008 年的金融危机让人们对所有的财务模型都产生了怀疑。事实上，如果说我们可以从这次危机中吸取一些教训，那也只能是更好地理解投资组合中的不确定性因素。我有一个朋友由于真正理解了投资组合模拟，所以在金融危机来临之前的几个月里，就将自己的全部股票抛售一空了。有不少人也像图 21.3 所表示的那样努力消除自己的投资组合所面临的不确定性因素，但是由于使用的方法不同，结果也大相径庭：那些仅以历史数据为参考来管理投资项目的人虽然也蒙受了不同程度的损失，但至少没有在危机中倒下；而那些仍然按照图 21.1 所表示的方法去管理投资项目的人都遭受了沉重的打击。

第 22 章
投资组合理论的诞生：协方差时代

我们在前面提到一个关于劫机的荒谬案例。有人劫持了一架飞机，并要求获得 10 亿美元的赎金。他在拿到赎金之后能够全身而退的概率是 1/1 000。从理论上说，每劫持一次飞机，他平均可以获得 100 万美元。然而，将这一理论上的数据等同于 100 万美元现金，显然是陷入了弱式平均值缺陷的误区。然而，直到 20 世纪 50 年代中期之前，这一直都是金融领域的学术著作所推崇的方法。下面让我们来看看 1955 年年轻的哈里·马科维茨参加博士论文答辩时的一段录像——它的图像是黑白的，而且声音也断断续续。

"哈里，你的论文有点问题。"

说话的人是著名的经济学家米尔顿·弗里德曼。当然，这样的开场白显然不是马科维茨希望听到的。

"因为它看起来不伦不类，既不是经济学，"弗里德曼接着说，"也不是企业管理，更不是数学。"

论文答辩委员会主任雅各布·马尔沙克（Jacob Marschak）也不无嘲讽地补充道："也不是文学。"

是的，它虽然不是经济学，不是企业管理，不是数学，也不是文学，但是，它预示着现代投资组合理论的诞生——几十年之后，马科维茨因为这一理论获得了诺贝尔经济学奖。

答辩委员会没有马上意识到马科维茨论文的全部价值也是情有可原的。毕竟，他们都是整天同字母和方程式打交道的经济学家，而马科维茨作为一个计算机专业的学生，是在利用新兴的电脑技术，以一种在当时看来不可思议的方法进行投资管理。

投资风险是另一个决策要素

此前，在研究投资方面的学术著作时，马科维茨发现这些著作都是以投资平均收益为基础展开讨论的。但是，他认为以平均值为依据是不正确的："如果人们仅仅是希望获得尽可能多的平均收益，那么，为什么他们不把所有的钱都投向某一个回报率高的股票呢？"答案很显然，将所有的鸡蛋放在一个篮子里会让人提心吊胆、夜不能寐。马科维茨意识到：投资人在做出一个投资决策的时候，除了平均回报率之外，一定还非常关注另一个因素，那就是投资风险。从理论上说，瑞克·麦德雷斯的电影投资组合有可能为他带来可观的平均收益，但与此同时，也有可能让他倾家荡产。同样，从理论上说，劫机者每劫持一次飞机平均可以获得 100 万美元，但与此同时，他们也可能会被警方当场击毙或者被抓入大牢，开始漫长的铁窗生涯。不过，在马科维茨之前，并没有人将投资风险正式归纳为一种理论。

在意识到与投资决策密切相关的两个要素之后，马科维茨的脑海中立刻浮现出一幅投资风险收益图（见图 22.1）。在这幅图当中，x 轴代表风险等级，而 y 轴则代表平均收益。根据这两个坐标，可以确定每一项投资在这幅图中所处的位置。

图中位于坐标轴交点处的白色圆点所代表的投资就相当于将你所有的钱都放在褥子底下，这样虽然没有任何的收益，但也不会面临任何的风险。而右上角的那个菱形点所代表的则是平均回报率和风险等级都非常高的投资。1952 年，施乐公司提出了一个近乎疯狂的想法：用复印机代替复写纸。然而，他们的投资在此后的 12 年里一直没有得到回报——这个例子就属于典型的高风险和高回报率的投资。

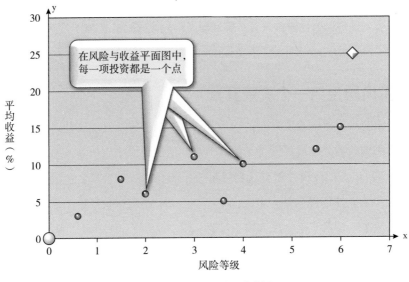

图 22.1　投资风险−收益图

对风险的界定

　　马科维茨用 **方差** 来定义一项投资组合的风险——在第 10 章我们已经说过，**方差**，即 **西格玛** 的平方，是蒸汽时代的统计学用来衡量不确定性的一个工具，关于它的定义，请登录 FlawOfAverages.com 网站进行查阅。尽管马科维茨也承认 **方差** 抽象的形式对大多数投资者来说并不直观，但是，根据它可以得到一些有助于解释人类行为的重要模型。而且，20 世纪 50 年代初期的统计学依然属于蒸汽时代的统计学。所以，马科维茨使用 **方差** 来定义投资风险。如今，因为几乎每个人都有自己的电脑，所以马科维茨更倾向于用模拟来代替数学——这些模拟可以展示出投资者未来可能的收益状况（见图 21.3，另外，相关的网上模拟，可以登录 FlawOfAverages.com 查阅）。

将风险降至最低

　　马科维茨接下来所做的是好几代花言巧语的股票经纪人和蛇油膏推销员都没有做到的事情，他提出了一个科学选择投资项目的合理方法。他的基本

思路是在保证既定平均收益的情况下将投资组合的风险降至最低。我们在第
13 章提到三项假定的投资：开采石油、购买航空股票和生产甘草制剂。这三
项投资有着相同的平均收益，但是，由于石油开采和购买航空股票在收益上
呈现负相关，所以由二者构成的投资组合所面临的风险就相对较低。马科维
茨用第 13 章提到的**协方差**对每一对投资组合的相互关系进行了模拟。

马科维茨利用电脑程序可以让这种模拟过程自动进行，详情请查
阅 FlawOfAverages.com 网站。

对于马科维茨的模拟，我们也许可以这样理解。一个但求自保的投资者
宁可得不到收益也不愿意冒任何的风险，因此，他会选择将自己所有的钱藏
在褥子底下。而一个孤注一掷的投资者为了获得尽可能多的投资回报，冒再
大的风险也在所不惜，因此，他会将自己所有的钱以 25% 的回报率投给施乐
公司。除了这两种比较极端的投资者之外，其他的投资者大都介于二者之间。
也就是说，所有投资的平均收益都介于 0 到 25% 之间，计算机程序可以据此
计算出投资组合的最低风险。这样可以得到如图 22.2 所示的一条被称为"有
效边界"的权衡曲线，这条曲线上的每一个点都对应着一个由不同候选投资
项目组成的投资组合。

从图中可知，在这条边界的左上方没有投资组合，否则计算机程序肯定
会有所显示。换句话说，所有的投资组合都集中在这条边界的右下方，其中
任何一个投资组合在风险保持不变的情况下，平均收益都可能增加，同时在
平均收益保持不变的情况下，潜在风险都可能降低，当然，增加或者降低的
幅度都以这条边界为限。因此，最为明智的投资组合都应该在这条线的下方，
包括这条线本身。至于哪一个最适合你，则取决于你自己的风险态度。

从理论上说，这是一种很好的方法，但是，它对计算机的运算能力有很
高的要求。马科维茨曾经设法解决了一个由 10 只股票组成的投资组合问题，
但是，当他试图计算由 29 只股票组成的投资组合问题时，却由于电脑运算能

力的限制而未能成功。

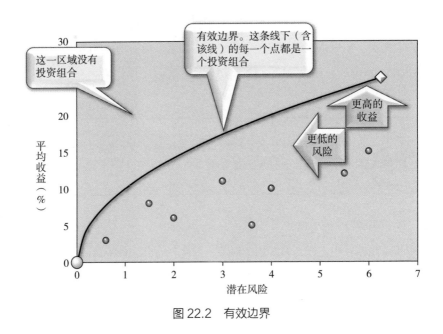

图 22.2 有效边界

共同基金

20 世纪 50 年代末期，投资股市最常见的方式是凭着自己的感觉购买若干只股票。除此之外，也可以购买由别人挑选的一组股票，即共同基金，但是这样的基金在当时寥寥无几。在管理共同基金的过程中，非常适合应用马科维茨提出的投资组合优化方案。但是，正如其他众多富有创造性的思想在一开始都不会得到认同一样，马科维茨的理论在当时也没有引起多少人的关注。事实上，即使这一理论引起了人们的重视，它也不可能被广泛地应用，因为那时候大多数金融机构的计算机在性能上都无法满足要求。正因如此，尽管已经发现了足以对投资领域产生革命性影响的优化方案，但是，马科维茨大部分时间还是在从事计算机技术的研发——让他闻名于世的是开发出了计算机模拟语言 SIMSCRIPT。

1981 年，经济学家詹姆斯·托宾（James Tobin）获得了诺贝尔经济学奖。当马科维茨在一次学术会议上听到这个消息的时候，他惊呆了。要知道托宾研究的也是投资组合领域，而马科维茨原本以为这个领域里的诺贝尔奖非自己莫属。因此，我们可以想象他听到这个消息时的心情。用他自己的话说："我驾着车在乡间的马路上狂奔了很久，才让自己恢复了平静。"然后，他又回去继续开会，继续像以往那样生活。

然而，是金子总会发光。随着技术的进步，电脑的运算速度越来越快，价格越来越便宜，而且使用起来也越来越方便了。威廉·夏普——在下一章我们会再次提到他——将马科维茨创造性的想法加以改进，同时热情地把这一理论引入了金融界。1990 年，当马科维茨听说自己也获得诺贝尔经济学奖（他与威廉·夏普共同获得了这一奖项）的时候，他再次惊呆了。如今，只要在谷歌上输入"马科维茨"和"投资组合"，就会看到大约 40 万条搜索结果。他的名字在投资管理领域已经是妇孺皆知了。现在美国已经有了数以千计的共同基金，而且有效边界也通过风险态度为产品划分提供了一个清晰的框架。此外，无论是只求自保的投资者还是孤注一掷的投资者，他们所关注的风险已经不仅仅是金融风险了。事实上，他们不仅担心经济蒙受损失，而且担心环境遭受破坏、雇员遭受压榨以及女性遭受不公平待遇等，因此，现在除了传统的基金之外，还出现了"绿色基金"、"社会责任基金"以及"女权主义基金"。

在马科维茨提出现代投资组合理论之前，数学上的统计**相关性**早已为人所知，但一直没有引起多少人的兴趣。而当马科维茨证明了利用这种**相关性**可以有效地降低投资风险，从而开创了**协方差**时代之后统计**相关性**的理念成了金融界的共识。2008 年 11 月《华尔街日报》（*The Wall Street Journal*）上发表了一篇论述金融危机的文章[1]，在这篇文章中，马科维茨重申投资的多样性可以大大降低风险，但是紧接着他又指出，问题出在了房产抵押贷款证券上，"金融工程师应该知道那不是一个真正具有相关风险的投资组合"。

稍后，我将具体阐述**协方差**时代到散点图时代的进化过程——在散点图时代，我们有可能利用新的计算方法来避免上述隐患。如今，马科维茨虽然已 81 岁高龄，但依然精神矍铄，他不仅继续在圣迭戈市的加利福尼亚大学执教，而且在投资领域孜孜不倦地从事着研究和咨询工作。

第 23 章
当哈里遇到威廉

威廉·夏普胳膊底下夹着一叠报纸，昂首阔步地走进教室，然后，坐在讲台前，跷起二郎腿，开始把当天报纸上刊登的诈骗、丑闻以及其他一些有意思的故事信手拈来，天衣无缝地融入金融理论当中，让学生在轻松愉快的气氛中学到专业的经济学知识。

这是 20 世纪 90 年代初期威廉·夏普在斯坦福大学商学院任教时的情景。当时，他已经同哈里·马科维茨以及默顿·米勒（Merton Miller）一起获得了诺贝尔经济学奖。那时候，我刚刚开始在斯坦福大学的工程学院任教，所以有幸旁听过威廉教授的课。他的课深入浅出、生动有趣，令人印象深刻。

证券间相互关系的简化模型

1960 年，当夏普和马科维茨都在位于加利福尼亚州圣莫尼卡市的兰德公司（RAND Corporation）任职时，二人开始相识——兰德公司是美国政府的智囊机构，同时也是"智囊"一词的诞生地。当时，夏普已经在加利福尼亚大学洛杉矶分校获得了经济学硕士学位，而且正在为自己的博士论文寻找一个主题。他的导师建议他同马科维茨交流探讨。

一开始，马科维茨在用公式来表示自己计算机模型的时候，需要知道任意两项投资之间的相互关系。后来，马科维茨和夏普意识到这样的相互关系大都无足轻重，相反，每一只股票同整个股市的关系则更为密切。的确，当道琼斯指数上涨或者下跌的时候，各种股票基本上都会随之起伏波动。因此，他们认为，抓住这个主要的相互关系而忽略掉上述次要的相互关系就可以得到一个很不错的近似值。这个想法终于让夏普确定了他的论文主题："以证券间相互关系的简化模型为基础的投资组合分析"。

贝塔：可分散风险与不可分散风险

单只股票与整个股市的关系如图 23.1 所示。该图反映了某只股票的历史价格同道琼斯指数的历史指数之间的关系。夏普将图中的斜线称为贝塔线，每一种股票都有自己的贝塔线。

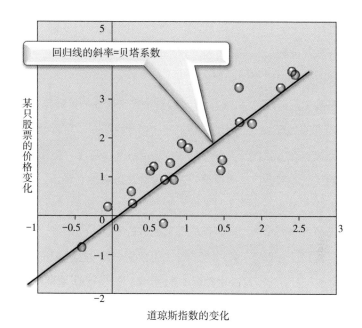

图 23.1　不同时期内某只股票价格变动和道琼斯指数变化散点图

根据贝塔线，我们可以对不可分散的风险做出评估。为了理解不可分散的风险，首先来看一看可分散的风险。假如你投入 1 美元去预测别人抛掷的 1 枚硬币，如果这枚硬币正面朝上，你将获得 2 美元的回报，如果反面朝上，你将不能得到任何回报。因此，从理论上说，你的平均回报是 1 美元。你也许认为这是一项风险很大的投资,但是,如果你将 1 美元分成 100 次进行投资,也就是说每次投入 1 美分,分别进行 100 次预测,那么,你一定能够获得大约 1 美元的投资回报。因此,这样的风险就是可以分散的风险。

下面再假设你分别购买了 100 只股票。因为这些股票的价格一般都会随着整个股市的涨跌而起伏波动,所以如果道琼斯指数大跌,你的整个投资将岌岌可危。正因为所有的股票价格都会随着股市的行情而起起落落,所以你不能通过购买更多种股票的方法来降低风险。因此,这样的风险就是一种不可分散的风险。在你的投资组合当中,各种股票的贝塔系数分别代表着不同的不可分散的风险。

计算效率和新的边界

简化模型在计算上本来就更加高效,而且,夏普又是计算机方面的专家,所以他很快就设计出了自己的有效边界——同马科维茨最初的模型相比,这个简化模型的运行速度更快,因而能够处理更多种股票的投资组合。

不久,夏普又有了一个改进思路。在最初的模型中,马科维茨假定那些但求自保的投资者将他们所有的钱都放在自己的褥子底下。但事实上,他们至少会去购买一些国债,从而获得一定的收益。如图 23.2 所示,即使是这样的投资,也将对有效边界产生显著的影响。既然那些最保守的投资者都不会将钱藏在褥子底下而是去购买国债,那么稍微有一点勇气的投资者除了购买国债之外,肯定还会投资一种特定的投资组合——假设这种投资组合位于图 23.2 中的 I 点。因为这涉及安全投资（T）和风险投资（I）之间的各种比例,所以此时的风险与收益权衡曲线变成了一条同原来的边界在 I 点相切的直线,而原边界上从 T 到 I 之间的各个点都可以忽略不计了,因为现在这一区间的绝大部分投资都是处在直线上的具有一定风险的投资。

现在,假如有一个大型的机构投资者能够以接近国债回报率的利率从银行借贷并将其投入投资组合 I。通过举债经营——借钱进行投资,这个投资者的经营业绩可以超过原边界线上除了 I 点之外的任何一种投资组合。如图 23.3 所示,这将使上面所说的从 T 到 I 的直线越过 I 点继续向上延伸。该直线的斜率被称为夏普系数。请注意，如果这个投资者在借贷的时候支付了更高的利率，那么，这条直线上端的斜率将会相应地降低。

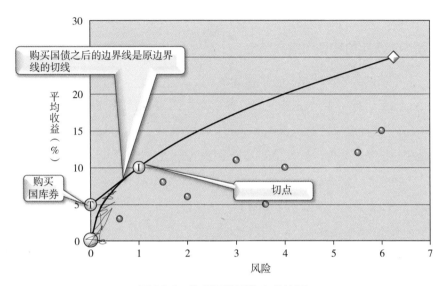

图 23.2 购买国债时的有效边界

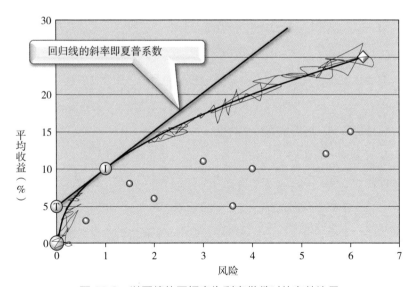

图 23.3 以国债的回报率为利率借贷时的有效边界

因此，不仅从 T 到 I，而且现在从 I 到代表投资施乐公司的菱形点之间的有效边界都可以忽略不计了，也就是说，最初的整个有效边界从一条曲线变成了一条直线。而投资决策所要解决的主要问题也从"选择哪些股票进行投资"变成了"按照什么样的比例在国债和投资组合 I 之间进行投资"。

资本资产定价模型和指数基金

至此，马科维茨和夏普都已经模拟了单个理性投资者最佳的投资行为。此后，威廉·夏普和其他的一些经济学家，特别是杰克·特雷诺（Jack Treynor）、约翰·林特纳（John Lintner）和简·莫森（Jan Mossin），进一步研究了当投资者都按照马科维茨的理论进行投资时整个股市的运转情况。

1964 年，夏普发表了一篇论文——这篇论文所论述的内容就是现在所谓的"资本资产定价模型"（CAPM）[1]。该模型提供了一个简单的框架，根据这个框架，我们能够以任何一只股票的贝塔系数（见图 23.1 中的定义）为基础来确定它的平均收益。图 23.3 中的直线表示了一种比率——为了吸引人们去投资那些具有一定风险的股票，在这些股票的平均收益当中，就必须以这样的比率增加相应的风险溢价。也就是说，沿着这条直线，越往右上方走，投资者所承担的风险就会越大，而作为一种补偿，投资者可能获得的平均收益也会越来越多。

夏普还发现了另一个重要的事实：投资组合 I 同整个股市具有相同的风险和收益特点。这个发现促使人们创造出了指数基金——这种基金的投资组合在设计上都有意模仿整个股市的特点。

尽管夏普一直都在大学里教书——他先后在华盛顿大学（University of Washington）、加利福尼亚大学和斯坦福大学任教，但是，在大部分的职业生涯中，他至少有一半时间都涉足了金融领域。20 世纪 70 年代，他帮助大型投资公司开发出了指数基金。1996 年，他创立了自己的金融引擎公司。前面说过，这家公司主要通过对相关投资组合进行模拟来为投资者提供管理和咨询方面的服务。

如今，已届古稀之年的夏普教授依然在孜孜不倦地工作，不久前，他刚刚出版了一本新书和发布一套软件，在书中，他阐述了自己对金融市场最新的看法[2]。这本书并不是一篇高深莫测的学术论文，而是娓娓道来、如话家常的科普作品。同时，它不是为了宣扬作者获得诺贝尔奖的经济学理论，而是为了让读者通过计算机模拟将自己的理性和感性紧密地联系在一起。在这本书的第三页，夏普教授对他的软件——读者可以从夏普教授的个人网站上免费下载这个软件——做了如下的描述：

不用去构建复杂的数学模型……我们可以用电脑来模拟一个市场——在这个市场里生活着很多人。首先让他们彼此进行交易，直到他们不愿意继续交易为止，然后再去调查由此产生的投资组合和资产价格分别有什么特点。

所有的模型都是错误的

前面我们引用过乔治·鲍科斯的一句名言："所有的模型都是错误的，但是有一些模型对我们是很有帮助的。"比如艾萨克·牛顿（Isaac Newton）的物理运动模型虽然最终被爱因斯坦的相对论模型所取代，但是，如果没有牛顿所奠定的基础，也许就不会有爱因斯坦的成功。同样，虽然马科维茨和夏普的模型只是一种近似的模拟，但这是一个伟大的起点，这个起点不仅开启了金融经济学的探索之门，而且还催生了重要的新兴市场，同时还造就了另一个诺贝尔经济学奖——在后面的章节中我会再次谈到这一点。

在马科维茨和夏普提出投资组合理论之后，投资者都意识到不能将平均收益率作为唯一的考量标准，除此之外，还应该把风险因素考虑在内，换句话说，应该考虑风险与收益之间的比率。事实上，2008 年的金融危机很大程度上就是因为人们错误地估计了这种风险与收益之间的比率。之所以会出现这样的错误，一方面应该归咎于人们的疏忽和贪婪，另一方面还应归咎于那些不允许房价出现负增长的模型。2008 年，马科维茨在《华尔街日报》上撰文指出："必须对风险与收益之间的权衡曲线进行基本的理解和分析，除此之外，没有任何捷径可走。"正因如此，他担心政府如果没有明确阐明投资不良资产可能面临的风险就贸然采取金融救援计划，很可能会把投资者排除在市场之外，从而使问题永远得不到解决。

尽管已经有了现代投资组合理论的指导，一些天真的投资者仍然会自投罗网。随着美国历史上最大的金融诈骗案的曝光，伯尼·麦道夫（Bernie Madoff）的名字不胫而走，与此同时，麦道夫的投资基金也变得声名狼藉——多年以来，该基金一直都宣称自己的投资收益在行业内遥遥领先。即使招股说明中一定会提醒你"过去的业绩并不总能预示未来的结果"，但是你还是忍不住要对它进行投资。马科维茨和夏普肯定不会赞同招股说明中的陈述，相反，他们会认为，如果一项投资在过去的确有着辉煌的业绩，那么，这种业绩就一定会对未来有所启示。换句话说，我们就应该知道这是一种风险极大的投资，需要三思而后行。遗憾的是，一些受害人对他们的投资理论不屑一顾，从而将自己所有的钱白白地送给了麦道夫。

第 24 章

为理财规划方面的客户提供的"思想把手"

最近，哈里·马科维茨告诉我，大多数投资者对投资组合的**标准差**都很陌生，因此我们需要对投资风险做出更容易接受的解释。下面就介绍两家财务咨询公司针对这一问题的做法。这两家咨询公司分别是贝西默信托公司和金融引擎公司。它们有着不同的企业定位，贝西默信托公司主要为"高净值"人士服务，而威廉·夏普的金融引擎公司的客户群则主要是普通民众。

贝西默信托公司

1901 年，亨利·菲普斯（Henry Phipps）和他的童年好友安德鲁·卡内基（Andrew Carnegie）将他们的钢铁公司出售给了 J. P. 摩根（J. P. Morgan），从而共同组成了美国钢铁公司（U. S. Steel）。为了管理出售公司所获得的收益，菲普斯设立了一个家族基金，即贝西默信托公司——亨利·贝西默爵士（Sir Henry Bessemer）是英国发明家，曾经发明了先进的炼钢技术。菲普斯家族正是靠着这种炼钢技术积累起了大量的财富，所以饮水思源的菲普斯便以他的名字来命名自己的公司。20 世纪 70 年代，贝西默信托公司的业务开始向家族之外延伸，如今，它一共管理着 500 多亿美元的资产。不过，并非所有人都可以请它来管理自己的资产，因为它只为那些至少拥有 1 000 万美元资产的富人提供服务。

在贝西默信托公司曼哈顿办事处铺着原木地板的接待室里，挂着 18 世纪初期热情讴歌工业革命的油画，画面上是烟囱林立的钢铁厂和满载着煤炭的货运列车。这个画面时刻在提醒人们：美国巨额的财富是以牺牲环境为代价积累起来的。

安迪·帕克是贝西默信托公司量化策略部的主任。他在大学里学的是经济学和物理学，不过，他还自学了电脑编程。毕业之后，他在银行里从事着一份枯燥的工作，而到了晚上，他还要在 Radio Shack 公司生产的 TRS-80 电脑上为一家小型证券经纪公司编写程序。他曾经回忆说："那些程序其实都很简单，不过那时候，不管简单复杂，只要能编程就是'天才'。"正因为有了编程方面的经历，他很快就开始在多家大银行的新兴业务领域任职，直到目前为止。

安迪的任务不仅仅是做出正确的投资分析，而且要确保贝西默的客户能够理解这种分析。而他解释风险与收益权衡曲线时所采用的方法之一就是对特定时期内的一些基准投资组合的业绩进行比较。下面将要谈到的一些案例都发生在 1946—2005 年。虽然有点过时，但这毕竟也算得上是一个不同寻常的时期，在此期间发生了很多重大事件，如朝鲜战争、美苏冷战、古巴导弹危机、越南战争、"9·11"恐怖袭击、安然公司（Enron）倒闭、美国入侵伊拉克以及电视真人秀的出现等。如表 24.1 所示，每一个基准投资组合都包含不同比例的低风险、低收益的政府债券以及高风险、高收益的证券。

表 24.1　4 种基准投资组合

百分比（%）	投资组合 1	投资组合 2	投资组合 3	投资组合 4
证券	0	50	70	100
政府债券	100	50	30	0

在对每一个投资组合在这一时期内的业绩进行模拟之后，得到了它们各自的平均收益、标准差以及最初投入与最终产出的比较（见表 24.2）。显然，证券比例越高的投资组合，平均收益就会越多。在理财规划中，人们习惯用标准差来作为衡量收益波动性的指标，但是，安迪并不认为这是一种很好

的方法。值得注意的是，同投资组合 1（完全由政府公债构成）相比，投资组合 2（由 50% 的证券和 50% 的政府公债组成）的多样性特征可以有效地减少通货膨胀的影响，所以它的收益波动性实际上更小一些。

表 24.2　1946—2005 年的收益状况

	投资组合 1	投资组合 2	投资组合 3	投资组合 4
平均收益	5.7%	9.6%	10.9%	12.6%
投入 100 美元所得到的产出（美元）	2 819	24 246	49 578	125 302
标准差	10.3%	10%	12.1%	16.5%

因为风险体现了人们的主观认识，所以安迪还分别站在不同类型的投资者——他们分别有着不同的投资期限——的立场上对这个案例进行了分析，如表 24.3 所示。

投资期限为 10 年。假如你在 10 年之内不会退休，那么，你至少有 10 年的投资期限。表 24.3 的第一行表示的是各种投资组合在 10 年之内可能得到的最差的平均收益。从表中可以看出，在这种情况下，平均收益最高的是第四种投资组合，即纯粹的证券投资，因为无论收益的波动性有多大，10 年时间也足以将这种波动性所带来的影响消除殆尽。

投资期限为 5 年。假如你最长的投资期限只有 5 年，那么，采用完全由证券构成的投资组合将会面临太大的风险，而仅仅购买政府公债也不是一种很好的投资方案。在这种情况下，对证券和政府公债按照 5 : 5 或者 7 : 3 的比例进行投资应该比较合适。

投资期限为 3 年。如果你将在 3 年之内退休，那么，在你的投资组合当中，证券投资所占的比例最好在 50% 以下。

投资期限为 1 年。如果你计划在 1 年之内撤出全部的投资，那么，只购买政府公债是你最好的投资方式，因为证券市场瞬息万变，一旦陷入被动，短短的 1 年时间也许不足以让你摆脱困境。

在认识到这一点之后，客户们在讨论他们自己的投资组合时就会有的放矢了。为了进行这种分析，贝西默公司的研究人员考虑到了更为广阔的投资领域。他们意识到不同资产之间的关系会随着时间的变化而变化，因而分别对过去和未来的情况进行了评估。另外，他们还会通过模拟某种投资组合在特定历史时期的业绩来对其进行特别强调。

表 24.3　不同投资期限内各种投资组合的最差收益（%）

	投资组合 1	投资组合 2	投资组合 3	投资组合 4
投资期限为 10 年时的最差收益	−0.1	3.8	4.2	4.5
投资期限为 5 年时的最差收益	−2.1	3.6	2.1	−0.8
投资期限为 3 年时的最差收益	−4.9	−1.6	−6.0	−14.6
投资期限为 1 年时的最差收益	−9.2	−10.6	−16.6	−25.6

贝西默信托公司的交互模拟

为了让投资者对投资风险有一个直观的理解，安迪还在交互模拟领域进行了新的开拓。他组织开发了一个模型，在这个模型中，他的客户经理可以输入客户的投资组合以及他们的现金需求。这时候，1 000 次模拟实验几乎在转瞬之间就可以完成，同时会生成一个图表，显示在基本的投资期限内剩余价值的潜在水平。

 登录 ProbabilityManagement.org 网站可以免费下载这一模型，而登录 FlawOfAverages.com 网站还可以在线体验这一模拟。

图 24.1 是利用这种模型分析的一个案例。在这个案例中，最初的基金规模为 20 万美元，每年的固定支出为 15 000 美元。从图中可知，10 年之后，

20 万美元不增不减的概率为 50%，而只剩下不足 10 万美元或者增加到 35 万美元以上的概率都为 10%。17 年之后，这一基金被全部用尽的概率为 10%。

下面是安迪对模型作用的描述。

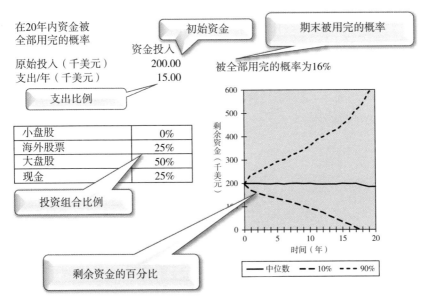

图 24.1　贝西默公司对于退休基金的交互模拟演示

为投资组合建模的好处

　　研究表明：投资者往往会在高位时买入，而在低位时卖出。而这正是我们希望帮助客户尽可能避免的。为投资组合建模其实就是为客户定义投资风险。当然，在预测某项投资的未来业绩时，我们无疑也会出现判断上的失误。如果我们能够神机妙算，对未来所要发生的事情洞若观火，那么我们根本就不需要任何模型了。但是，只要谨慎地设计输入数据，这些模型就能够让投资者感受到真实的风险，从而促使他们创造出能够"经受住时间考验的"投资组合。因此，为投资组合建模可以让投资者受益良多，在当今的市场条件下更是如此。

——安迪·帕克

金融引擎公司

同贝西默信托公司不同，金融引擎公司允许投资者对自己的投资组合进行在线模拟。最近，我就利用这种方法对一个假设的投资组合进行了检测。

在做这个模拟的时候，首先需要输入基本的年龄和收入信息。然后，系统会问你打算什么时候退休。我当时就随便输入了一个年龄和收入数据，并且假定自己要在 70 岁退休。

接下来需要尽可能详细地输入你的养老金投资组合。我输入的是一个 60 多岁的老年人通常都会选择的投资组合。系统经过模拟，得出了到达退休年龄时收入水平的概率分布（见图 24.2）。没有想到，它居然是一种直观的形态。

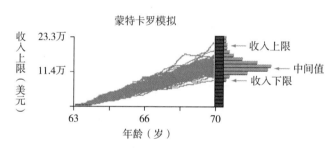

图 24.2　金融引擎公司网站上的模拟结果

注：来自金融引擎公司网站。

然后，系统对预测做了如下的说明："我们在进行模拟的时候，所依据的并非只是平均通货膨胀率和平均利率，而是考虑到了很多不同的经济学要素。"

而且，该系统还允许用户深入挖掘预测所依据的各种潜在的不确定性因素。我发现这一点尤其让人感兴趣，图 24.3 就是其中的 4 种因素。需要注意的是，并非所有不确定性因素的分布形态都是完全对称的。

你根据自己的愿望输入自己希望得到的退休收入，之后，系统就会像预报天气一样对你实现目标的可能性做出预测。我根据第一步输入的收入数据分别设定了多个目标——这些目标从不足收入的 1/3 到超过工作收入的 2/3 不等。然后，系统会分别计算出实现每个目标的概率，从图 24.4 中可知，有的目标实现的概率不到 5%，有的则超过了 95%——不过，网站上的图片比书中的图片色彩要鲜艳得多。

最后，你还可以利用金融引擎公司的概率分布数据库中储存的数千种投资项目对自己的投资组合进行改进。

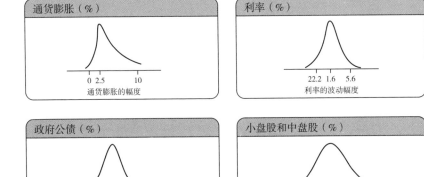

图 24.3　金融引擎公司的模拟所依据的 4 种潜在的概率分布

注：来自金融引擎公司的网站。

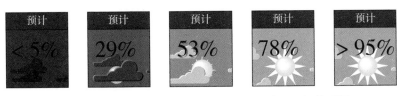

图 24.4　金融引擎公司对于能否实现退休收入目标的预测

注：来自金融引擎公司的网站。

第 25 章
期权：从不确定性中获利

有一种证券，它的价值取决于其他证券的价值，这种证券被称为"衍生证券"。而决定衍生证券价值的证券则被称为"标的证券"。诸如期货合约、期权合约、远期合约以及互换合约等金融合约都属于衍生证券。大多数衍生证券的平均价值并不等于其标的证券的平均价值。事实上，它们的平均价值与强式平均值缺陷密切相关。

如果说马科维茨和夏普的投资组合理论就好比中学生都可以学习掌握的牛顿物理学定律，那么，费雪·布莱克、罗伯特·默顿以及米伦·斯科尔斯的期权理论则更像是爱因斯坦的相对论，甚至比相对论还要复杂。虽然几乎没有人知道如何推导出爱因斯坦那个著名的方程式 $E=MC^2$，但是，每个人都能够理解原子弹所拥有的威力。著名的布莱克－斯科尔斯（Black-Scholes）微分方程如下：

$$C(S,T) = S\Phi(d_1) - Ke^{-rT\Phi(d_2)}$$
$$d_1 = \frac{\ln(S/K) + (r + \sigma^2/2)T}{\sigma\sqrt{T}}$$
$$d_2 = d_1 - \sigma\sqrt{T}$$

对包括我在内的大多数人而言，这个微分方程同表示自行车运动的微分方程一样没有任何实用价值。不过，在计算机和可编程计算器的帮助下，它开发出了上万亿美元的衍生证券市场。而且，它能够让我们直观地理解期权问题。这样，我们就不必再对不确定性心怀恐惧了，相反，我们可以利用这种不确定性来获利。

股票期权

衍生证券有很多种，其中最基本的一种是"股票期权"，而最简单的股票期权则是股票的"买权"和"卖权"。这种期权的标的证券是一种特定的股票。假如一个人拥有某只股票的买权，那么，他就有权在特定的时间（即到期日）以特定的价格（即执行价）购买该股票，当然，如果他愿意，也可以放弃这种权利。同样，假如一个人拥有某只股票的卖权，那么，他就有权在到期日以执行价卖出该股票，当然，如果他愿意，也可以放弃这种权利。上述期权被称为"欧式期权"。与欧式期权相对的是"美式期权"，与前者不同的是，美式期权的持有人在到期日之前也可以行使自己的买权和卖权。

我们可以通过一个例子对期权进行说明。假如你以 21 美元的执行价从我这里购买了一个为期 12 周的欧式买权——标的股票的目前价格为 20 美元，那么，在 12 周之后（即买权到期的时候），如果这只股票的价格高于 21 美元，你就可以行使自己的买权，以 21 美元的价格从我这里购买该股票，然后在股市中转手卖出，从而赚取差额。如果到时候该股票的价格低于 21 美元，你可以放弃这个买权，同时，也将得不到任何的投资回报。

图 25.1 表示的是该股票在未来 12 周时间里 5 种可能的价格变动轨迹（登录 FlawOfAverages.com 网站，可以观看这幅图的动态模拟）。如果这 5 条随机生成的变动轨迹代表了全部可能的结果，那么，你这项期权投资将能够得到 1.09 美元的平均收益［即（3.39+2.06+0+0+0）÷5］。当然，该股票实际上也许会有无数种价格变动轨迹——我们可以通过计算机模拟对此做出近似的描述，或者利用布莱克－斯科尔斯微分方程对此做出理论上的说明。需要注意的是，这里所说的投资收益并不是纯收益，因为其中还包括购买期权的成本——关于这个成本我们将在后面继续讨论。

在这个例子当中，12 周之后该股票的平均价格或预期价格低于 21 美元。这样的话，你肯定不会行使自己的买权，因为如果以股票的平均价格为依据来看，这项买权的收益为零。但是，因为实际的收益要么为零要么大于零，所以，平均起来，该项买权的收益必然大于零。

总之，一项买权的平均价值并非以该股票未来平均价格为基础的价值，因此这是一个典型的强式平均值缺陷的例子。标的股票未来价格的不确定性越大，它的上升空间也就越大，但是，因为它的价值永远不会小于零，所以，它的下跌空间并不会随着不确定性一起增加。正因如此，股票价格的不确定性越大（即价格变动越剧烈），买权的价值就会越大——这一事实同我们的直觉刚好相反。

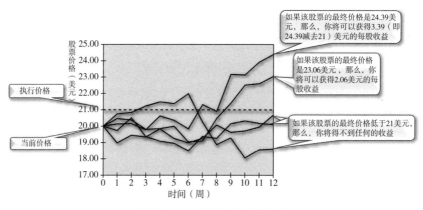

图 25.1　一项买权的可能结果

同信息的价值联系起来

下面请考虑一下根据决策树来购买或者卖出一只特定股票的问题。假如你今天必须做出一个决定，要么购买该股票，要么卖出该股票，那么，你首先需要知道它将来会涨还是会跌。同样，只有在知道了一只股票将来会涨还是会跌之后，你才能决定是否购买它的期权。所以，期权的价格实际上是由第 15 章所说的信息价值决定的。

那么，上述期权的市场价格究竟应该是多少呢？如果在 1973 年你能够回答出这个问题，那么，1997 年诺贝尔经济学奖得主就应该是你了。事实上，即使你是该年度的诺贝尔经济学奖得主，如果你不知道该股票的价格波动幅度（即不确定性程度），你仍然不能回答这个问题。

期权损益图

买权损益图。通常情况下，人们都会将期权的收益和利润连同到期日的
股票价格放在一幅图中。图 25.2 表示的就是上述例子中的期权收益。

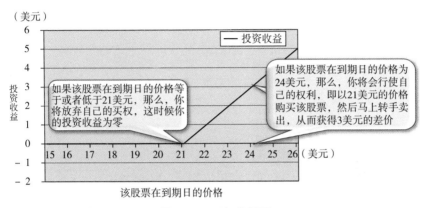

图 25.2 买权收益图

从期权收益中扣除购买期权的成本，剩下的部分就是你的利润。假如你
购买期权的成本为 1 美元，那么，你的期权收益和利润图应该如图 25.3 所示。
需要注意的是，虽然只要最终的股票价格高于 21 美元，你就会行使自己的购
买权，但是，只有在股票价格不低于 22 美元的时候你才能收回成本。

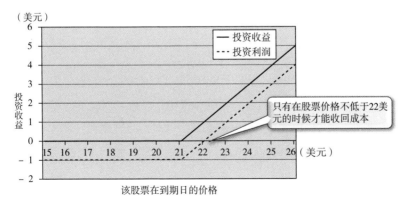

图 25.3 买权收益和利润图

卖权损益图。现在假设我卖给你的不是一只股票的买权，而是一只股票的卖权，即在 12 周之后，你有权以 21 美元的执行价将该股票卖给我。根据买权卖权等价理论的原则，购买一只股票卖权的成本通常情况下并不等于购买该股票买权的成本。不过，为了讨论的方便，在这里我假设这个成本仍然是 1 美元（见图 25.4）。如果到期之后，该股票的价格高于执行价，你将不会行使你的卖权。但是，如果到时候股票价格低于执行价（即 21 美元），那么，为了从中套利，你将会以市价购买该股票，然后再以 21 美元的价格卖给我。

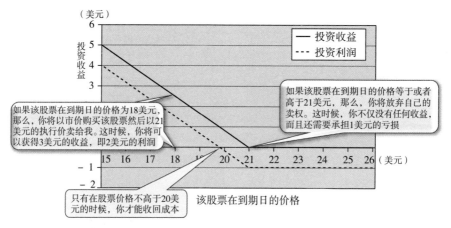

图 25.4　执行价为 21 美元、成本为 1 美元的卖权图表

当你购买一个期权的时候，你是买方；当你出售一个期权的时候，你是卖方。买权损益图和卖权损益图刚好是相反的，因为在买入和卖出时的资金分别是向着相反的方向流动的。如图 25.5 所示，分别代表 4 种类型合约的损益图组成了一套"儿童积木"，利用这些积木，你能够搭建起多种被称为"非奇异性期权"（nonexotic options）或者"普通期权"（vanilla options）的避险合约。需要注意的是，当你作为买方购买了一个期权，你既有可能会获得收益，也有可能会蒙受损失，但是，这种损失只是有限的（充其量只是收不回购买期权的成本），而收益则可能非常巨大。相反，如果你作为卖方出售了一个期权，你同样既有可能获得收益，也有可能蒙受损失，但是，这时候的收益只是有限的，而损失则有可能非常惨重。正因如此，那

些出售期权的人往往会采用各种各样的方法来规避风险。比如，在出售一个买权的时候，如果你已经拥有了相应的标的股票，那么，因为你随时都可以同期权持有人进行股票交易，所以你面临的风险就会相对小一些。这种情况下的买权被称为"掩护性买权"（covered call）。

这些图可以作为一种有效的"思想把手"，当你对它们有了充分的理解之后，就会改变对风险的看法并且能够更好地掌控风险。值得一提的是，上述图表恰好符合约翰·路德维格·威廉·瓦尔德马尔·延森在 100 年前所阐述的两种不等式（见图 12.1）。

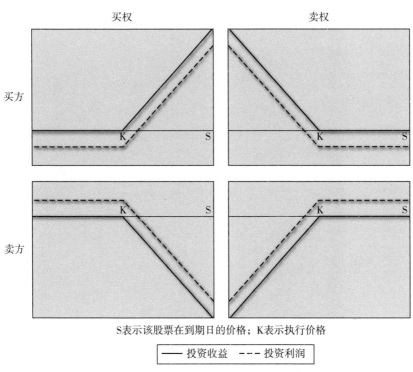

S 表示该股票在到期日的价格；K 表示执行价格

——— 投资收益　- - - 投资利润

图 25.5　非奇异性期权（即普通期权）的 4 种损益图

期权的用途

案例 1：保护单一的投资组合。假如若干年前你在一家刚刚起步的企业工作，并且以非常低的价格购买了它的股份。最近，这家公司已成功上市。现在，这些投资的价值已经达到了 100 万美元，而且是你全部的净值财富。在读了本书前面几章关于多样化投资和有效投资组合的论述之后，你也许会意识到自己的投资过于单一。因此，你会对自己说："既然这样不好，我就把这些股票卖掉，然后按照威廉·夏普所说的那样将它们分别买成国债和指数型基金。"如果你这样做的话，美国国税局肯定非常欢迎："太好了，我们又可以收到 20 万美元的资本收益税了，这些钱足够支付我们的军队在 1 分钟之内的战争开销了。我们知道当你在晚间新闻上看到关于伊拉克或者阿富汗战争的进展情况时，你一定会为自己无私奉献的爱国之举而深感自豪。"既然这样做并不明智，那么你也许会问："这是我唯一的资产了，还有没有其他的办法可以保护它们，让它们免受损失呢？"

其实，你从图 25.5 中就可以找到这个问题的答案，那就是针对你的股票购买一个卖权。如果你以现在的股票价格为执行价购买了一个卖权，那就好比对你的股票上了一份不可减免赔偿责任的保险。假定你的股票现在每股价值 100 美元，而你以每股 5 美元的成本购买了一个为期 1 年、执行价为 100 美元的卖权。如果到期之后，该股票涨到了每股 105 美元，那么，在扣除购买期权的成本之后，你还能够维持收支平衡。如果股票的价格超过了每股 105 美元，那么，超出的越多，在扣除 5 美元的购买成本之后，你得到的收益就越多。如果到时候股票价格保持不变，那么你将面临每股 5 美元的损失。不过，这也是你可能遇到的最坏的结果了。因为即使你的股票跌到了 95 美元甚至 50 美元，你仍然有权以每股 100 美元的执行价将它卖给别人，所以，在扣除了每股 5 美元的期权成本之后，该股票的价值仍然相当于每股 95 美元。

如果你以低于现行股价的执行价购买了一个卖权，则相当于为你的股票上了一份可以减免赔偿责任的保险。换句话说，只有在你的股票跌到执行价的时候，你才能获得赔偿。当然，正如传统的保险一样，"赔偿责任"减免的越多，你所需投入的成本就越少。

案例 2：完美制药公司（ACME Pharmaceuticals）及其神秘配方。 假定你家同完美制药公司只有一街之隔，而该公司正在研制一种可能对治疗癌症

非常有效的畅销药物。因为美国食品与药品管理局认为这种药品存在着 50%
的致癌概率，所以目前该药物还没有进入临床试验阶段。美国食品与药品管
理局认为这种药物当中的一种活性剂既有可能抗癌，也有可能致癌，他们将
在一个月之内就此问题公布最终的研究报告。而在此之前，完美制药公司将
会对这种活性剂的成分严格保密。

正当你透过窗户茫然地望着街对面的完美制药公司出神时，意外地从一
份与产品相关的 PPT（演示文稿）中发现：这种神秘的活性剂居然是甘草。

机不可失，时不再来。这时候，你会怎么做呢？你知道甘草的价格将会发
生什么变化吗？很简单，它要么大幅上涨，要么大幅下跌。因此，根据图 25.5 所
示，你应该以目前的甘草价格为执行价分别购买一个针对甘草的买权和卖权，
而考虑到美国食品与药品管理局公布研究报告的时间，到期日至少应该定在一
个月之后。这种期权组合被称为"马鞍式"或"骑墙式"组合（straddle），详见
图 25.6。我们仍然假设购买期权的成本为 1 美元。因为这时候你需要购买两个
期权，所以，该马鞍式组合的成本为 2 美元。现在，无论甘草的价格是上涨还
是下跌，只要价格变化幅度超过了 2 美元（一旦美国食品与药品管理局的报告
出炉，将有可能出现这种情况），你都能够从中赚到可观的收益。这样，你就
把甘草价格的不确定性变成了赚钱的工具。这是多棒的投资方案啊！

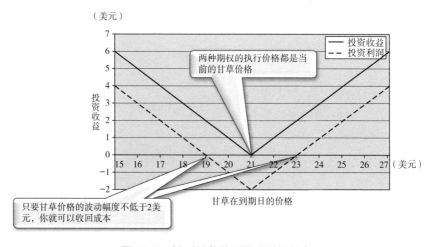

图 25.6　针对甘草的马鞍式期权组合

案例 3：完美制药公司及其神秘配方（第二版）。 这个案例同第二个案例相同，只不过这次你不是透过你家的窗口，而是在 CNN（美国有线电视新闻网）的新闻频道上看到了那个 PPT——卫星转播车在报道其他新闻时恰好停在了完美制药公司的门口，因此拍到了这个画面。

现在，你应该做些什么呢？什么都不要做。一旦 CNN 报道了那种要么能够抗癌要么能够致癌的神秘物质就是甘草，那么，所有人肯定会一哄而上去购买甘草的买权和卖权，而这必然会大幅抬高甘草的期权价格。在这里，我们假设购买这种期权的成本增加到了 3 美元，那么，这时候的期权损益情况将会如图 25.7 所示。从图中可知，只有在甘草价格的波动幅度超过 6 美元的时候，你才能够从中获利。换句话说，在这个案例中，已经不存在前面案例中那样的赚钱机会了。

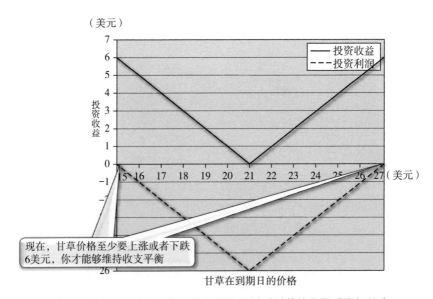

图 25.7　在 CNN 做了相关的报道之后针对甘草的马鞍式期权组合

除了马鞍式期权组合之外，还有蝶式期权（butterfly）、领子期权（collar）、宽跨式期权（strangle）、牛市套利期权（bull spread）以及熊市套利期权（bear spread）等组合。如果你希望了解更多期权方面的内容，可以登录芝加哥期权交易所（CBOE）的网站，那里有一系列关于期权和期权交易方面的在线指南[1]。

隐含波动，衡量不确定性的标准

几千年来，人们一直都可以确定诸如黄金或者鸵鸟羽毛等商品的实时价格，因为只要到市场上买一件这样的商品，就能对它们的价格了如指掌。而且，几千年来，人们也知道商品的未来价格都是不确定的。根据历史数据，人们也许会发现黄金的价格比鸵鸟羽毛的价格更加稳定。但是，直到期权出现之前，人们对市场的不确定性一直没有一个实时的衡量标准。

现在，让我们将话题再次转向完美制药公司和 CNN 的卫星转播车上面。在地球另一面的新加坡，有一位贸易商正在通过他的个人电脑密切地关注着石油、航空股票和甘草的价格变动情况（见图 25.8）。到了晚上 8 点 45 分，他自言自语道："哇，真不知道是什么原因让甘草市场如此神经过敏！"

当美国市场上甘草未来价格的不确定性大幅增加的时候，在地球的另一面，这一变化通过甘草期权价格的波动得到了同步的反映。这就是所谓的隐含波动。由此可见，期权理论带给我们一个意义深远的结论：通过某种商品期权价格的变动，我们马上就可以意识到它未来价格的不确定性。正因如此，在看到甘草期权价格暴涨时，那位正在对完美制药公司的新药配方百思不得其解的贸易商会立即恍然大悟："我知道了，这种药物当中的神秘成分一定就是甘草！"

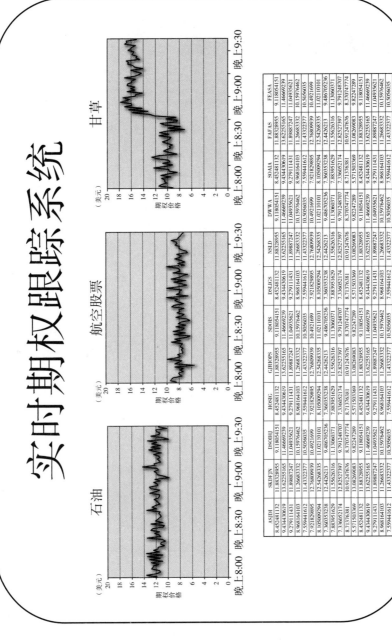

图 25-8 新加坡的期权交易屏幕

需要记住的内容：

● 买权和卖权损益图及其应用。

● 期权的平均价值并非以标的股票的未来平均价格为基础的价值（强式平均值缺陷）。

● 在购买一个买权或者卖权的时候，可能面临的损失是有限的，而可能获得的收益则是无限的。

● 在出售一个买权或者卖权的时候，可能获得的收益是有限的，而可能蒙受的损失则是无限的。

● 某只股票目前的价格越高，它的买权价值就越大，而它的卖权价值则越小。

● 执行价越高，买权的价值越小，而卖权的价值越大。

● 距离到期日的时间越长，买权和卖权的价值越大。

● 贴现率越高，买权和卖权的价值越小。

● 波动幅度越大，即股票价格的不确定性越大，买权和卖权的价值越大。

● 人们可以通过期权价格的变化，预料到相关股票价格即将到来的波动，这就是所谓的隐含波动。

可以忘掉的东西：

● 布莱克－斯科尔斯微分方程（除非你是一个期权交易商，而且必须要用这一微分方程在电脑上进行编程）。

第 26 章
期权理论的诞生

　　米伦·斯科尔斯于 1969 年从芝加哥大学获得金融学博士学位，然后进入麻省理工学院斯隆管理学院（MIT's Sloan School）担任助教。此后不久，他结识了费雪·布莱克——哈佛大学应用数学博士、里特管理咨询公司（Arthur D. Little）的资深顾问。他们两人都掌握了威廉·夏普的"资本资产定价模型"，而且都在致力于将这种模型应用到期权交易当中。后来，在罗伯特·默顿到斯隆管理学院应聘金融学助教的时候，三人开始相识，并且一见如故。于是，罗伯特不仅顺利地获得了这份工作，从此之后还开始了期权评估方面的研究。关于他们之间的师承关系，可以从彼得·伯恩斯坦的《投资革命》一书以及斯科尔斯和默顿在获得诺贝尔经济学奖时的获奖感言中略窥端倪。[1, 2]但是，无论如何，这三位伟大的先驱无疑都是期权理论的共同创始人，而且，要不是费雪·布莱克早在 1995 年就不幸辞世，那么，在 1997 年，他理所当然会成为诺贝尔经济学奖的获得者之一。

风险中性定价方法

　　费雪·布莱克等人主要依据如下三个基本理念来计算期权的理论价格：

　　1. 在上一章中，我们提到购买期权就如同为股票上了一份保险，就如同为我们的房屋上了一份火灾保险一样。既然如此，为什么不能设计出一种由股票和期权共同构成的投资组合，从而让我们的投资免于风险呢？

2. 根据资本资产定价模型，这样的一种投资组合应该像政府公债一样由市场来定价。否则，每个人都可以通过低买高卖而一夜暴富了。

3. 第二步只是说明了整个投资组合的定价，现在，要想得到期权的价格，还需要从中减去购买股票的成本。

因为他们所定价的投资组合从理论上说是没有风险的投资组合，所以，他们的定价方法被称为"风险中性定价方法"。下面我们将对这一方法进行详细阐述。

无风险的投资组合

我们以上一章所举的那个为期 12 周的买权的例子来说明设计无风险投资组合的方法。首先假设一个理想化的世界，在这个世界里，只有两个时间段：现在和 12 周以后。而且，在 12 周之后，标的股票的价格只可能出现两种变化：要么从每股 20 美元涨到 24 美元，要么从 20 美元跌到 18 美元。现在，假如有一种投资组合包括购买 5 股股票和出售 10 个买权合约（见图 26.1）。

那么，在上述两种情况下，这种投资组合的收益状况将会如何呢？

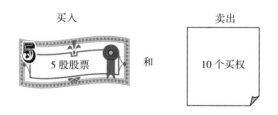

图 26.1　无风险的投资组合

如果该股票涨到了每股 24 美元，那么，你的全部股票将价值 120 美元。而遗憾的是，买权持有人会以每股 21 美元的价格从你这里购买 10 股股票。股票的当前价格同执行价格相差 3 美元，所以你要面临 30 美元的损失（即 3 美元乘以 10）。最终，你还剩下 90 美元（即 120 美元减去 30 美元）。

相反，如果该股票跌到了每股 18 美元，那么，你的 5 股股票价值就只有 90 美元了。不过，因为该价格低于 21 美元的执行价，所以期权持有人不会从你那里购买股票，因此，期权方面并不会给你带来损失。最终，你投资组合的总价值仍是 90 美元。关于这两种情况下的收益状况，见表 26.1。

表 26.1　无风险投资组合的收益

单位：美元

两种可能性		
12 周之后的股票价格	24	18
5 股股票的价值	120	90
10 个买权所带来的损失	−30	0
合计	90	90

在这个理想化的案例当中，一种投资组合在两种情况下结果一样。因此，这种投资是没有风险的，就如同将你的 90 美元在褥子底下放了 12 周一样（见图 26.2）。

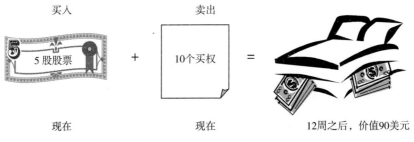

图 26.2　无风险投资组合投入与产出方程式

现在来计算一下上述投资组合的成本。你购买了 5 股股票，而购入价格为每股 20 美元，所以你购买股票的成本为 100 美元。你还出售了 10 个买权，而买权的价格未知，在这里暂且把它假定为 P 美元，因此，你出售期权的收入为 10P 美元。这样，你购买股票的成本减去出售期权的收入就是整个投资组合的成本，即 90 美元。

上述成本核算过程可以用如下的方程式来表示：

$$100-10 \times P = 90$$

那么，根据方程式的运算法则：

$$10 \times P = 100-90$$

将两端同时除以 10，可以得到：

$$P = 10-9$$

需要注意的是，上述方程式中的 90 美元应该是 12 周之后的 90 美元。那么，要想知道 P 究竟是多少，首先要知道 12 周之后的 90 美元相当于现在的多少钱。

货币的时间价值

据说有一种中奖率非常高的彩票，很多参与的彩民都可以获得百万大奖，但是，这 100 万美元不是一次性支付给彩民，而是在 100 万年里，每年支付 1 美元。当然，这只是一个笑话，它意在强调货币的时间价值。也就是说，在 100 万年里获得百万美元显然不如在今天得到 1 美元。那么，12 周之后的 90 美元相当于现在的多少钱呢？我们可以根据投资政府公债的收益率来解答这个问题：如果你用 90 美元来购买政府公债（假定它的年利率为 4%），那么，在 12 周（大约为 1/4 年）之后，你的资产将增加 1%，也就是说，你原来的 90 美元将变成 90.9 美元（即 90 美元乘以 1.01）。反过来，现在的多少钱相当于 12 周之后的 90 美元呢？很简单，90 美元除以 1.01，得到的结果是 89.1 美元。因此，上述期权的价格为：

$$P = 10-8.91 = 1.09 （美元）$$

上述计算过程不难理解，但是，它只适用于非常理想化的条件——只有两个时间段，而且股票价格只有两种可能的变化。然而，现实世界里有无数个时间段和无数种可能的结果。

动态对冲

要想将上述方法应用于现实生活，需要利用模糊数学的一个分支——伊藤微分法，这个方法涉及爱因斯坦于 1905 年发现的气体分子扩散运动——来进行极其复杂的运算。随之出现的布莱克－斯科尔斯微分方程就说明了如何对投资组合不断地进行更新，从而使之在市场条件发生变化的情况下依然能够安然无恙。打个比方来说，投资的过程其实就如同驾驶着一艘小船在风向复杂多变的大海上航行。在航行的过程中，为了最大限度地借助风能，你必须不断地调整航向，从而让试图掀翻小船的风力和保持稳定的重力之间维持平衡。布莱克－斯科尔斯微分方程就如同一个老练的水手，可以让你投资的小船在风吹浪打之下依然稳健前行。

好事多磨

1970 年，费雪·布莱克和米伦·斯科尔斯写出了那篇关于期权定价的著名论文，并且将它寄给了《政治经济学杂志》（ *Journal of Political Economy* ）。然而，这篇将要在经济学领域产生深远影响的论文居然连一句评论都没有得到就被原稿退回了。幸运的是，在这篇伟大的论文将要惨遭埋没的关键时刻，芝加哥大学教授、斯科尔斯的论文导师默顿·米勒（Merton Miller）——20 年之后，默顿·米勒和马科维茨以及威廉·夏普一起获得了诺贝尔经济学奖——帮了他们大忙：他坚决要求《政治经济学杂志》发表这篇论文。

1973 年，布莱克和斯科尔斯的论文终于在《政治经济学杂志》上公开发表[3]，与此同时，罗伯特·默顿的一篇具有重大影响的论文也在《贝尔经济与管理学杂志》（ *Bell Journal of Economics and Management Science* ）上发表。[4]

布莱克－斯科尔斯微分方程克服了一种特殊而且重要的强式平均值缺陷。专门从事买权和卖权交易的芝加哥期权交易所就是采用这种方法来进行期权评估的。如今，该交易所的年成交量已经达到了 2 000 亿美元，而在整个金融衍生产品市场上，这个数字只是九牛一毛。[5]

一个小插曲

在发表诺贝尔经济学奖获奖感言的时候，斯科尔斯讲述了这样一个有趣的故事：

德州仪器公司（Texas Instruments）在 1977 年推出了一款提供了布莱克－斯科尔斯模型价值和对冲比率的袖珍型计算器。当我向他们索要版税的时候，他们却辩称我们的工作属于公共领域，所以不应该有版税。后来，我说"那你们至少赠送我一个计算器吧"，他们说"你需要就买一个吧"。不过，到现在我也没有买过这种计算器。

长期资本管理公司：狂风恶浪

1994 年，默顿和斯科尔斯共同创立了一家名为长期资本管理公司（Long-Term Capital Management）的对冲基金公司——当时，他们革命性的理论还远没有在金融界获得普遍的认同和推广。在最初的几年里，该基金公司的收益异常可观。但是，到了 1998 年 8 月（大约一年之后，他们凭借着期权理论获得了诺贝尔经济学奖），他们的经营遇到了麻烦。9 月 2 日，长期资本管理公司向每位投资人写了一封秘密信件，警告他们留意即将来临的风险。这个消息旋即被新闻界披露，并且几乎引发了一场世界性的金融危机。关于这件事情的来龙去脉，罗杰·罗文斯坦（Roger Lowenstein）在他的《营救华尔街》（*When Genius Failed：The Rise and Fall of Long-Term Capital Management*）一书中有详细的记载。[6] 尽管从技术上说，他们的投资策略并非动态对冲，但我觉得仍然可以用航行来比喻他们的投资过程。

长期资本管理公司并不试图去预测未来的市场将要上涨或者将要下跌，而是采用了大量差异化、多样化的投资来分散风险。尤其值得一提的是，他们确信：随着市场效率的不断提高，不同类型债务之间的风险溢价将会变得越来越相似，这就如同在风平浪静的海面上航行一样。他们有一套复杂精密的交易方案，可以轻而易举地"保持小船的平衡"，从而能够从大多数的交易中获得适度却非常稳定的收益。他们虽然不能增加每单交易的利润，但是只要有更多的资金，他们就可以通过增加交易量来获得更多的收益。因为"航行"一帆风顺，利润稳定增长，所以长期资本管理公司决定通过举债经营来扩大投资规模。事实上，他们现在已经张起了巨型的"船帆"，正在以每年40%的利润增长率飞速发展。

但是，随着自身市场地位的不断提高以及其他竞争对手的陆续入场，长期资本管理公司迅速成长为一个体型庞大的"巨人"。现在，这个"巨人"正同一群其他的"水手"——他们都是世界上运用相似的方法进行投资的大型投资银行——挤在一条仅有20英尺（约6.1米）长的"小船"上。到了1998年，一只"黑天鹅"突然划过水面：超级大国俄罗斯陷入财政危机，因此无法偿还国债。于是，各种类型债务间的差异被迅速放大，同时，原本以为将会不断降低的价格差异也急剧增加。原本风平浪静的海面上狂风骤起、巨浪滔天，小船如同一片可怜的枯叶，随时都可能沉入海底。当一个大浪打过来的时候，惊恐万状的水手都赶紧冲向巨人所在的一侧去躲避，小船一个颠簸将巨人抛进了海里，而且紧接着，巨人又被锚索缠住无法脱身。

危急关头，美国联邦储备银行乘着一艘海岸警卫队的巡逻快艇赶了过来。不过，它并没有下水救人，而是告诉船上的其他水手（即投资银行家们）：你们都是一条绳上的蚂蚱，所以你们要是不把那个巨人拉上来，他那沉重的身体很可能会将整个小船拖入海底，到时候所有人都得葬身鱼腹。于是，所有的银行家都跳到海里去救人，而袖手旁观的美联储则只是在那个半死不活的巨人被拉上来的时候喊喊号子而已。

总之，平均值缺陷之所以让所有人栽跟头，是因为世界范围内的债务票据在价格上突然之间出现了人们不曾预料到的相互关系。时过境迁，再回头想想，其实作为灾难即将来临的预兆，"黑天鹅"的出现并非难以想象。

如今，通过查阅那些投资银行股票价格的历史数据，仍然会让人对俄罗斯金融危机所带来的创伤心有余悸。图26.3是我根据从"雅虎财经"上找到的数据绘制的一幅散点图。该图的x轴表示的是标准普尔500指数的水平，y 轴表示的则是美林公司（Merrill Lynch）和雷曼兄弟公司（Lehmann Brothers）——它们都是受到金融危机冲击的投资银行——股票价格的变化。每家银行的数据都分布在两个集中的区域：一个区域是危机来临之前，另一个区域是危机来临之后。在此期间，相对于标准普尔 500 指数而言，两只股票的市值都缩水了大约 1/3。

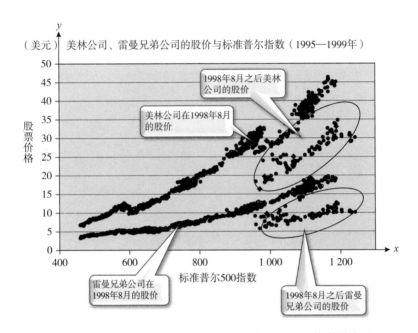

图 26.3　美林公司、雷曼兄弟公司和标准普尔 500 指数散点图

 当时，其他投资银行的情况也大同小异。读者可以登录 Flaw-OfAverages.com 网站，利用动画模拟和电子表格对此进行详细研究。

身先士卒、率先垂范

在金融危机来临之前，很多嗅觉灵敏的权威人士都将手里的股票抛给了那些还蒙在鼓里的投资者，而长期资本管理公司的做法却恰恰相反。事实上，在危机即将来临的时候，该公司的股东就已经察觉到了不祥的征兆，但是，他们不仅没有将自己的包袱转嫁给投资者，实际上还买下了投资人的很多股票。当年，莱特兄弟不仅发明了飞机，还亲自进行了试飞，其中奥维尔·莱特甚至在一次飞行中因为发生了坠机事故而被严重摔伤。同样，默顿和斯科尔斯也是身先士卒、率先垂范。奥维尔·莱特的坠机事故致使随机飞行的一名陆军中尉当场殒命，但是这次事故抹杀不了他们历经艰辛总结出来的空气动力学原理。同样，与某些人的说法恰恰相反，长期资本管理公司的破产，更确切地说，是当前的失败，并不能抹杀布莱克、斯科尔斯和默顿在经济学领域的丰功伟绩。放眼未来，他们的失败将会像过眼云烟一样很快被人们所遗忘，然而，他们为金融建模领域所做的杰出贡献必将永载史册。

第 27 章
价格、概率和预测

　　20 世纪后半叶，"计划经济和市场经济孰优孰劣"一直是人们争论不休的话题。如果你没有赶上这场大辩论，那也没有关系，只要看一看苏联的解体和中国的崛起这个不可辩驳的事实，上述问题的答案就一目了然了。正如亚当·斯密（Adam Smith）于 1776 年在《国富论》（*Wealth of Nations*）一书中所说的那样，创造财富的最佳途径是通过自由市场，在这个市场中，价格指导着商品和服务的配置。[1]

　　出人意料的是，就连俄罗斯总统弗拉基米尔·普京（Vladimir Putin）也热烈拥护亚当·斯密提出的上述原理。2009 年 1 月 28 日，普京在瑞士达沃斯世界经济论坛[2]上发表讲话时指出："面对金融危机，有些人不设法去简化市场机制，反而试图最大限度地增加政府对经济的干预力度。然而，不要忘了，在 20 世纪，苏联实行的就是高度集中的计划经济体制，但是，最终苏联经济却完全丧失了竞争力。我们已经为此付出了惨痛的代价，我相信没有人希望这样的悲剧再次上演。"

　　事实上，价格是社会的一面镜子，它可以反映出市场的需求、商品的短缺、人们的担心、对未来供应的推测，甚至还能反映出赛马的结果等。同时，价格同概率的概念有着紧密的联系，而概率的概念又可以推动预测的发展。我的父亲是"主观概率"较早的提倡者。小时候，当我同别人针对某一件事情打赌的时候，父亲就鼓励我好好考虑一下这件事情发生的概率有多大。[①]

在信息化时代，价格和概率的关系甚至会更加密切。威廉·夏普写过一篇非常出色的论文：《原子金融经济学》（*Nuclear Financial Economics*）。文章对价格和概率的关系做了清晰的论述。[3] 这篇论文可以在网上找到，我建议大家有时间一定要看一看。有两种类型的金融交易同概率和预测的关系尤为密切，它们就是从潜在的不确定性中衍生出来的期货和期权交易。

期货和概率

假如一个农民在玉米地里辛苦劳作了好几个月，好不容易到了收获的季节（即 9 月份），却忽然发现由于库存增加玉米价格再创新低，试想，这时候他该有多么沮丧。假如他 6 月份就与人达成协议：对方将在 9 月份以预定的折扣价从他这里收购 100 蒲式耳（约 2.54 吨）的玉米。那么，再遇到上述的价格波动，这位农民就不至于蒙受严重的经济损失了。但问题是，谁会愿意去购买这样一份合约呢？由于可以享受折扣价，所以从长远来看，购买 9 月份的玉米期货应该是一笔好买卖，而且如果一个人不仅购买了玉米期货，还购买了猪肉、大豆以及石油期货，那么，即使到时候其中某一种商品的价格大幅下跌，他仍然可以获得一个相对稳定的平均收益。如果上述期货市场中有很多的买家和卖家，那么，通过期货价格的变动，我们可以看出很多的问题。

比如，1984 年，加利福尼亚大学洛杉矶分校的金融学教授理查德·若尔（Richard Roll）在一篇杰出的论文中指出：冷冻浓缩橙汁期货市场能够比美国气象局更准确地预测佛罗里达州的天气。[4] 这就是詹姆斯·苏罗维基（James Surowiecki）所谓的“群体智慧”，[5] 也就是说，一大群期货交易商的群体智慧要胜过一个气象专家。

为了弄清楚这种群体智慧为什么有如此大的威力，我们需要假设一个理想化的世界。在这个世界里，只有两个时间段，即现在和 6 个月之后。同时，

---

① 本章的部分内容节选自萨姆·萨维奇于 2004 年 6 月在《今日奥姆斯》杂志上发表的《预测和概率》（*Predictions and Probabilities*）一文。

这个世界的天气状态也只有两种可能性，要么比较温暖，要么比较寒冷。如果天气比较温暖，那么，6 个月之后橙汁的价格将会保持不变。如果天气比较寒冷，那么，因为供应量减少，6 个月之后 1 夸脱橙汁的售价将会上涨 1 美元。现在，来看一看 6 个月的橙汁期货，即 6 个月之后交货的 1 夸脱橙汁现在的价格。如果期货价格等于现在的市场价格，那就表明市场预期未来不会出现严寒天气。如果期货价格比现在的市场价格高 1 美元，说明一定会有严寒。如果期货价格比市场价格高 0.5 美元，则说明出现严寒的概率有 50%，以此类推。在这个人为设计的案例当中，期货价格对严寒天气概率的反映仅仅是一种粗略的感觉，但是，在一般的案例中，价格同概率之间具有严格的比例关系。

我们知道个人预测概率的能力基本上都很糟糕，但是整个市场往往可以引领他们走上正确的轨道——这种群体智慧的确意义深远。总之，对概率做出准确的预测是应对平均值缺陷至关重要的一步。

期权和不确定性

我们知道，期货市场可以反映资产未来的平均价值，期权价格可以预示不确定性的程度。因此，期货和期权之间的关系有点像平均值与波动性之间的关系。除了期货和期权之外，现实中还有很多种金融衍生产品，其中有些还能够体现各种不确定性资产间的相互关系。

预测市场行情

玉米和科林·鲍威尔期货

1995 年，当我在网上漫不经心地搜索科林·鲍威尔（Colin Powell）——据说他准备参加美国总统竞选——的经历时，却通过链接惊讶地发现了一个"科林·鲍威尔提名市场"。出于好奇，我顺着这个链接进入了由艾奥瓦大学（University of Iowa）经营的一个电子期货市场。[6] 因为艾奥瓦州的农业非常发达，所以如果在这里看到一个大豆或者生猪等农产品期货市场并不会令人感到吃惊。但是，突然冒出来一个"科林·鲍威尔提名市场"就让人摸不着头脑了。原来，在这个市场里，投资者既可以购买关于鲍威尔的"肯定期货"，也可以购买"否定期货"。在期货到期之后，如果鲍威尔接受了共和党总统候选人提名，那么，购买"肯定期货"的投资者将可以获得 1 美元的收益，而购买"否定期货"的投资者则得不到任何收益。相反，如果鲍威尔没有接受提名，则购买"否定期货"的投资者可以获得 1 美元收益，而购买"肯定期货"的投资者得不到收益。

但是，如何启动这样的市场呢？颇富创意的"艾奥瓦电子期货市场"采取了将一个"肯定期货"和一个"否定期货"捆绑着进行销售的方法。因为这两项投资中最终只有一项可以获得收益，所以这样的投资组合恰好价值 1 美元。但是，一旦人们拥有了这种期货，就可以随便以什么价格自由地进行交易了，而且每天的交易价格都会被记录下来（见图 27.1）。交易中，那些可以正确预测最终结果的投资者将会获利，其他投资者则会赔钱。但是，其他所有的投资者都可以从每天的交易记录图中受益。

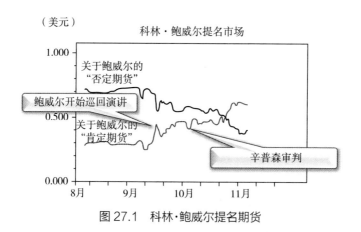

图 27.1 科林·鲍威尔提名期货

从图中可以看出，市场对于诸如"辛普森审判"以及"鲍威尔开始巡回演讲"之类的事件显然反响强烈。同时可以看出：两种期货的价格之和仍然非常接近 1 美元。如果其价格之和低于 1 美元，那么，购买这两种期货就一定可以赚钱。这样，人们对于这两种期货的需求就会增加，而它们的价格也会随之上涨。如果二者的价格之和高于 1 美元，那么，卖出这两种期货就一定可以赚到钱。这样，人们对于这两种期货的需求就会降低，而它们的价格也会随之下跌。这也表明：互斥事件的概率之和必然等于 1。而曲线图并非完全对称则说明市场并不绝对有效，只是非常接近而已。值得一提的是，由艾奥瓦州立大学经营的"艾奥瓦电子期货市场"如今仍然兴旺发达，当然，其他众多新兴的期货市场也红红火火。

预测恐怖袭击

·如前所述，一个人之所以要购买卖权，是因为他认为某只股票的价格会下跌。2000 年 2 月，美国网络券商 E-TRADE 公司的网站陷入瘫痪，导致该公司的股票价格暴跌。这起事件是黑客有预谋的攻击，他们安排了成千上万次的恶意点击，导致该公司电脑服务器陷入瘫痪，从而让预期的访客无法登录。当时，我这样对同事说：

你是否想过：如果黑客昨天大量买入该公司股票的卖权，现在他们岂不都成百万富翁了？

我进一步推测说：

如果你发现期权市场上突然出现了某种异常波动，那也许正是黑客即将发动一次攻击的信号。

"9·11"事件之前期权市场的异动

在 2001 年 9 月 11 日之前的几天里，美国航空公司（American Airlines）和美国联合航空公司（United Airlines）的股票卖权交易出现了异乎寻常的火爆行情——这是美联社（Associated Press）的戴夫·卡彭特（Dave Carpenter）

以及其他新闻记者所做的报道。[7]为了验证卡彭特的说法，我根据从期权结算公司（Options Clearing Corporation）获得的资料绘制了一幅图（见图27.2）[8]。这幅图表示了下列公司股票卖权和买权交易量间的比率：联合航空公司、西南航空公司（Southwest Airlines）、达美航空公司（Delta Airlines）、美国航空公司以及通用汽车公司。通常情况下，买权交易量都是卖权交易量的两倍，也就是说，卖权和买权交易量之间的比率应该是0.5。然而，从图中可以看出：2001年9月8日（周四），联合航空公司股票卖权和买权交易量间的比率居然提高到了25。换句话说，这个比率相当于平时的50倍。因为周末休市，所以这个比率的最低点出现在了发动恐怖袭击的前一天，即9月10日（周一）。另外，西南航空公司以及通用汽车公司的期权交易并没有出现大的波动。

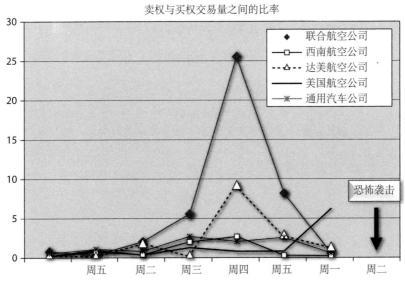

图27.2　"9·11"恐怖袭击之前美国各航空公司和通用汽车公司股票卖权的交易量

期权交易市场的异动是否拉响了恐怖袭击的警报

艾伦·博泰仕曼（Allen M. Poteshman）也曾经对"9·11"恐怖袭击来临

之前期权市场出现的异常波动进行了调查研究，还专门就此问题在芝加哥大学主办的《商业杂志》（*Journal of Business*）上发表过一篇文章[9]。他在文中指出：研究表明，确实有一些消息灵通的投资者提前进行了大量的期权交易。

只要在谷歌上输入"'9·11'卖权"，你就可以搜索到各种各样相似的说法。比如，911Research.com 网站上所展示的曲线图显然就是从我 2004 年发表在《今日奥姆斯》杂志上的一篇文章中拷贝下来的（见图 27.2）。[10] 另外，该网站还披露了"9·11"恐怖袭击之前金融领域出现的其他一系列异常现象。但是，不要因此就匆忙地得出最后的结论。根据"'9·11'调查报告"[11] 第 499 页第 130 节的说法：

9 月 6 日，一个同基地组织没有任何瓜葛的美国机构投资者所购买的美国联合航空公司的股票卖权就占到了该股票当日期权交易量的 95%，除此之外，该机构还在 9 月 10 日购买美国航空公司 11.5 万股股票的卖权。

那么，制造"9·11"事件的恐怖分子究竟有没有利用这次发财的机会呢？答案是显然的，试想，在那些疯狂的自杀式袭击者眼里，成千上万无辜群众的生命都如同草芥，那么，顺手牵羊，为他们的子孙后代谋点儿福利，从而背上操纵市场的小小恶名又算得了什么呢？

美国国防部高级研究计划署的创意

利用价格来预测概率的并不仅仅是一些学者和交易商。2003 年 7 月，美国国防部高级研究计划署（Defense Advanced Research Projects Agency）宣布成立一个"政策分析市场"（Policy Analysis Market），即为投资者提供一个在线交易平台，从而允许他们针对埃及（Egypt）、约旦（Jordan）、伊朗（Iran）、伊拉克（Iraq）、以色列（Israel）、沙特阿拉伯（Saudi Arabia）、叙利亚（Syria）和土耳其（Turkey）等国的经济、民事、军事事件以及美国与上述各国的相互关系进行期权交易。事实上，美国国防部高级研究计划署成立这样一个市场的真正目的在于：通过相关期权交易价格的变化来获得有价值的情报。不过，遗憾的是，就在"政策分析市场"准备开张的时候，却因为公众的反对——他们认为这是一个"恐怖主义期货市场"——而胎死腹中，而且，美国国防部高级研究计划署署长约翰·波因德克斯特（John Poindexter）也因此被迫辞职。[12] 对此感兴趣的读者可以登录"政策分析市场"（当然，现在这个市场已经不存在了）的网站了解更详细的信息。[13]

预测狂

我认为"政策分析市场"是一个非常好的创意。不过，我最大的异议在于没有必要浪费纳税人的钱去搞重复建设[14]，因为网络上已经有好多相似的预测市场，在那里，人们可以针对各种各样的热点事件——比如科比·布莱恩特（Kobe Bryant）在预赛中的成绩以及能否抓到奥萨玛·本·拉登（Osama bin Laden）等——进行期货交易。[15] 在这些交易当中，有一些基本上是禁赌法所不允许的，所以采用的是现金交易。如需了解更多详情，请登录谷歌，搜索"预测市场"。

具有讽刺意味的讽刺

在美国国防部高级研究计划署于 2003 年 7 月宣布成立"政策分析市场"几天之后，都柏林（Dublin）的 TradeSports.com 网站（现在已更名为 Intrade.com）就将"波因德克斯特是否会在 9 月遭解雇"作为期货，组织彩民以现金形式下注买卖——这个赌注被 CNN 财经频道称为"具有讽刺意味的讽刺"。[16] 后来的事实证明，波因德克斯特果然在 9 月遭到了解雇。

大规模杀伤性武器期货

TradeSports.com 网站上我最喜爱的另一个期货合约是"美国能否于 2003 年在伊拉克找到大规模杀伤性武器"（见图 27.3）。

当美国政府说"我们能找到""不久之后我们就将找到""我们很快就会找到"的时候，市场的回答分别是"是的，我们相信你能找到""你还没有找到""你找不到了"。接下来，所有的交易就随之停止了。当我将晚间新闻所报道的官方言论同我笔记本电脑里所显示的交易曲线图进行对比的时候，我忽然发现，一种具有更高可信度的新闻媒体正在对传统的新闻媒体形成挑战。

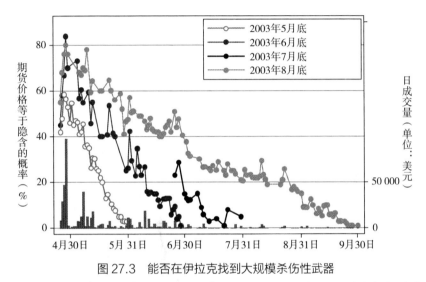

图 27.3　能否在伊拉克找到大规模杀伤性武器

注：来自贾斯汀·沃尔弗斯和埃里克·兹特维茨（Eric Zitzewitz）于 2004 年春在《经济展望杂志》（*Journal of Economic Perspectives*）第 18 卷第 2 期上发表的《预测市场》（*Prediction Markets*）一文。

内幕交易丑闻中的内幕交易

在 2004 年美国大选期间，我每天晚上都会关注一下证券市场的情况。7月 15 日，有一件事情引起了我的注意。在 TradeSports.com 网站上交易最活跃的一个合约是"玛莎的刑期超过 14 个月"——从表 27.1 中可以看出，同前一天的收盘价相比，该合约的价格下跌了 50% 以上。玛莎·斯图尔特（Martha Stewart）是一位令人艳羡的女富豪，也是电视和杂志名人，2001 年，她由于在一桩内幕交易调查中撒谎而涉嫌犯罪。因此，TradeSports.com 网站便以她的审判结果作为期货让投资者进行交易——如果玛莎的刑期超过了 14 个月，购买该合约的投资者将能够获得收益。值得注意的是，该合约的最新价是 20 美元，同前一天的收盘价相比已经跌了 25 美元。第二天，玛莎被法庭判处 5 个月监禁——联邦法律规定的最低限度。

表 27.1　玛莎·斯图尔特接受审判前夜 TradeSports.com 的期货交易情况

合约	买入价（美元）	卖出价（美元）	成交量	最新价（美元）	成交额（美元）	涨跌额（美元）	星期四
玛莎的刑期超过 14 个月	335.0	35	100	20	1 643	−25	2004 年 7 月 15 日晚 9 点 48 分

那么，TradeSports.com 网站究竟是如何提前一天预料到玛莎会被从轻发落的呢？当时，我不知道玛莎创办的"玛莎家居帝国"（Martha Stewart Living Omnimedia）的股票对此有何反应。反正，在 7 月 16 日开盘的时候，该股票仅仅是小幅高开，但是，当玛莎的庭审结果出来之后，该股便开始急剧攀升（见图 27.4）。我很奇怪 TradeSports.com 网站早在 15 日晚上明明就已经提供了买入该股的信号，为什么大多数人没有在一开盘就大量吃进呢？如果是那样，他们肯定要大赚一笔了。

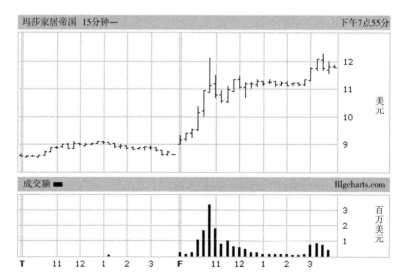

图 27.4　开庭当天玛莎家居帝国的股票交易情况

2008 年美国总统大选

图 27.5 显示的是在 2008 年美国总统大选开始之前的两年里，关于巴拉克·奥巴马（Barack Obama）和约翰·麦凯恩（John McCain）的期货价格走势。2008 年 5 月初，奥巴马在北卡罗来纳州初选中以绝对优势获胜。因此，市场认为奥巴马将成为民主党的最终候选人，从而最终会同共和党候选人麦凯恩展开生死角逐。正因如此，当麦凯恩期货上涨的时候，奥巴马期货必然下跌，反之亦然。也就是说，从那时开始，这两种期货的价格走势图便呈现出非常对称的分布。

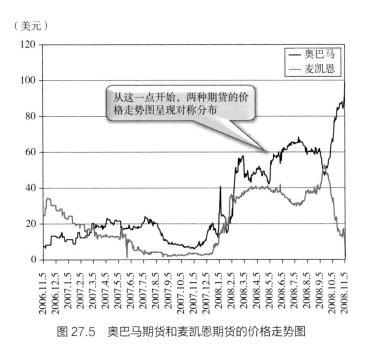

图 27.5 奥巴马期货和麦凯恩期货的价格走势图

实时预测

随着事态的展开，我们还有可能实时地观看预测的变化情况。我曾经带着笔记本电脑去 AT&T 球场——那里可以无线上网——观看旧金山巨人队的棒球比赛。在那里，我可以通过电脑看到人们针对赛场上几秒钟前发生的事件所下的各种赌注。

再举一个例子。图 27.6 表示的是在奥巴马同麦凯恩做最后辩论期间，奥巴马期货的价格走势。在整个竞选过程当中，新闻评论员一直都在说需要等到下一次投票结果出来之后才能知道结果，事实上，那些结果可能已经通过预测市场反映出来了。

经济状况会在多大程度上影响大选呢？众所周知，糟糕的经济状况通常情况下对执政党不利。但是，这个一般性原则是否在 2008 年的美国大选中——约翰·麦凯恩所代表的共和党是当时的执政党——有所体现呢？关于市场价格变化的预测可以清楚地回答这个问题。图 27.7 是 2008 年 10 月 1 日到 13 日麦凯恩期货价格和道琼斯工业平均指数散点图。从图中可以看出，二者的关系是如此密切，因而绝不可能是出于偶然。正因如此，我不禁要去计算：在此期间，究竟需要多高的道琼斯指数才能让麦凯恩有 50% 的概率赢得大选——进行这个计算的前提是只有道琼斯指数这一个变量，而且，道琼斯指数同麦凯恩赢得大选之间的确存在线性关系。

当然，实际的情况会更加复杂，因为要考虑众多的变量。图 27.8 是从 2008 年 1 月 2 日一直到大选结束期间的麦凯恩期货价格和道琼斯工业平均指数散点图。关于该图的相关数据，我已经放到了 FlawOfAverages.com 网站上，有兴趣对此进行深入研究的读者可以自行查阅。

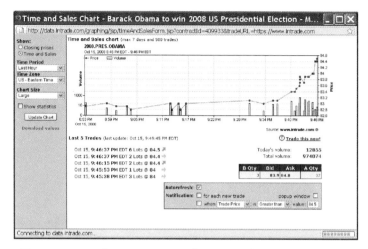

图 27.6　2008 年 10 月 15 日，奥巴马舌战麦凯恩时的价格走势

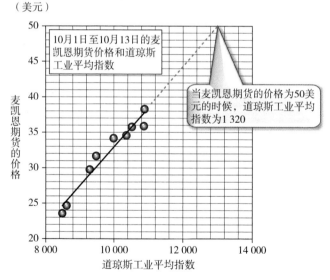

图 27.7　2008 年 10 月 1 日至 13 日的麦凯恩期货价格和道琼斯工业平均指数

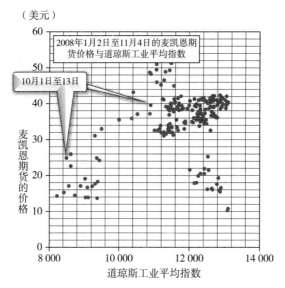

图 27.8　2008 年 1 月 2 日至 11 月 4 日的麦凯恩期货价格与
道琼斯工业平均指数

预测市场的未来

概率管理的一个重要环节是对事件发生的概率做出正确的评估。因此，从这一点来说，预测市场也许能够成为可供利用的重要资源。

已经有多位学者对预测市场进行了研究。[17] 他们还提出了成功的押注应该符合的一些标准。

首先，对押注对象的陈述必须准确清晰，而不能模棱两可。

其次，押注对象必须是广大参与者所了解和熟悉的。斯坦福大学法学院的乔·格兰德费斯特教授曾经指出：如果将"弦理论（String Theory）的真实性"作为预测对象将会毫无意义。[18]

最后，"游戏"要能够提供丰厚的回报，从而让参与者感到该游戏具有投资价值，而且值得为此表露自己真实的想法。这种说法实际上是假定了所有参与游戏的人只是为了赚钱，而不是为了其他的目的，比如以死殉教。但事实上，预测市场有可能被一些别有用心的人所利用。比如，格兰德费斯特就举了这样一个例子："假设你是一个恐怖分子,那么,当你准备去炸毁一座桥梁的时候,为了转移人们的注意力,你可能会去购买某一个发电厂的期货,从而向公众释放虚假的信息:我们打算对发电厂而不是对某座桥梁发动袭击。"

如果我的父亲还健在的话,他一定会乐于利用主观概率,使之成为经济发展的动力。但是,从长远来看,预测市场能够一直繁荣发展吗?为了回答这个问题,他很可能会建议在预测市场中设立一种新的期货:如果预测市场的成交额在未来 5 年内翻一番,期货投资者将获得 100 美元的收益,否则将得不到任何回报。

第六部分　实体金融领域

20 世纪 70 年代末期，人们开始从现代投资组合理论的角度来研究工业项目投资组合，同时也出现了"实物期权"的概念。

在第五部分，我们分别介绍了获得诺贝尔经济学奖的现代投资组合理论和期权理论。这一部分将要讨论上述理论在实体经济领域中的应用——概率管理将有可能在这一领域中扮演重要角色。

第 28 章
整体考虑还是局部分析

20 世纪 80 年代末期，我正在忙于开发和推广第 2 章提到的那个**线性规划**软件包 What'sBest!。那时候，有很多个夜晚和周末，我都独自一人在办公室里加班。一般很少有人打电话过来，即使有，通常也都是因为拨错了号码。但是，在一个星期六的下午，我接到了一个不同寻常的电话。在电话里，一个操着浓重得克萨斯州口音的人首先自报家门："您好，我是本·鲍尔，"然后就开门见山地说，"当人们投资石油勘探项目的时候，总是先给这些矿井划分等级，然后从最好的开始，由好到次，逐一进行钻探，直到用完全部预算为止。我想在这个过程中完全可以应用马科维茨的现代投资组合理论，您可以利用**线性规划**来帮我实现这一点吗？"

虽然我从来没有见过本·鲍尔，但因为《华尔街日报》曾经提到他是我们软件的一个用户，所以我知道有这么一个人。关于那个电话，我当时只有如下的三点印象：首先，本·鲍尔提出了一个很有价值的问题。其次，他说话的语气流露出了强烈的责任感。最后，在得州口音中，"石油"一词和他的名字刚好是押韵的。

当时，我对本·鲍尔并没有太多的了解。事实上，他有着不凡的经历和个性。他拥有麻省理工学院化学工程专业的学士和硕士学位，担任过海湾石油公司（Gulf Oil）战略部副主任。而且，他在众多法庭辩论中担任过鉴定人。如今，他是麻省理工学院的副教授。早在 20 世纪 50 年代初期，他就在炼油厂运用**线性规划**。而且，他还在哈佛商学院学习过投资组合优化理论。

20 世纪 70 年代初期，还在海湾石油公司任职时，他就已经开始思考在石油勘探中应用现代投资组合理论的问题了。而且，在 1983 年，他还就这一问题发表过一篇研究论文。[1]最重要的是，在历经 15 年苦苦追求却没能获得重大突破的情况下，他依然执着。

因为没有意识到这个电话将会给我的职业生涯带来重大影响，所以，我只是告诉本·鲍尔这是一个很有创意的想法，但是，马科维茨的投资组合优化模型需要运用**非线性规划**，而我对此并不是非常在行，而且 What'sBest! 软件包当时也没有那样的功能。事实上，即使有那样的功能也不行，因为马科维茨在模拟每一组股票间相互关系的时候，必须要计算**协方差**，而对油井来说，又怎么计算它们的**协方差**呢？

1990 年，我开始到斯坦福大学任教，随后就完全淡忘了这件事情。

但是，本·鲍尔一直在研究这个问题。而且，在我为美国中西公司（Midwest）进行的一次培训上，他还亲自找到我，同我进行了一次面谈。虽然我们谈了很多，但是仍然没有什么新的进展。

不过，到了 1992 年 10 月，事情出现了转机。

偶然的进展

当时，我代表芝加哥大学参加电子表格方面的一个管理学研讨课程。课程安排得非常紧张：第一天，我需要在纽约讲一整天的课，晚上要马不停蹄地飞往芝加哥准备第二天的课程，而在芝加哥讲完课之后，还要连夜赶往纽约准备第三天的课程。

马克·布罗德的新方法

因为提前一天到了纽约，所以我抽时间拜访了哥伦比亚大学的金融学教授马克·布罗德。此前，他曾经在电话中说他可以使用**线性规划**的方法——同普通的**非线性规划**方法相对——来进行马科维茨的投资组合优化。当他在电话里这样说的时候，我不太相信，因为当时我还没有电子信箱，所以他也不能像现在这样马上把他的计算机文档传给我看。但是，在我到了哥伦比亚大学并且看到了他的电子表格之后，所有的怀疑便烟消云散了。

马克的确使用的是**线性规划**而不是**非线性规划**的方法！

这种方法没有借助蒸汽时代的**协方差**，而是利用了一种更为普通的方式来模拟相互关系，因此可以非常灵活地模拟石油勘探的不确定性结果。

模型

在去往洛杉矶的途中，我不仅被"拘禁"在一个狭小的空间里，而且还被"捆绑"在座位上（当然，这是联合航空公司为我的安全着想而提供的殷勤服务）。不过，这数小时的孤独也是利用马克的方法来开发油井投资组合原始模型的大好机会。所以，一路上我都在我的第一台 ThinkPad（联想笔记本电脑）上使用 Lotus 1-2-3 和 What'sBest! 软件来设计这个模型。我永远都不会忘记那天晚上在宾馆里给本·鲍尔打电话告诉他这一好消息时的兴奋和激动。当然，给他打了电话之后，我还用电子信箱把相关的资料也给他传了过去。要是在几天之前做这件事情，我就得首先把资料拷到电脑磁盘上，然后再让联邦快递把磁盘寄给他。时代前进的脚步多快啊！

动力

一周之后，当我回到斯坦福大学上班的时候，发现我的办公桌上放着一个包裹，和包裹一起寄过来的还有一封署名为彼得·伯恩斯坦的信。彼得在信中说他很欣赏我在纽约讲授的研讨课程，所以特意送给我一本他的新书。这本书就是前面提到的《投资革命》。[2]

这本书一开始就谈到，现在对于股市价格变动的解释可以追溯到 1900 年的一篇学术论文，这篇论文的作者是一个不太出名的法国数学家巴施里耶（Bachelier）。该论文发表之后，并没有引起人们的重视，直到 20 世纪 50 年代，芝加哥大学的数学统计学家吉米·萨维奇才因为一个偶然的机缘发现了它的价值。而这里所说的吉米·萨维奇，正是我的父亲。

这个意外的发现引起了我的兴趣，我决定继续读下去。事实上，我对这本书已经爱不释手了。虽然我在芝加哥大学教授管理学课程，而且也见过书中提到的几个重要的经济学家，但我对金融领域一直知之甚少。而这本书恰好利用较小的篇幅对这一领域进行了全面的论述。不仅如此，这本书还让我意识到，本·鲍尔的不懈努力实际上就是在石油勘探投资领域追随着哈里·马科维茨的脚步。因此，这本书激起了我开拓创新的兴趣和挑战未来的动力。

然后，巧合的是，就在那一周的晚些时候，我们系举行了一个由日本管理学家今野浩史（Hiroshi Konno）主持的学术讨论会——今野浩史曾经与别人合著过一篇论述投资组合建模方法的重要论文，而他所论述的建模方法同上周马克在纽约告诉我的方法非常相似。[3] 就在两周之前，我还从没有听说过**情景优化**（scenario optimization），而现在我已经分别从两个渠道获得了重要的信息支持。而且，在这次学术讨论会上，我还第一次认识了以创造"资本资产定价模型"而闻名的威廉·夏普。在以后的很多年里，他一直是我的另一个灵感源泉。

这样，在半个月时间里，并没有什么卓越才华的我居然获得了能够帮助本·鲍尔实现夙愿的方法、模型和动力。这时候，我正站在一条最终将通向"概率管理"的十字路口。

有得有失

此后，我和本·鲍尔一起开始在石油行业宣传和推广投资组合优化的理念。虽然很多人都对我们的理念感兴趣，但是，最终他们都没有接纳这一理念。

比如，1993 年我们受邀为一家大型石油公司（现在该公司已经不存在了）充当顾问。为了模拟一系列石油项目可能的经济产出，他们已经写出了数千行FORTRAN 程序码。当他们描述他们的模型时，我和本·鲍尔都很兴奋，因为我们的方法恰恰可以帮助他们在众多的投资项目中做出正确的选择。

通常情况下，石油和天然气的价格涨跌并不会保持同步。因此，我们可以将这两种投资组合在一起。于是我就问他们是否分别模拟了石油和天然气的价格。他们回答说只模拟了石油的价格。关于天然气，他们使用了一个公式，先将单位天然气转化成相同当量的石油，然后再采用现行的石油价格来计算。这时候，我悄悄地踢了一下本·鲍尔的腿，因为我知道我们可以利用两种相关的价格分布概率取代他们单一的价格分布概率，从而改善他们的模型。然后，本·鲍尔又问他们采用了什么样的石油价格分布概率，而他们的回答让我们目瞪口呆，因为他们采用的是每桶石油的平均价格。他们曾经写了数千行的计算机代码去模拟由数百个不确定的项目——每个项目都包含有对价格非常敏感的内置期权——构成的投资组合，然而，他们却错误地落入了平均值的陷阱。这时候，我都禁不住要踢碎本·鲍尔的膝盖了。

那天晚上，当我同本·鲍尔共进晚餐的时候，我们的心情都很愉快，因为我们居然发现了这样一个可以从我们的方法中受益的公司。

然而，遗憾的是，后来那个公司再也没有跟我们联系过。

出头之日

我们的理论虽然遭受了不少冷遇，但也遇到了不少的知音。其中之一就是约翰·豪威尔。约翰曾经在一家大型石油公司任职，现在正在独立经营着一家小型的咨询公司。约翰虽然认同我们的理念，但是，他意识到单个石油公司也许很难率先采用这种全新的管理方法，所以，1997 年，在哥伦比亚大学的倡议之下，他组织了一个由大型的石油和天然气公司组成的社团。我和本·鲍尔首先在休斯敦为这个社团上了第一堂学术讨论课，并且获得了与会者的好评。为了早日将投资组合的方法应用到石油开采领域，豪威尔一直在不知疲倦地开发更为有效的模型和方法。1998 年，为了满足人们对投资组合管理方面日益增长的需求，他创办了投资组合决策公司（Portfolio Decisions, Inc）。让人高兴的是，10 年之后的今天，这个公司依然在茁壮成长。[4]

1999 年，我和本·鲍尔在《石油技术杂志》（*Journal of Petroleum Technology*）上发表了一篇论文，将我们的方法公之于众。在这篇论文当中，我们针对把所有的矿井分成三六九等的传统方法，提出了模拟投资组合效应的现代方法。这篇论文的标题由本·鲍尔拟定，《石油勘探与开发的两种战略：

整体考虑与局部分析》。[5]

有兴趣的读者可以登录 FlawOfAverages.com 网站，在那里，你可
以对这一方法以及设计优化组合的 Excel 模型做进一步的了解。

2004 年，我再次来到休斯敦参加关于石油与天然气投资组合优化的学术
讨论会议。在这次会议上，我惊讶地发现：我和本·鲍尔的那篇论文在业内
居然已经广为人知。历经 20 余年的探索与失败却依然坚持不懈，这对大多数
人来说是不可思议的。然而，本·鲍尔就是凭着这份坚韧与执着，才最终成
为石油勘探领域的哈里·马科维茨。

决策森林

从理论上说，我和本·鲍尔开发的这个方法可以被用来设计各种类型的
投资组合。比如，当一个企业在引进一条新的生产线时，为了避免这种新产
品同自己的其他产品相互冲突，同时也为了避免别人推出更有竞争力的产品，
该企业就应该利用投资组合的方法来规避风险。举例来说，在设计一个医药
研发项目方面的投资组合时，不仅要考虑药品的功效和市场前景，还要考虑
相关法规可能的变化。然而，大多数人在面对这一问题时，并不去考虑真正
的投资组合效应，而仅仅专注于为投资项目划分等级。这些人可以通过下面
的"思想把手"来更好地理解投资组合。首先，将每一个投资项目看成一棵
决策树——这棵决策树只能反映与该项目有关的不确定性。图 28.1 的决策树
表示的是一个石油勘探项目。那么，很多个石油勘探项目放在一起，自然就
是一片决策森林了。

但是，仅仅将所有的项目模拟成一片决策森林还不够。如前所述，投资
组合决策必须要反映出各个组成部分之间的相互关系。为此，我将石油价格
以及政治动荡等各种不确定性因素模拟成了在整个森林中穿行的"命运之

风"（见图 28.2）。它也许温暖轻柔，也许凛冽粗犷。但是，无论如何，它的影响力会遍及每一棵树。

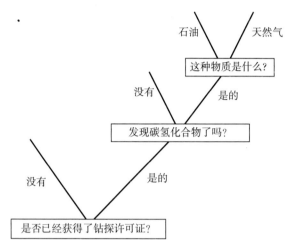

图 28.1　一个石油勘探项目可以看成一棵决策树

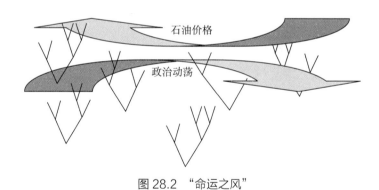

图 28.2　"命运之风"

在模拟出整个决策森林之后，接下来要做的就是选择一个好的投资组合。虽然根据 100 种可能的投资项目可以设计出比宇宙中的恒星数量还要多的投资组合，但是，只要对问题进行了正确的阐述，你就可以利用优化软件很容易地做出最佳的选择。关于这一点，FlawOfAverages.com 网站上有更详细的论述。

第 29 章
壳牌石油公司的投资组合

20 世纪 90 年代中期，当丹尼尔·维德勒上身穿着皮夹克，下身穿着牛仔裤，在下班之后骑着哈雷摩托融入圣查尔斯（St. Charles）大街的滚滚人流时，你也许会以为他只是一个普普通通的新奥尔良（New Orleans）市民。不过，人不可貌相，只要翻一翻他的履历，你就会发现他有多么不平凡的经历。事实上，丹尼尔是供职于壳牌石油公司的瑞士地质学家。在此前的 5 年里，他先后在荷兰、文莱（Brunei）、马来西亚（Malaysia）、泰国（Thailand）、越南（Vietnam）、中国、阿曼（Oman）、尼日利亚（Nigeria）以及加拿大（Canada）等国工作。

机缘巧合

我第一次见到丹尼尔是在 2004 年秋天，当时，我和朔尔特斯正在剑桥大学贾奇商学院给壳牌石油公司的管理人员进行培训。我们准备在培训课上引入投资组合管理并且已经告诉丹尼尔请他做文字录入了。没想到丹尼尔在壳牌石油公司从事的就是石油勘探投资组合方面的工作，而且也正希望在这方面得到我们的帮助。

那时候，虽然有不少公司已经开发出了针对该领域的软件（其中有一些软件还是基于我和本·鲍尔公布的方法开发出来的），但是，如前所述，单个企业往往难以构建起全行业的风险模型。此前，丹尼尔已经对这些复杂体系有了一些了解——这些复杂体系虽然从技术上说是可靠的，却没有在公司分散的决策体制中接受实践的检验。而这次真是机缘巧合，我们恰好要在培训课上阐述这方面的内容。

首先，壳牌石油公司那时候刚把勘探投资决策提交给了位于荷兰海牙的公司总部进行审议。时任壳牌石油公司国际勘探与开发部执行副总裁的马提亚斯·比奇赛尔曾这样评论说："将分散的和不同的勘探工作（和勘探业巨头）集中在一起，去实现同一个目标，即从全球投资组合中获得最大化的利润——这是我必须要克服的一个难题。"

其次，由于以前在采用"局部分析"的方法进行勘探的时候，公司经理都体验过资金分配方面的苦恼，所以在这个问题上，比奇赛尔赞同"整体考虑"的方法。他认为："构建一个勘探投资组合就好比用砖头来盖一座房子，但是，我们的砖头在形状、颜色、尺寸上都各不相同，而且在这些砖头当中，有的已经被腐蚀风化，有的则出现了裂缝或者残缺。"

最后，同以前的体系不同，我和丹尼尔采用的数据结构是以第 3 章所说的随机信息库（也称为方案库，即 scenario library）为基础的。顺便提醒一下，这种数据库包含蒙特卡罗模拟所需的各种不确定性。所以，它可以将比奇赛尔所说的各种"砖头"组装到一个模型当中。而且，交互模拟的运用可以让人对管理有一个直观的了解。比奇赛尔解释了这种交互模拟如何帮助人们从思想上接受投资组合的理念："通过交互模拟，我们可以实际看到不同的砖头堆放在一起时的情景，而且，还可以分别看到在不同的设计方案、不同的施工技术、不同的成本投入等条件下将建成什么样的房子——这些直观的展示都可以促使人们从思想上接受投资组合的理念。"另外，他认为进行投资组合管理的最终目标是"以最小的成本盖一座漂亮结实的大房子"。

企业的"仪表板"

在模拟了各种勘探项目和"命运之风"（即石油价格、世界政局以及其他因素）之后，如上一章所说，我们可以得到无数种可能的投资组合——它们相当于整个"宇宙"。为了去粗取精，我们需要采用数学优化的方法从中筛选出几百个回报率较高的组合——它们相当于最明亮的"恒星"。

如前所述，飞行员在飞行的过程中，往往会过分关注仪表指数而忽视对自己直觉判断能力的运用。同样，企业管理人员在面对管理学模型复杂的输出时，也很容易丧失自己的直觉判断。因此，我和丹尼尔为企业设计了一个"仪表板"——企业管理人员在从事日常工作的时候，瞟一眼这个"仪表板"就可以找回自己的直觉。图 29.1 所示就是一个简单的"仪表板"。

在设计一项投资组合时，用户可以点击选择框来选择或者取消其中某一项投资。每点击一次选择框，系统就会立即进行 1 000 次检验模拟，而柱状图也会随之更新，同时，该投资组合在风险收益图中的位置也会显示出来。另外，用户还可以点击风险收益图中那些最为理想的投资组合。这时候，相关的投资组合就会通过选择框显示出来。为了讨巧哈里·马科维茨和伍迪·艾伦（Woody Allen）的著名影片《傻瓜大闹科学城》（Sleeper）中的"性欲高潮诱导器"（Orgasmatron），我将这种界面称为 Markowitzatron。

该模型在 Excel 中的演示版本可以从 ProbabilityManagement.org 网站上免费下载。在这里，我只是简单介绍一下对于该模型交互作用的感觉。

下面让我们来考虑一个规避了现行投资组合风险的投资项目。图 29.2 表示的是在投资组合中引入防御性措施和不引入防御性措施两种情况下的风险收益图。如果你不想下载 Excel 演示模型，可以在 FlawOfAverages.com 网上在线观看动画演示。

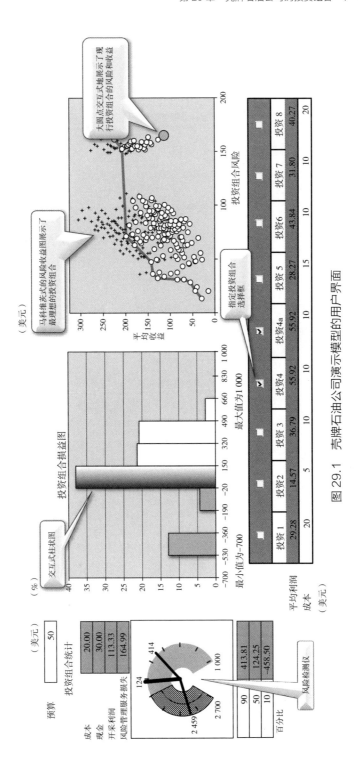

图 29.1　壳牌石油公司演示模型的用户界面

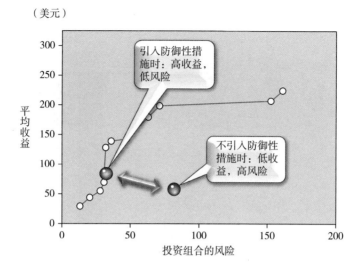

图 29.2　在投资组合中引入防御性措施和不引入防御性措施
两种情况下系统的交互式反应

详细程度

在建造任何一个模型的时候，最关键的决定也许都是确定建模的详细程度。如果设计了太多细节，那么你可能永远都无法完成这个模型。而如果设计了太少细节，那么这个模型将不会像杰尔·布拉诗雅所说的那样"让你得到意想不到的收获"。丹尼尔这样描述最终得到的方法：[1]

在壳牌石油公司，随机信息库由从世界各地搜集来的大量资料数据组成。首先要决定用来模拟投资项目的粒度水平，所选择的粒度水平就是"勘探对象"——包括某一个地区的很多勘探项目。

接下来的问题在于，正如因纽特人虽然有大量形容固态水的词汇却没有用来形容"雪"的词汇一样，石油公司缺乏用来形容石油的词汇。我们的模型要能够反映石油的多种状态，如在地球深处尚未被发现的石油以及已经被发现却不知道如何进行开采的石油等。另外，还需要模拟多种时间周期。因此，并没有简单的两维效率界限。相反，在选择投资组合的时候，管理人员要设想大量需要不断进行权衡取舍的情景。

管理响应

2005 年春天，为了介绍推广该模型，壳牌石油公司分别针对两个群体组织了两次研讨会。第一次研讨会是针对区域计划经理，第二次则是针对公司的高级勘探管理人员。丹尼尔对这两次研讨会的成果做了如下的描述[2]：

在第一次会议上，当计划经理看到图中的点代表的不是单个的投资项目，而是投资组合的时候，显然他们感到很惊讶。不过，他们很快就理解了这么做的用意……于是，他们关注的问题第一次由"我的勘探任务在整个计划当中排第几名"变成了"我的勘探任务对投资组合的贡献有多大"。换句话说，这些习惯了"各人自扫门前雪"的管理人员从此之后也需要有一点大局观念了。

对于第二次会议的成果，丹尼尔认为：

面临严峻考验的当然是第二个群体，即高级管理人员——他们虽然会首先接触到投资组合，但是他们同样不习惯这种理念。在发现没有像以往那样对所有的勘探项目进行排名的时候，他们同样感到惊讶，并由此意识到必须要转变观念，从更加广阔的视角来看待问题。现在，该群体的成员有了精诚团结、共谋发展的动力源泉。尽管他们依然会禁不住去推动自己的勘探项目，从而增加本部门的经费预算，然而，对整个团队以及优化整个团队的投资组合的共同目标而言，这样做的不利后果是显而易见的。

历久弥坚

在 2005 年春天引入该模型之后不久，丹尼尔便被任命为壳牌石油公司勘探计划与投资组合部负责人。这对丹尼尔来说，显然是一个好消息。不过，随着职位的升迁，他将不得不离开已经待了 10 年的新奥尔良，回到壳牌石油公司的总部海牙去上班。这无疑让丹尼尔有一丝留恋和伤感。正当丹尼尔·维德勒收拾行装并准备将全部家当托运回荷兰的时候，飓风卡特里娜突然袭来。这场飓风不仅夺走了他的大部分家具，还夺走了他珍贵的哈雷摩托。当我在飓风过后给他打电话的时候，他告诉我"肯定是因为没有包装好，才会出现这样的结果"。

2006 年年初，壳牌石油公司对高层勘探管理人员进行了一次大的人事调整。但是，该模型并没有随着人员的更替而被废弃，从而显示出了强大的生命力。到了 2008 年，作为勘探"座舱里"最老练的"飞行员"，丹尼尔·维德勒开始到美国默克公司任职。与此同时，壳牌石油公司也对本公司的企业战略进行了一次更新，不过，更新之后，该模型仍然被作为一个有效的工具成功地保留了下来。在后面的章节中我们还将看到，如今，技术的进步不仅简化了该模型的基本结构，而且使它的性能和业绩得到了显著的提升。在撰写本书的时候，壳牌石油公司负责该模型研究和执行的是布莱恩·贝克（Bryan Baker）和杨·范·德·桑德（Jan van de Sande）——当时，他们正在研究如何对该模型做进一步的完善，从而在勘探领域走得更远、飞得更高。

第 30 章
实物期权

首先，让我们回忆一下第 11 章曾经提到的一个天然气矿井的案例——如果按照天然气的平均价格计算，这个矿井价值 50 万美元，而实际上，这个矿井的平均价值要高达 100 万美元。之所以实际价值更高，是因为在天然气价格低于生产成本的时候，你可以选择暂不开采。这种可以选择的权利就是所谓的实物期权，它就好比一个天然气的买权，而这个买权的执行价就等于开采成本。

生活中有很多这样的期权，它们都利用了不确定性。比如，下面几个问题都同期权有关：

在准备出行的时候，你会面临两种选择：预订机票和不预订机票。如果选择前者，你可以享受打折优惠，但是出行时间就被固定了。如果选择后者，你可以灵活选择出行时间，却不能享受打折优惠。这时候你会做何选择呢？

在需要雇用员工的时候，你也会面临两种选择：雇用全职员工和雇用临时员工。如果选择前者，你单位时间内的成本会比较低，但是，每个月你都需要支付一定的薪水。如果选择后者，你不需要每个月都支付薪水，但是，你单位时间内的成本会提高。在这种情况下，你又将何去何从呢？

在制订生产计划的时候，你同样会面临两种选择。一种选择是不考虑市场需求，只管大量生产，这样可以降低单位生产成本，却有可能出现产品滞销；另一种选择是在充分地评估市场之后，再根据实际需求进行生产，这样不会造成产品积压，却有可能增加单位生产成本。面对这个进退两难的问题，你又将如何决策呢？

滑翔机为什么会飞上天空

在学习驾驶滑翔机之前，当我从地面上看着它们在天空中缓慢盘旋的时候，心里总是充满疑惑：它们本身并没有动力，为什么会飞上天空呢？

我们可以从"实物期权"中找到这个问题的答案。在这里，你所赖以飞行的气流运动是不确定的，而静止不动的空气则代表着绝对的确定。如果是在风和日丽的日子里，当滑翔机被牵引机拉向高空之后，即使是最好的飞行员，也只能做一次短暂而无聊的飞行，因为在这种情况下，滑翔机无论如何都将以每分钟 100 英尺（30.48 米）左右的速度下降。

在不确定的天气条件下（即在动荡不安的气流条件下），如果仅仅做直线运动，那么它仍然会以每分钟 100 英尺的平均速度下降。但是，如果飞行员在遇到上升气流的时候能够充分利用，在其中盘旋飞行，而在遇到下降气流的时候能够及时地回避，那么，滑翔机就有可能持续攀升数千英尺，而且在空中飞行数个小时。这实际上就相当于股票市场中的高抛低吸。如果股价总是一成不变，人们将不会热衷于投资股市。同样，如果风平浪静，滑翔机飞行员也没有必要浪费时间去翱翔了。

剑桥大学的斯蒂芬·朔尔特斯认为，企业高级管理人员应该像滑翔机飞行员渴望多变的天气一样渴望不确定性，因为不确定性将为他们提供一个富有挑战性的环境，从而让他们获得高额的回报。

个案研究：汽车大修

1999 年，我决定对我的保时捷（Porsche）进行一次大修。这辆 1964 年出厂的汽车虽然在我 1976 年买过来时依然光彩照人，但是在 20 多年之后，它已经变得"老态龙钟"了，甚至连我的孩子都觉得坐着这样的车出门很没面子。

对旧保时捷进行一次大修需要好几个月时间，所以在大修之前，需要再买一辆车作为临时的代步工具。当然，必须要买一辆非常便宜的车才行，因为对保时捷进行大修很可能需要一大笔费用。听说我需要一辆二手车后，一个朋友就建议我到机械师拉兹洛（Lazlo）那里看看，因为他有一辆闲置的梅赛德斯（Mercedes）。

拉兹洛在对我的保时捷进行了车况检查之后，也认为我的确应该买一辆非常便宜的备用车才行。然后，他带我来到他那辆 1976 年生产的梅赛德斯面前，对我说："这辆车 900 美元给你，怎么样？"本来，这辆车的发动机已经报废，外面的油漆也已经面目全非了。两年前，拉兹洛对它的发动机和传动系统进行了维修，现在勉强能用，只不过开起来惊天动地的，有点像拖拉机。其实，我一直就想买一辆柴油车，所以就向拉兹洛提议，如果他把车好好修一修，同时再喷一喷油漆，我愿意再加 3 000 美元买下这辆车。没想到拉兹洛勃然大怒："你疯了，你想要好一点的车，就去买呀！"

当我在网上寻找的时候，还真的发现了一辆非常合适的梅赛德斯——型号和车龄都同拉兹洛的车一模一样，行驶里程为 98 000 英里（约 15.8 万千米），对一辆梅赛德斯来说，这样的行驶里程并不算太多。在联系了卖主之后，他直接把车开到了我的家门口。这辆车看起来很棒，而且我开着它兜了一圈之后，也感觉良好。于是，就开始谈价格，我提议 3 000 美元成交，车主很爽快地就同意了。

以上所述只是故事的前言。

而真正的故事同"风险缓释"有关，而且这个故事发生在接下来的 30 秒之内。

现在，我必须要［走 20 英尺（约 6.1 米）的路程］回到屋里，跟掌握着财政大权的妻子说明原委："你知道我需要对咱们 36 岁的老保时捷进行大修，所以，首先我……呃……刚刚花了 3 000 美元买了一辆有 24 年之久的旧梅赛德斯。"想到这里的时候，我离屋子还有 15 英尺（约 4.57 米），这时候我忽然意识到，这样一辆旧车随时都可能出故障，如果真出点毛病，这两辆车就都不能用了，那可怎么办呢？离屋子只有 10 英尺（约 3.05 米）了，我的头上开始冒汗。这时候，我急中生智：为什么不能把拉兹洛那辆 900 美元的车也买下来呢？这样的话，万一这辆车出现了重大的机械故障，我随时可以拆卸那辆车的零件来进行维修。离屋里只剩下 5 英尺（约 1.52 米）了。如果当时真的决定那么做了，毫无疑问，现在还有一辆报废的梅赛德斯静静地停在我的院子里。事实上，在最后关头，我想到了一个既不需要花太多的钱又可以降低风险的绝佳办法。于是，我昂首挺胸、信心百倍地走进屋里，对我的妻子说："亲爱的，我刚刚花 3 000 美元买了一辆很棒的汽车。"

那么，我用来缓释风险的办法究竟是什么呢？很简单：我购买了拉兹洛那辆梅赛德斯的买权。

而我又是如何同拉兹洛协商买权的价格的呢？

"拉兹洛，如果你把那辆破烂梅赛德斯保留 6 个月，在此期间，如果我需要，你同意以 900 美元的价格卖给我，我将给你 50 美元作为回报（我想任何法律都不会反对我按照美国的方式来购买一辆欧洲汽车的买权）。"

但是，拉兹洛并不同意我的条件："时间太长了！这样吧，你出 100 美元，我可以给你保留 3 个月。"事实上，他的条件正合我意：只要在 3 个月之内，我 3 000 美元买的那辆梅赛德斯不出什么大毛病，我就可以解脱了。最后，我们以 100 美元的价格成交，买权契约见图 30.1。

在大修之后，我还分别给我的奔驰和保时捷拍照留念，在这里一并附上，请读者欣赏（见图 30.2）。

最后需要说明的是：我的二手梅赛德斯在 3 个月之内一直状况良好，所以我购买的期权并没有发挥作用。实际上，也不能说完全没有作用。首先，它缓解了我的压力，就凭这一点也许就可以给我增加 2 个月的寿命。其次，它还为本书提供了一个很好的案例。

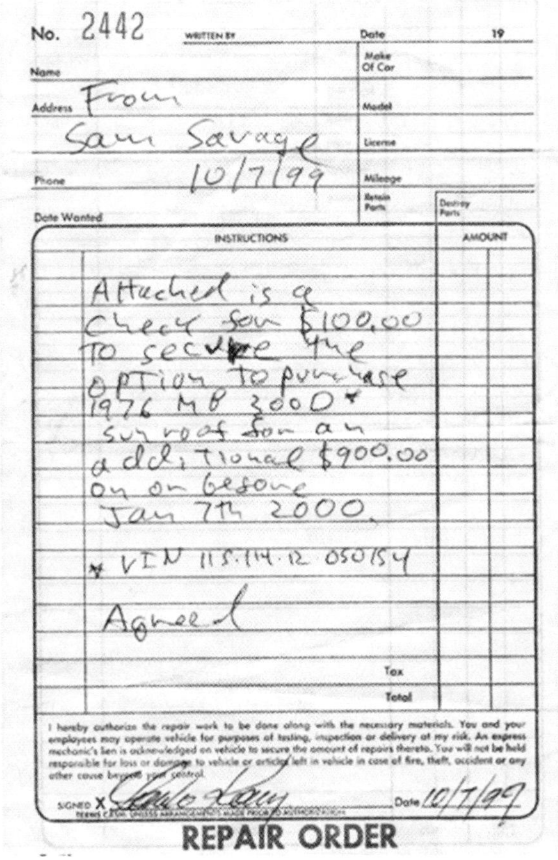

No. 2442　WRITTEN BY　Date　19

Name　Make Of Car

Address From　Model

Sam Savage　License

Phone 10/7/99　Mileage

Date Wanted　Retain Parts　Destroy Parts

INSTRUCTIONS	AMOUNT
Attached is a Check for $100.00 To secure the option to purchase 1976 MB 300D* sunroof for an additional $900.00 on or before Jan 7th 2000.	
* VIN 115.114.12 050154	
Agreed	
Tax	
Total	

I hereby authorize the repair work to be done along with the necessary materials. You and your employees may operate vehicle for purposes of testing, inspection or delivery at my risk. An express mechanic's lien is acknowledged on vehicle to secure the amount of repairs thereto. You will not be held responsible for loss or damage to vehicle or articles left in vehicle in case of fire, theft, accident or any other cause beyond your control.

SIGNED X　Date 10/7/99

TERMS CASH UNLESS ARRANGEMENTS MADE PRIOR TO AUTHORIZATION

REPAIR ORDER

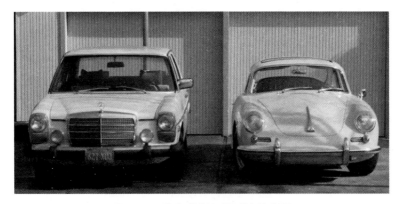

图 30.1　与拉兹洛签订的买权契约

图 30.2　梅赛德斯和保时捷的合照

飞机故障

现在，假设我不是要让一辆旧梅赛德斯车正常运转，而是要让一群喷气式客机正常飞行。我最大的烦恼就是一架飞机的发动机突然出现故障而被迫降落在一个偏僻的小镇。这时候，机上的 110 名乘客牢骚满腹，因为他们急于要赶往美国托莱多（Toledo），而在托莱多等候已久的 130 多名乘客也已经焦急万分，因为他们原计划乘坐这架飞机去往埃及孟菲斯（Memphis）。由于在这个偏僻的小镇不能进行飞机设备维修，所以我需要分别从底特律和芝加哥空运机修工和飞机零件过来。除了维修飞机发动机的费用之外，至少还需要 10 万美元来恢复该航班延误 24 小时所造成的混乱。由此我想到：生产商在出售飞机发动机的时候，要是保证它在一定的期限内一直能够正常运转该有多好。

英国南安普敦大学（University of Southampton）工程学教授吉姆·斯坎伦认为，这正是企业发展的大势所趋。他说："在交通运输、土木工程乃至医疗卫生等诸多领域，消费者对产品长期性能和成本保证方面的要求正在日益提高。"换句话说，用户在购买喷气发动机的时候，需要的并非发动机本身，而是发动机所提供的动力。那么，生产企业所销售的也应该是这种动力，而不仅仅是发动机本身——这种交易实际上是一个标的资产为发动机的衍生合约。

在斯坎伦看来："当前，大多数民用和军用燃气涡轮机的用户在同厂家签订采购合同时，都强烈要求在确定的支出限度之内，厂家要保证所售产品具有长期稳定的性能。"

如果签订了这样的合同，那么上面所说的发动机出现意外故障的问题就应该由发动机生产厂家负责。斯坎伦说："这将给燃气涡轮机供应商带来巨大的商业风险，因为在设计流程的早期，当厂家还没有完全了解产品性能和产品灵敏度的情况下，他们往往就需要做出这种保证。"

斯坎伦还指出："最近又出现了一个新的变化，那就是厂家所出具的保证书上还允许用户使用第三方的备用飞机零件。"这无疑让本来就焦头烂额的生产商雪上加霜。在此之前，客户只能从他们那里购买备用零件。但是如今，他们不仅被剥夺了备用零件的专营权，还必须对发动机的性能负责。要知道，这些发动机虽然是他们制造的，但是现在上面安装着很多他们竞争对手生产的零件。我在第 25 章说过，如果你购买了一个期权，那么，你将可能获得无限的收益，或者遭受有限的损失。而当你出售了一个期权，你将可能遭受无限的损失，或者获得有限的收益。实际上，生产商所销售的就是一个针对发动机动力的买权。因此，一旦发动机动力的价值飞涨（比如上面的例子：一架飞机的发动机突然出现故障，被迫降落在一个偏僻的小镇），他们就会遭受重创。

斯坎伦还指出，这种状况已经对飞机发动机的设计造成了影响："由于上述商业模式的变化，为了应对这种不断增加的风险，很多公司，比如劳斯莱斯（Rolls-Royce）都不得不大幅度地改变他们的设计流程。特别是进行构造设计的时候，必须同业务流程建模和商业风险分析密切地结合起来。"

斯坎伦正在开发一种名为 DATUM 的计算机化的设计系统，这一系统可以让包括供应链、物流、运营、法律、营销以及传统的构造设计、原料、制造等在内的多领域、多学科的专家进行通力合作[1]。仅仅利用电子表格不可能开发出这样的系统，所以，斯坎伦同时运用了"先锋系统"（Vanguard System）——这是我们将在后面的章节谈到的电子表格的多种替代软件之一。[2]

作为悬挂式滑翔机（人们可以在后背捆上这样一个滑翔机，然后从悬崖上一跃而下，开始滑翔）的飞行员和航天工程师，斯坎伦对飞机和飞行的风险都有着全面的认识。最近，他到美国里诺（Reno）参加了一个学术会议并介绍了自己的研究成果。我们约定在旧金山机场见面，因为他计划先从英国乘飞机抵达旧金山机场，然后再租一辆汽车穿越塞拉山脉（Sierra Mountains）到达内华达州（Nevada）。

就在斯坎伦的航班抵达之前的数小时里，旧金山海湾地区遭遇了一场多年不遇的暴风雨的袭击。由于大雪封山，通往内华达州的山路已经被封闭，而且美国气象局已经在网站上发布了严厉的警告："不要试图驾车穿越塞拉山口，如果一意孤行，将可能付出生命的代价！"[3]我也劝他取消原定计划。

但是，恶劣的天气不仅没有让他改变主意，反而使他的冒险精神更加高涨。他在充分考虑风险之后，制订了一个可靠的计划，现在急于将它付诸实施。他说："今天我们要设法到达内华达山脉（Sierra Nerada），如果明天道路依然没有开放，我们可以乘坐火车从那里赶往里诺。"

富国银行

前面提到过的富国银行的马修·拉斐尔森本来就不是一个数量分析师。他对数学并没有太大的兴趣。用他自己的话说，他学习数学"只是希望用来计算最新的棒球统计数据"。尽管如此，自从20世纪90年代中期开始，他在特里·戴尔倡导的改善银行分析建模运动中发挥了重要的作用。如今，作为富国银行的执行副总裁，他已经对平均值的缺陷有了一种直觉的理解，而且对各种期权也有了敏锐的把握。

定期储蓄是一种回报率较高的储蓄方式。顾名思义，定期储蓄的储存期限是固定的，通常情况下，这个期限至少是6个月。拉斐尔森举过一个关于定期储蓄的例子："富国银行的产品研发团队提出了一个新的想法，即对定期储蓄采用浮动利率，换句话说，在储蓄期内，如果市场利率下跌，客户的收益并不会受到影响；而如果市场利率上涨，客户的收益将随之增加。"因为购买这种产品的收益只可能增加而不可能减少，所以这种产品显然比传统的定期储蓄产品有更好的销路。产品研发团队已经提议该产品的风险溢价为0.1%，但是，拉斐尔森认为这个数据很可能偏低了。

他认为："在这个商业案例当中，人们仅仅用了一个简单的数字来代替复杂的Excel模型当中的利率。他们这样做的依据是在过去很多年里，利率一直没有太大的变化。事实上，这是一个典型的期权问题。如果采用了'浮动利率'，那么，当市场利率发生变化的时候，客户将有权利——但并非有义务——要求他们的定期储蓄采用新的利率标准。在这种情况下，仅仅采用过去利率的平均值来进行计算，马上就会让银行陷于被动。"

毫无疑问，当拉斐尔森利用过去的平均利率代替现行利率进行模拟的时候，他发现只有风险溢价提高 5 倍左右，才能让银行在销售该产品的时候有利可图。换句话说，以平均值为依据很容易创造出华而不实的 Excel 模型。因此，拉斐尔森警告说："不要仅仅因为 Excel 模型完美无缺就兴高采烈，要知道，在 Excel 模型中看起来很棒的计划，完全有可能是一个非常失败的计划。"

让利用期权成为本能

我的一般原则是尽可能拥有更多的期权（即选择权）——尤其是那些经过多次要求就可以免费获得的期权。比如，我和我的妻子住宾馆的时候往往会要求晚一点结账。而在做生意的时候，为了给未来的扩大再生产留下空间，我们总是设法获得租赁周边房产的"优先取舍权"。

但是，在把期权转让给别人或者持有空头头寸的时候，我会非常谨慎，因为这些做法往往会带来无限的损失。银行可以通过多样化投资来分散这种风险，但是对个人来说，这样做就很困难了。如果你确实需要转让一个期权，那也一定要尽可能地争取有利的契约条款。

——马修·拉斐尔森

当拉兹洛向我出售他那辆梅赛德斯的买权之后，他就从两方面获得了保护。首先，他把执行合约的期限从 6 个月缩短到了 3 个月。其次，在 3 个月之内，他无须再为那辆老掉牙的梅赛德斯找不到买主而犯愁了。如果我选择执行合约，他自然高兴，即使我放弃合约，他也有 100 美元的收益。

需要记住的内容：

● 实物期权无处不在。

可以忘掉的东西：

● 布莱克-斯科尔斯微分方程。当我第一次要求你忘掉它的时候，你也许是一个期权交易商，所以你还有必要对它有所了解。那么，现在你可以放心地把它忘掉了，因为在谈到大多数实物期权的时候，这个微分方程同关于自行车运动的微分方程一样对我们没有意义。

第 31 章
关于会计行业的煽动性言论

安然公司的破产让我想起一个古老的笑话。有三个会计一起去参加一场面试。当面试官问他们"2 加 2 等于多少"的时候,第一个人回答"等于 4",第二个人以为这是一个脑筋急转弯的问题,于是就回答"等于 5",而第三个人的回答最为巧妙:"您想要它等于多少,我就让它等于多少。"于是第三个人当场就被录用了。

不过,2001 年,当芝加哥詹尼-布洛克律师事务所的合伙人马克·范艾伦告诉我美国公认会计原则(GAAP)也许存在着平均值缺陷的时候,我并没有发笑。就在一年前,我和马克曾经在一起诉讼中合作过。马克不仅精通法律,而且拥有经济学专业的学位,所以他对概率论和统计学有着充分的了解。马克认为:美国财务会计准则委员会(FASB)可能会对上述第三个求职者的那种弄虚作假的行为大开绿灯。

我告诉他:"我不太相信你的推测,我要问一问罗曼·威尔到底有没有这种事情。"但罗曼——他是芝加哥大学著名的会计学教授、会计案件的鉴定人,而且也是我的老同事——的回答证实了马克的怀疑。此外,1993 年,罗曼还和别人一起在《会计新视野》(*Accounting Horizons*)杂志上发表过一篇文章,专门论述了在财务报表中记录不确定数据时需要遵循的原则。[1] 据这篇文章披露,往来账目中存在的某些模棱两可与自相矛盾的情况是美国财务会计准则委员会允许的。因此,这就为会计行业提出了一个重要的课题:会计人员究竟应该如何处理不确定性数据?我认为有必要明确的一点是,这篇文章的作者——其中一位作者还是美国财务会计准则委员会的成员——并没有遗忘我们本章所讨论的问题。实际上，作为不合理现象的大胆揭露者，他们的思想远远超越了他们的时代。①

美国财务会计准则委员会和弱式平均值缺陷

《会计新视野》杂志上的一篇文章谈到过一个令人印象深刻的案例，该案例涉及评估应收款项价值的方式。为了计算上的方便，我对相关的数据做了微小的改动，不过，这些改动并不会从本质上影响最终的结果。

第一种情况：某个公司只有一个客户，这个客户应该支付给该公司 40 万美元。另外，这个客户按期付款的概率为 90%，不按期付款的概率为 10%。

第二种情况：某个公司有 4 000 个客户，每个客户应该分别支付给该公司 100 美元。另外，每个客户按期付款的概率都是 90%，而不按期付款的概率都是 10%。

现在，我们该如何比较这两种情况呢？当然，应该通过它们在图 31.1 中的形态来对它们进行比较。在第一种情况下，公司要么得到 40 万美元，要么什么都得不到。因此，它的平均价值为 36 万美元（如图 31.1 黑点处所示）。在第二种情况下，随着欠款客户人数的变化，可能会出现很多种结果，但是，由于客户的人数众多所产生的多样化效应，所有可能的结果实际上都将集中在 36 万美元的位置。

虽然这两种应收款项的平均价值都是 36 万美元，但是它们的市场价值又如何呢？根据马科维茨和夏普的理论，当两种资产具有相同平均价值时，风险相对较小的资产具有更高的市场价值。因此，从市场价值上来说，第二种情况下多样化的应收款项将会高于第一种情况下单一的应收款项。

---

① 本章的部分内容参见《司法会计》（*Journal of Forensic Accounting*）杂志第 4 卷（2003 年）第 351—354 页。

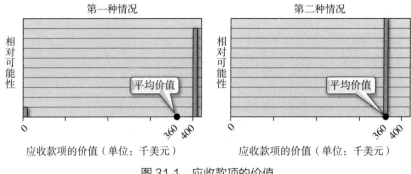

图 31.1　应收款项的价值

　　但是，会计师就不这样认为了。根据这篇文章的说法，美国财务会计准则委员会将会认为第二种情况下多样化资产的价值为 36 万美元。迄今为止，这并没有什么不对。既然第一种情况下的资产面临着更大的风险，那么它应该具有较低的市场价值才对。但是，按照美国财务会计准则委员会的理解，第一种情况下客户违约的概率只有 10%，所以"它的价值不太可能受到损害"。于是，他们认为该资产的市场价值为 40 万美元。如果美国财务会计准则委员会仅仅是将两种情况下资产的市场价值都评估为 36 万美元，那也不过是犯了一个弱式平均值缺陷方面的错误——因为平均价值本身并不能充分地说明一项资产的实际价值。但是，他们居然认为在两项具有相同平均价值的资产当中，风险更大的资产拥有更高的市场价值——这种观念显然同现代金融理论格格不入。这个错误比平均值缺陷所带来的错误更为严重，因为美国财务会计准则委员会连应收款项的平均价值都懒得考虑了，而是采用了一种更简单更极端的评估方法：如果应收款项的价值不太可能受到损害，那么就取其最大值；相反，如果很可能受到损害，则取其最小值。人们看到这种做法，也许会感叹：语言学家没有对"可能"一词做出精确的定义真是天大的失误！

"如果 2 等于 1，那么我就是罗马教皇了"

　　也许有人会认为，在我们的会计准则中出现这样一点小小的错误不至于如此大惊小怪吧！英国著名的哲学家伯特兰·罗素（Bertrand Russell）曾经指出：只要你接受了一个谬误，那么，你就能够用这个谬误去证明其他任何一个谬误。据说，曾经有人对这句话表示怀疑："如果我们假设 2 等于 1，您是否能证明自己就是罗马教皇呢？""当然能证明了，"罗素回答说，"我和罗马教皇显然是两个人，但是如果 2 等于 1，那么我就是罗马教皇了，所以，我就是罗马教皇。"如果我们接受了美国财务会计准则委员会的错误评估——第一个公司资产的市场价值为 40 万美元，第二个公司资产的市场价值为 36 万美元——将会出现什么严重后果呢？

为了说明这一问题，我们首先假设有一家公司，它的全部资产是市场价值为 36 万美元的应收款项（该资产属于第二种类型的资产）。现在，有一群无耻之徒希望增加该公司的市场价值——即使这一过程会让该公司的实际价值有所下降，他们也在所不惜。为了实现这一目标，他们就拿该公司第二种类型的资产同别人第一种类型的资产（由于该资产的市场价值更高，所以，想同他们交换的人很多）进行交换。交换之后，虽然该公司的实际价值降低了，但是它的市场价值提高了。这就使他们可以更容易挣到更多的钱，然后再去进行更多诸如此类的有害交易。这些交易将会让他们公司的市场价值更高，而实际价值更低，却不会引起美国财务会计准则委员会的警觉。安然公司前 CEO 杰夫·斯基林（Jeff Skilling）曾说自己离不开会计师，这可以说明很多问题。

美国财务会计准则委员会和强式平均值缺陷

大家知道，1973 年提出的布莱克－斯科尔斯微分方程克服了股票期权交易中的平均值缺陷。在第 25 章我们提到过欧式期权。现在，我们再简单地回顾一下这部分的内容。假如有这样一个欧式买权：其标的股票现在的价格为每股 20 美元，执行价为每股 21 美元，期限为 12 周。如果在 12 周之内，标的股票的平均价值不变（该平均值低于 21 美元），那么，买权持有人将不会行使自己的买权。因此，从股票的平均价格来看，该项买权的价值为 0，但是，既然标的股票的价格有可能高于每股 21 美元，那么，它的平均价值显然大于 0。事实上，标的股票的价格不确定性越大，即波动幅度越大，那么，期权的价值就会越大。

直到布莱克－斯科尔斯微分方程公布 20 多年之后，也就是在 1995 年，美国财务会计准则委员会才最终发表声明，表示承认该期权理论的基本原则。[2] 他们在这项声明中说："要公平地确定一项期权的价值，需要利用期权定价模型——该模型需要考虑下列因素：期权交易时标的股票的价格、期权执行价格、期权的有效期限、标的股票的价格波动幅度（即股价的不确定性程度）、标的股票的预期收益以及期权有效期限内的无风险利率。"

由此可见，我们的会计标准在更新速度上是何等的缓慢，不过，缓慢的发展总比永远停滞不前要好。然而，在 1995 年，会计标准的更新和发展也只是刚刚起步，当时，还有很多人认为价外买权（out-of-the-money call options）没有任何价值。为了激发员工的积极性，从而推动本公司的股价继续上涨，很多公司都将价外买权作为一种福利发放给自己的雇员。既然这些股票期权"毫无价值"，那么，公司在账目处理上就不需要将发放股票期权的行为视为一种开支。这种做法显然是错误的，因此，2003 年，《哈佛商业评论》（*Harvard Business Review*）发表了一篇名为《最后一次强调：股票期权是一种开支》（"For the Last Time：Stock Options Are an Expense"）的文章。[3] 这篇文章的作者之一不是别人，正是因为提出期权理论而获得诺贝尔经济学奖的罗伯特·默顿。直到 2004 年 12 月公布新的会计标准"Statement 123R"时，美国财务会计准则委员会才最终承认：包括股票期权在内的所有股票报酬都必须视为一种开支[4]。

在布莱克－斯科尔斯微分方程问世几十年之后，我们的会计标准才缓慢地做出了相应的调整。但是，对于其他类似的平均值缺陷，我们的会计标准何时才能做出调整呢？比如，前面提到过的天然气开采的案例：如果生产成本高于天然气的市场价格，那么投资者就可以选择暂停开采。同样的，大多数石油矿井乃至其他自然资源的投资者都拥有相似的选择权。上述投资的价值在很大程度上取决于石油、天然气或者其他矿产价格的波动幅度，因此，不能仅仅依据目前的市场价格来进行评估。2005 年，《华尔街日报》发表过一篇关于石油储量评估的文章。作者在文中声称："美国证券交易委员会规定：对于石油资产的评估，必须以全年的平均石油价格为基础。"[5] 针对这篇文章，我曾经给《华尔街日报》写过这样一封信（不过并没有收到回复）：

> 我很欣赏你们于 2005 年 2 月 14 日在《华尔街日报》上发表的关于石油储量评估方面的文章。不过，让我感到惊讶的是，美国证券交易委员会仍然在以平均石油价格为依据来评估石油储量。事实上，一项石油资产就是一种针对石油的买权，而这一买权的执行价格就是石油的边际生产成本。根据布莱克和斯科尔斯的期权理论，我们知道股票买权的价值不仅仅取决于股票的平均价格，而且在很大程度上取决于股票价格的波动率和买权的有效期限。现在，如同"地球是圆的"已经成为人们的基本常识一样，"不应该仅仅以股票的平均价格为依据来评估股票期权的价值"的原则也得到了广泛的认可。而且，这一原则同样适用于对石油储量的评估。假如石油价格的波动幅度很大，而且可以无限期地进行石油开采，那么，我相信美国证券交易委员会的评估方法将会大大低估那些石油矿产的价值。

这一错误的观念将产生严重的后果。比如，斯坦福大学法学院教授杰夫·斯特奈德（捷克裔美国人）曾经指出：由于忽视了石油勘探过程中潜在的实物期权，所以，我们的税法实际上同我们的能源开发战略背道而驰[6]。

据说，萨达姆·侯赛因（Saddam Hussein）习惯于利用未来的油价进行投机，首先他会派出杀气腾腾的军队制造恐怖的战争气氛，然后再乘机从中大赚一笔。无论这种说法是真是假，有一点是可以肯定的：那些拥有能源利益的国家或者政客不仅从油价的上涨中受益，还从油价的剧烈波动中获利。

受《会计新视野》杂志上那篇文章的启发，我和马克·范艾伦对以美国公认会计原则处理财务报表中不确定性数据的方式进行了深入的研究，还根据这些研究在《投资组合管理杂志》（*Journal of Portfolio Management*）上发表了一篇名为《什么是不确定性》（"Accounting for Uncertainty"）的调查报告。[7]

对会计行业的一些有益的批评

世界上的事情总是这样：只有出现了问题，人们才会去想办法改变不合理的现实。由于安然公司、世通公司（WorldCom）、泰科公司（Tyco）以及其他公司先后出现会计丑闻，所以 2002 年，美国国会通过了《萨班斯法案》（Sarbanes-Oxley Act）。该法案要求上市公司的 CEO 必须保证他们财务报表的真实性。我们的财务法规中本身就存在着数学谎言，但法律要求 CEO 去保证这些谎言的真实性，这实在是一个极大的讽刺。因此，我认为我们的财务法规还有很大的改进空间。

惯例与原理

目前，美国的会计标准都是依据传统惯例而制定的，换句话说，它们不是源于普遍的基本原理，而是在新老惯例的交替中不断更新。这让我想起了托勒密（Ptolemaic）在公元 2 世纪提出的"地心说"模型。他认为太阳和月亮都沿着各自的轨道以地球为中心不停地运转。这听起来似乎并没有什么问题，但是，当我们把其他天体考虑在内的话，一切都乱套了。试想，每一个行星都在围绕着其他的天体运转，而它们的卫星却在围绕着另外的天体旋转，这岂不是非常荒唐吗？

16 世纪中期，哥白尼（Copernicus）又提出了"日心说"模型。直到 17 世纪初期，伽利略才利用原始望远镜证实了这一理论，不过，伽利略（Galileo）也因此被罗马教廷关入大牢。17 世纪末期，开普勒（Kepler）和牛顿根据哥白尼的学说得到了简单的万有引力原理，利用这一原理可以对所有行星的运动做出解释。于是，人们有了一个以基本原理为基础的太阳系模型——几百年之后，人们利用这个模型可以轻而易举地预测人造卫星的运动轨迹。作为这个故事恰当的注脚，罗马教廷在 1992 年最终赦免了伽利略的"罪行"。

《萨班斯法案》敦促建立一个以基本原理为基础的会计标准体系。既然已经开发出了可以应对不确定性的基本原理，为什么不能应用这些原理呢？比如，国际会计准则委员会（IASB）已经意识到，他们必须很好地处理会计领域的概率问题。

美国财务会计准则委员会已经建议采用下列方法来计算期权的价值：首先是布莱克－斯科尔斯微分方程，其次是二元树状模型（binomial lattice），最后是蒙特卡罗模拟。[8]

然而，"风险集中"这个巨大的问题依然存在，而且每隔几年就会制造出新的麻烦。在长期资本管理中会遇到这个问题，在次级抵押贷款中也会遇到这个问题。在前面，我们曾经将投资过程比喻成在风浪中驾驭一艘小船。仿真模型可以显示出驾船的船员摔倒在甲板上或者掉进海里的概率。现在，假如船上的每一个船员都运用各自的模型各司其职——海上的风浪代表着利率、国内生产总值、房价以及其他因素。如今，人们通常的做法是将所有船员针对同一问题的模拟结果集中在一起，然后由船长进行综合分析并据此做出相应的决策。这种做法在实际运用中存在不小的问题，比如，一个船员的模型显示船体正在向左倾斜，另一个船员的模型可能显示船体正在向右倾斜，而将所有人的模拟结果汇总在一起之后，也许会发现这条船实际上正在不偏不倚地平稳运行。但是，如果船长能够为每个船员提供一个通用的风浪模型，那么，所有人的模拟结果将会保持一致，而且将这些结果汇总到一起就能正确地反映小船发生倾覆的可能性。这种方法同壳牌石油公司对他们勘探项目投资组合中的风险集中问题进行管理时所采用的模块方法很相似。

2008 年 6 月，美国财务会计准则委员会公布了不确定性费用——比如民事诉讼可能带来的损失，2001 年，詹尼－布洛克律师事务所的马克·范艾伦让我开始关注这一领域——的修正案草案[9]。在范艾伦看来："遗憾的是，这项修正案草案并没有解决一个显而易见但人们又视而不见的问题：利用单一的平均值来衡量企业的临时负债……这种修修补补的解决方案就相当于给已经破损不堪的托勒密模型再加上几个本轮。事实上，现在最需要的是哥白尼式的革命——美国财务会计准则委员会（一劳永逸地）承认：公司的资产和负债的价值是不确定的；解释不确定性的最好办法是概率分布，而不是平均值。"

罗曼·威尔给美国财务会计准则委员会写了一封信，不仅对 6 月公布的修正案做了评价，而且对国际会计准则委员会的做法（最起码，他们对概率理论的基本原则表示认可）给予了肯定。他在信中说：

"经济学学者教导我们：在制定政策的时候，不应该将最好的选择同较好的选择对立起来，这样一来，即使不能做最好的选择，也可以采用不太理想的解决方案。但是，在这里我主张应该将最好的选择（即国际会计准则）同较好的选择（美国会计准则）对立起来。要知道，如果继续维持现状，将会有更多的丑闻暴露出来，这不仅会让我们付出惨痛代价，而且长此以往，将会积重难返，增加改正错误的难度。"

第七部分　供应链中的平均值缺陷

平均值缺陷问题是供应链管理中的一个重要问题。第32章将会介绍一个理解这个问题的基本"思想把手",而第33章和第34章将会分别以医药生产和化学工业的案例来具体阐述这个问题。

第 32 章
供应链的基因

现在，请回忆一下本书一开始提到的那个如何确定容易变质的抗生素库存量的案例。这个问题实际上是所有库存问题的基因，可以把它看成供应链中唯一的环节。管理学家将这个问题称为"报童问题"，因为卖报人每天去批发报纸的时候都会遇到相似的问题。每天的报纸需求量都是不确定的，如果需求量小于批发量，就会由于滞销而造成浪费；相反，如果需求量大于批发量，则会由于脱销而损失掉一部分本来可以得到的收益。对制药公司而言，如果库存量太大，药品就会因为长时间保存而变质，而单位药品变质将会带来 50 美元的损失；如果库存量不足，就需要采用空运的方式调拨药品，而单位药品的空运成本为 150 美元。

现在，假设这种药品的平均市场需求是 5 个单位。如果该公司恰好安排了 5 单位的库存量，而且实际的市场需求也恰好是 5 个单位，那么，因为没有产生多余的费用，该公司的运营成本为 0。在大学的课堂上或者给企业管理人员做培训的时候，如果我据此声称该公司的平均运营成本为 0，几乎所有的学生都会深信不疑地点头称是。

但是，从运营成本和市场需求图（见图 32.1）中，我们可以清楚地看出，市场需求既有可能大于平均需求（即 5 个单位），也有可能小于平均需求，所以该公司的平均运营成本一定会大于 0。但是，究竟会大多少呢？

要回答这个问题，我们需要知道抗生素市场需求的分布概率。假如市场需求没有明显的季节性特征，而只是逐月有所变化。那么，根据图 32.2——

过去 36 个月的市场需求历史数据柱状图——我们就可以大概预测出下个月市场需求的分布概率。

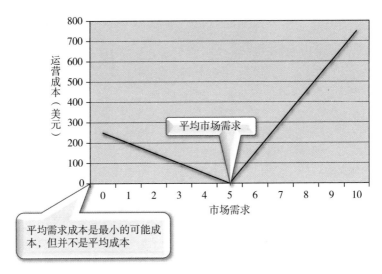

图 32.1　库存量为 5 个单位时的运营成本与实际市场需求

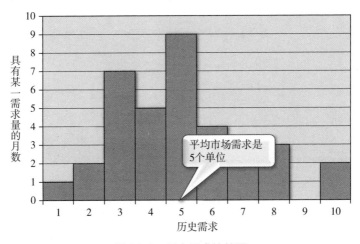

图 32.2　历史需求柱状图

解决这个问题的简单方法是利用电脑技术进行重复取样——前面说过，我和瑞克·麦德雷斯曾用这种方法对过去的电影票房数据进行了重复取样。

从理论上说，重复取样的过程是这样的：首先准备 36 个乒乓球，然后按照柱状图上的数字分布，第一次从中取出一个球，在上面写数字 1，第二次取出两个球，分别在上面写数字 2，第三次取出 7 个球，分别在上面写数字 3，第四次取出 5 个球，分别在上面写数字 4，以此类推，直到写完为止。写完之后，将全部的乒乓球放入一个抽奖用的篮子里。

　　接下来，从篮子里随机取出一个乒乓球，然后将球上的市场需求数据按照图 32.1 所示进行计算，得到一个运营成本数据，然后，把这个球放回到篮子里，摇匀之后再随机取球并计算，以此类推，反复进行。由于和每一种市场需求水平相关的乒乓球的数量同这种需求水平的可能性成正比，所以市场需求的概率分布将会被准确无误地复制出来。利用这种方法得出的成本柱状图如图 32.3 所示。如果利用交互模拟，整个重复取样过程瞬间就可以完成。关于这个模型的电子表格版本，可以参见我的教材，[1] 也可以登录 FlawOf-Averages.com 网站查阅。

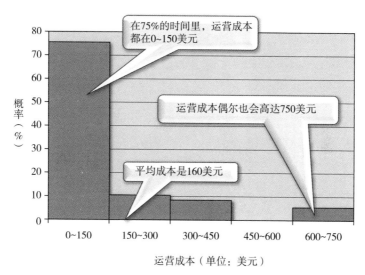

图 32.3　根据图 32.2 所示的不确定性需求计算得出的运营成本概率分布

　　除了柱状图之外，该模拟还告诉我们：如果库存 5 个单位的抗生素，那么平均运营成本将是 160 美元，而不是 0 美元。由此可见，平均市场需求量

（即 5 个单位的抗生素）并不一定就是最佳的库存量。

十足的疯子

通过对不同的库存量进行反复的模拟，我们就可以设计出最佳库存量。图 32.4 表示的是针对从 1 个单位到 9 个单位抗生素库存量的模拟结果。

根据图中下面的那条曲线可以看出，6 个单位的库存量比 5 个单位的库存量平均成本要稍微低一点。这并不奇怪，因为空运的成本显然要超过药品变质所造成的损失。图中上面的那条曲线（第 95 个百分位数）表示的是可能的风险。换句话说，这条曲线说明运营成本达到这一高度的可能性只有 1/20（即 5%）。因此，我们可以将这条曲线所表示的运营成本看作最糟糕的情况。

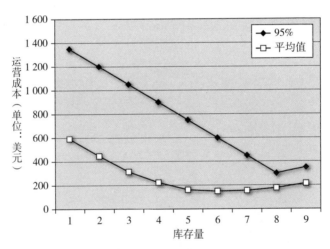

图 32.4　不同库存水平下的平均运营成本和风险

图 32.4 让我想起了 "Far Side" 漫画中的一个场景：一个精神病医生正在对一个躺在床上的病人做诊断记录，他在病历上写的是 "这是一个十足的疯子"。图 32.4 中的曲线并没有确切地告诉我们最佳库存量究竟是多少，但是，它说明了大部分的库存量水平都是十足疯狂的。因为同 6 个单位的库存量水平相比，6 个单位以下的任何一个库存量水平都会面临更高的平均运营成本

和更大的高成本风险，所以只有疯子才会选择 1 个单位到 5 个单位的库存量水平。9 个单位的库存量水平比 8 个单位的库存量水平风险更大，所以储存 9 个单位的抗生素也是疯狂的。而选择 6 个单位、7 个单位、8 个单位的库存量水平是理智的，究竟选择哪一个，要看你在高成本风险和较低的平均成本之间做何取舍。

简单的模型也可以解决大问题

有时候，一个非常简单的模型就足以产生重大的影响。马丁·弗恩科姆是英国的一名顾问，他曾经在多家大型会计事务所任职，现在主要从事采购领域的咨询服务。利用基本的"报童问题"模型，他可以在短时间内帮助一家大型的欧洲 IT（信息技术）公司降低成本。该公司每个月都需要订购一批通信设备，数量从 2 500 件到 5 000 件不等。供应商承诺，如果每次采购 10 000 件以上，可以给他们 10% 的优惠。

"既然这样，按季度采购显然比按月采购更划算，"弗恩科姆回忆说，"但问题是，采购数量把握不好将会带来很大的麻烦：如果采购的数量低于市场需求，那么，就会耽误向客户交货的日期。"由此造成的损失就相当于本章开头提到的那个抗生素案例中所说的空运成本。"如果采购的数量大于市场需求，就会造成产品积压，而这更是他们不愿意看到的事情"。由此造成的损失则相当于抗生素案例中的药品变质所增加的成本。总之，他们同"报童"一样面临着两难的选择。

只要掌握了历史需求数据，弗恩科姆大约在 1 分钟之内就可以构建出一个拥有 3 个单元格的电子表格模型——每个单元格分别对以前的需求水平进行随机采样。因为每个单元格代表以前 1 个月的市场需求量，所以 3 个单元格之和可以模拟出该公司每个季度的市场需求量。弗恩科姆说："我能够向客户证明，每季度订购 10 000 件设备完全可以满足客户的需求，而且由于供大于求所产生的产品积压现象大约每 4 年才会出现一次。整个问题的解决只需要 2 分钟。"客户的疑虑消除了，所以决定按季度进行采购。弗恩科姆最后总结说："那家 IT 公司节约了资金，供应商增加了销量，而我不仅帮助别人解决了问题，也从中得到了回报，皆大欢喜。要是每天都能够做一件这样有意义的事情该多好啊！"遗憾的是，并不能每天如此，因为要对更为复杂的供应链进行优化是一件相当困难的事情。

啤酒游戏

杰伊·福瑞斯特（Jay Forrester）于 1918 年出生在美国内布拉斯加州（Nebraska）的一个畜牧场。福瑞斯特从小就在机械方面表现出了过人的天赋，在读中学的时候，他就自己动手，利用废旧汽车零件制造了一个风力发电机，从而结束了他所在的畜牧场一直没有电力供应的历史。[2] 到了 1944 年，作为麻省理工学院的电气工程师，他为美国军队开发了早期的电脑飞行模拟器。福瑞斯特意识到相似的动力学也可以应用到包括商业在内的多种复杂系统当中，根据这些想法，他在 20 世纪 50 年代末期创立了系统动力学。[3]

许多管理人员都通过一个名为"啤酒游戏"的经典管理模拟——这个游戏模拟了从酿酒厂到零售商的整个供应链——接触到了这一领域。麻省理工学院斯隆管理学院的管理学教授约翰·斯特曼已经将"啤酒游戏"作为管理行为进行了研究。[4] 为了强调这个游戏的价值，他还将其称为"管理学教育的飞行模拟器"。[5] 在初次参与这个游戏的时候，由于"长鞭效应"的影响，很多管理人员都一败涂地。

一开始，因为出现了啤酒需求量的突然增加（这种增加有可能是临时性的），销售商库存告急。情急之下，他们赶紧提交订单，订购了大量的啤酒，然而，他们忽视了一个重要的事实：整个供货周期需要两周时间。于是，就在他们刚刚渡过断货危机之后，另一个危机又接踵而来：两周之后，他们预期的销售量猛增的情况并没有出现，然而他们订购的啤酒如期而至，将他们的库房堆得满满当当。斯特曼指出："人们只有考虑到了手头的存货和供应链中的时间迟滞，才能够'平稳地飞行'。"

长鞭效应

"报童问题"是只包括一个环节的供应链。但是，大多数供应链都包括很多个环节，如零售商、批发商、经销商以及生产商等。每一个环节都有一定数量的产品库存，一旦把所有的环节都联系在一起，就会出现非常可怕的情况。

由于信息在整个系统中传递的时候有滞后，所以需求信息会被逐级放大，而库存水平也随之剧烈波动并最终失去控制，这种情况同第 5 章所描述的由于仪表显示的滞后导致飞行失控的情况非常相似——有兴趣的读者可以登录FlawOfAverages.com 网站，利用上面的飞行模拟器进行相关的体验。这种由于信息传递的滞后而引起的库存水平失控现象被称为"长鞭效应"（见图 32.5）。之所以说供应链管理既可以成就一个公司，也可以毁灭一个公司，原因之一

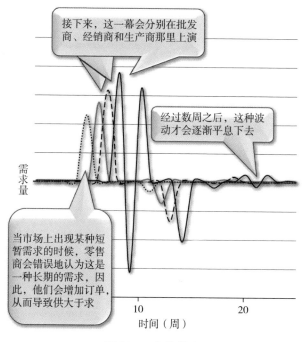

图 32.5　长鞭效应

就在于此。这样的问题不可能利用一个电子表格在 2 分钟之内解决，它需要更复杂的软件工具。如今，致力于解决供应链管理难题的咨询服务行业和软件工具正在兴起。

 登录 FlawOfAverages.com 网站，可以在线体验关于"报童问题"的交互模拟，也可以通过链接体验"啤酒游戏"，另外，还可以研究剑桥大学的斯蒂芬·朔尔特斯教授所创造的关于"长鞭效应"的电子表格模型——图 32.5 正是利用这个模型绘制出来的。

第 33 章
基因的供应链

在进行库存管理时，所有人都必须设法预测未来的市场需求。如今，有很多软件系统都可以帮助人们完成这项任务。通常情况下，这些程序都会对平均市场需求量做出预测，还会对市场需求不确定性的概率分布做出预测。在上一章的案例中，平均市场需求是 5 个单位，而概率分布则如图 32.2 所示。遗憾的是，大多数机构的管理人员不知道如何处理概率分布。所以，他们通常都会对这部分的预测忽略不计，而只是利用系统预测出来的那个平均值进行库存管理。这样，转眼之间，他们便重新陷入了平均值缺陷的泥潭，毫无疑问，他们的管理工作一定会一塌糊涂。这就好比按照马路上那个醉汉的平均位置来预测他的命运：因为他的平均位置是在马路的中心线上，所以他一定会安然无恙的。但实际上这个醉汉一定会惨死在车轮之下。于是，接下来他们会愤怒地齐声高呼："我们需要更好的预测，我们需要更好的预测，我们需要……"

你肯定也在自己的公司里看到过这样的现象。其实，问题根本就不在于预测不准确，而在于那些管理人员只采用市场需求的平均值而忽视了它的概率分布——这就好比是给孩子洗完澡之后，将孩子随手扔掉，而将洗澡水珍藏起来。不过，可喜的是，如今一些公司正在设法对需求的概率分布加以利用。

基因技术公司的供应链

美国基因技术公司（Genentech）堪称生物技术领域的奠基者和开创者。它雄伟壮观的厂房坐落在旧金山机场北边一个狭长的海角上，仅仅看一眼这个地方就会让人心跳加速。我不禁会想，如果不是因为这里研制生产那些神奇的药物，人们看到这些建筑的时候，恐怕并不会有什么特别的感觉。当然，这是题外话，下面让咱们言归正传。既然基因技术公司在生产和销售病人所需的药物，那么，它就必然会面临"报童问题"。

事实上，这也许正是达伦·约翰逊被该公司录用的原因。约翰逊是卡内基梅隆大学（Carnegie Mellon University）的 MBA，他对供应链管理有着精深的研究。在求职面试的过程中，当面试官向他提出一个库存规划的问题时，他回答说："这个问题同'报童问题'相似。"虽然面试官对他多方面的优势都给予了肯定，不过，他相信正是这个简单的回答让他获得了这个工作机会。

约翰逊知道，要制定一个最佳库存战略，必须要平衡好产品积压和供不应求这两种风险的关系。通常情况下，这种关系可以通过实际的供应能力同市场需求之间的百分比来衡量。因为刚到这里任职，他就天真地询问这个百分比是多少。公司的管理人员给出的回答是"我们能够满足所有患者的需求"——这是该公司的宗旨之一。但是，任何一个接受过概率学教育的人都知道没有哪一件事情百分之百会发生。所以，他又问："那么，我们按照 99% 来考虑好不好？"公司的管理人员再次强调："我们能够满足所有患者的需求。"约翰逊再退一步："按照 99.9% 考虑怎么样？"公司的管理人员终于失去了耐心："'我们能够满足所有患者的需求'，难道你听不懂这句话吗？"

要兑现这样的产品供应承诺，基因技术公司不仅需要考虑未来市场需求的不确定性，还必须考虑由于自然灾害等"黑天鹅"事件所导致的生产过程的中断。

正确的预测

2007 年，我去温哥华（Vancouver）参加了一个技术会议。在这次会议上，约翰逊做了一个针对上述问题的专题介绍。在他到基因技术公司任职之前，该公司的某些部门已经在利用概率管理的基本原理了。比如，市场部为生产部提供市场需求预测的时候，并没有利用单一的平均值，而是采用了概率分布的形式。

遗憾的是，这些市场需求的概率分布在转交给生产人员的时候，不再显示各种产品之间的相互关系。不过，因为这些预测出来的概率分布是模拟的结果，所以生产团队请求市场部定期将实际的蒙特卡罗模拟输出到一个文件当中——这个文件将会显示各种产品之间的相互关系。市场部对这一请求欣然同意，所以，公司现在的生产团队实际上可以从市场部收到一个随机信息库。

交互式仪表板

约翰逊发现，他有可能通过充分利用市场需求的概率分布，让基因技术公司真正实现"满足所有患者的需要"这个目标。在温哥华的技术会议上，他提出了一个可以采用虚构的数据进行试验的应用程序原型——这个原型将会让管理人员对市场部提供的市场需求概率分布有一个直观的了解。

图 33.1 显示的就是这种原型的界面之一——管理人员通过这个原型可以交互式地转换策略选项。比如，他们可以对获得美国食品及药品管理局的批准在 2 车间生产 B 产品或者将一些生产合同外包给第三方的风险进行模拟。与此同时，他们可以马上看到在未来 5 年里满足市场需求的概率。尽管还处于初级阶段，但是，这一原型表明了由一个部门利用一个模拟系统独立创建的随机信息库可以在不同部门的不同系统下得到应用。

约翰逊的交互式仪表板利用现成的电脑软件就可以很容易地设计出来，

所以成本很低，这在几十年前是不可能的事情。

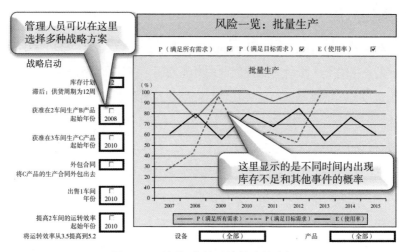

图 33.1　达伦·约翰逊的战略仪表板

第 34 章
考尔菲尔德原理

任何真正精通 Excel 的人都会理解我为什么把它称为口口相传的民间艺术。我曾经在课堂上开玩笑说，我使用 Excel 的秘诀是从居住在田纳西州（Tennessee）深山老林里的一位民间大师那里学到的。当我 2006 年遇到大卫·考尔菲尔德时，很快就发现他事实上就是这样的一位大师。大卫是奥林化学公司氯碱部（Olin Chemical's Chlor-Alkali Division）的首席工程师，他一直在该公司位于田纳西州查尔斯顿市（Charleston）的生产基地工作。他们公司主要生产诸如氯、苛性钠和漂白剂等无机化学材料以及人们不愿碰触但生活中又不可或缺的其他一些化工产品。

从数学不好的学生到化学工程师

大卫上小学五年级的时候，感觉乘法表背起来十分枯燥。因此，他的数学老师就认为他缺乏数学方面的天赋，而且建议他参加数学补习班。幸运的是，他的父亲是一家大型出版社的数学编辑，所以对数学教育稍微有一点了解。于是，大卫的父母马上利用数字闪光卡来教他学习乘法表。然后，说服他的老师不要让他参加补习班，而让他继续学习高级的数学课程。从此之后，大卫不仅不再厌倦数学，还对数学产生了浓厚的兴趣。后来他成了一名化学工程师，不过，在奥林公司工作期间，他又接触到数学优化、电脑控制系统以及 Excel 等与数学密切相关的内容。

奥林公司存在的一个问题

大卫发现奥林公司在化工生产设备方面存在一个问题。虽然公司的生产能力可以满足 110% 的平均客户需求，公司拥有的运输车队可以满足 105% 的平均运输需求，但是，当二者协同工作的时候，仅能满足 80% 的平均需求。奥林公司的生产流程如图 34.1 所示。按照大卫的说法："当我听到平均值缺陷这个概念的时候，我意识到自己遇到了一个与此相关的典型案例。"

同上述问题密切相关的一共有 3 个基本的不确定性因素：客户需求、生产速度以及运输车辆的可利用率。有时候，因为订单马上就要过期，所以生产线开足马力，日夜不停地运转，但是当大量的产品被生产出来之后，没有足够的车辆将它们交付给客户。这时候，工厂的经理会在电话中对运输部门的负责人大发雷霆，要求他们火速调派更多车辆过来。但是，有时候，由于出现了生产故障，或者订单稀少，需求不旺，运货车辆整天闲着、无事可做。这时候，运输部门的负责人就会在电话里对生产部经理大吼大叫，质问他们为什么不能合理地安排生产，为什么不能科学地调度车辆。于是，本来应该团结协作的两个部门往往搞得剑拔弩张。

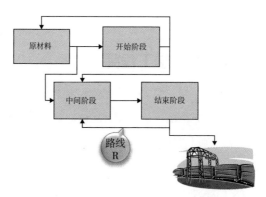

图 34.1 奥林公司的化工生产流程

注：由奥林公司友情提供。

实物期权

为了让整个系统顺畅地运转，显然需要更大的灵活性。但是工厂不可能像厨房里的水龙头一样可以随时被开启或者关闭。"更糟糕的是，"大卫说，"如果订单充足，产品会被源源不断地生产出来，但是，这时候我们的运输能力就无法满足需求，于是，厂房里到处都是堆积如山的产品，这显然会影响我们的生产进度。"然后，他有了一个新的发现：生产流程的中间环节的原料储存罐有很大的容量。之所以这样设计，就是为了在生产量大起大落的时候避免原料供应出现短缺。于是，大卫认为，如果增加这个储存罐的原料存量，他们就可以获得如下的两个实物期权：

如果运输车辆运力不足，产品无法运出，生产不能继续进行，那么，他们可以利用图 34.1 所示的线路 R 向生产流程的中间环节运送原材料。

如果运输车辆运力充裕，那么，因为中间环节的原料储存罐里有足够多的生产原料，他们就可以开足马力，满负荷生产。

大卫对奥林公司两个月内的生产状况进行了上千次交互模拟。他的模拟所需的数据来源于由不确定的客户需求、不确定的生产速度和不确定的运输车辆可利用率组成的随机信息库。图 34.2 表示的是将原料储存罐的储存量从 1 100 加仑（约 4 163.95 升）增加到 1 200 加仑（约 4 542.49 升）之后的结果。请注意：虽然这里使用的是大卫的模型，但为了不泄露奥林公司的商业机密，其中的数据都是假设的。

在图 34.2 中，左边的曲线图表示的是每天处于闲置状态的汽车的平均数量——这是对工厂两个月内的生产状况进行 1 000 次模拟之后得到的结果。其中的黑线代表原料储存罐的储量为 1 100 加仑时车辆的日均闲置数量，而灰线则代表储量增加到 1 200 加仑时车辆的日均闲置数量。需要说明的是，在模拟的开始阶段，生产线和运输车辆都处于任意的状态，所以，需要两周左右的时间才能进入正常轨道。此后，随着原料储存罐储量的增加，闲置车辆就会明显减少。60天之后，运输车辆的日均闲置率还会有所下降，但是，如果对更长时间内的生产状况进行模拟，就会发现这个下降的趋势最终会停止。

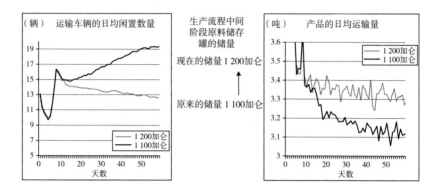

图34.2　增加原料储存罐储量所产生的效果

　　右边的曲线图表示的是产品的日均运输量，从图中可以看出，随着原料储存罐储量的增加，产品的日均运输量会不断地提高。同样，首先会出现一个短暂的过渡阶段，然后，整个状况会得到持续的改善。大卫回忆说："这个模拟告诉我们，改善生产状况的唯一途径就是增加可供利用的运输车辆，同时改变工厂的运营模式。"

　　接下来，大卫需要劝说生产部和后勤运输部的管理团队同时做出一些新的尝试。于是，他带着他的模型开始在两个部门之间往来穿梭，鼓励管理人员按照他的设计做出改进。由于这个模型是动态交互式的，所以，只要原料储存罐的储量发生了变化，曲线图马上就会发生相应的变化（这需要对60天内的生产状况进行1 000次模拟，或者对某一天的生产状况进行60 000次模拟）。登录FlawOfAverages.com网站，可以在线观看这一交互模拟进行过程中曲线图的动态演示。

　　后勤运输部经理喜欢左边的曲线图，因为那意味着车辆的闲置率更低；而生产部经理则喜欢右边的曲线图，因为那意味着产品被运出厂房的效率大大提高了。因此，这是一个双赢的结果。不过，原料储存罐的储量也不能无限地增加。于是，大卫再次利用这个模型轻而易举地模拟出了储量过多的概率和平均储量不足的概率。然后，再将这两个概率放到同一个曲线图上进行比较，这时候可以清楚地看到，1 200 加仑显然是最佳的储量水平（见图 34.3）。

用大卫的话来说，这个交互式模型作为一个沟通的渠道，已经"治愈了公司的顽疾"。用这种方法来管理公司，首先需要几周时间来过渡，然后，还需要几个月的时间才可以看到实际的效果，所以大卫认为："不可能通过反复的实验来达到这个目标。"

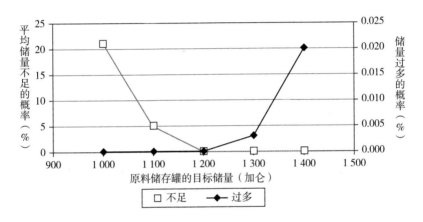

图 34.3　原料储存罐储量过多的概率和平均储量不足的概率

普遍原理

大卫之所以要开发这个模型，是因为他意识到平均值缺陷正在部门与部门之间"制造事端"。

在意识到这个问题之后，他的第一个想法便是："为什么我就不能改变这种现状呢？"

在奥林公司，生产部和后勤运输部之间存在这一问题。

在壳牌石油公司，身处石油勘探一线的工程师同公司总部负责投资组合的管理人员之间也存在这样的问题。

在基因技术公司，市场营销部管理人员同供应链管理人员之间同样存在这样的问题。

我将上述出色的想法称为"考尔菲尔德原理"，下面大家将会看到，大卫·考尔菲尔德对此进行了精彩的阐述。他的论述印证了我长期以来深信不疑的一个观点：不同层次的管理人员实际上都掌握着大量的概率知识，只要善于引导，他们就可以将这些知识很好地应用于实践。

平均值缺陷也在部门与部门之间"制造事端"

当然，平均值缺陷无处不在，但是，通常情况下，由于它所带来的后果可以忽略不计，所以这种缺陷往往不引人注目。然而，在组织边界上，平均值缺陷却可以带来严重的伤害。这种情况大多会出现在高层管理人员针对某些可能产生重大后果的决策进行交流的时候。机构中那些职务较低的专家虽然对可变性有着更多的了解，但是，在同领导交流的时候，他们往往只会谈"正事"，而不会提及日常工作中的各种细节。

在为化工厂建模的过程中，我发现那些内行的工程师和高层主管都很乐于提供关于可变性的各种细节——这些细节以前都没有受到重视。他们不仅熟知生产流程中的各个环节出现问题的频率，甚至可以预测出刚刚出现过问题的某个环节再次出现问题的概率。关于货物运输中出现的问题，相关的专家都注意到了工厂的车辆在运货的时候缺乏科学分配和统一调度的现象。由于管理人员在过去都不重视这些细节，所以当我们的模型反映了工程师的切身体会时，他们都很高兴。

这个模型自然赢得了他们的信任，而这种信任又坚定了决策者试验新方案的决心。于是，我便趁着这一大好形势，马上组织两个部门开始协同工作，不过，我并没有向他们透露更多关于这个新方案的细节。

由此我们可以得到一个必然的结论：在长期的工作中所获得的最有价值的经验就是对可变性的理解。事实上，成功地进行概率管理的秘诀就在于学会随时随地捕捉这种灵感。

——大卫·考尔菲尔德

第八部分　平均值缺陷和一些热点问题

人们在思考生与死的问题时最容易丧失理性，也最容易做出错误的决定。而平均值缺陷则只能使这一倾向更加严重。

在这一部分，我首先要讨论的是第二次世界大战时期的统计学研究——我的父亲正是从这一时期开始了他作为一个统计学家的职业生涯。然后，我会谈到反恐战争、气候变化以及医疗卫生等问题——从统计学角度上说，人们对这些问题知之甚少。最后，我还要讨论男性和女性在基因组合方面的差别。

第35章
第二次世界大战时期的统计研究小组

　　1942 年春，一个正在斯坦福大学任教的年轻经济学家、统计学家接到了一封来自美国国防部的电报。电报上说，希望他能为战争的胜利做一些贡献。他被邀请到纽约哥伦比亚大学主持一个专门研究战争问题的统计研究小组。他接受了这个请求。这个年轻人就是艾伦·沃利斯。沃利斯先在明尼苏达大学（University of Minnesota）拿到了心理学学士学位，然后又到芝加哥大学攻读了经济学硕士学位——正是在芝加哥大学，他同米尔顿·弗里德曼和乔治·施蒂格勒（George Stigler）这两位未来的诺贝尔经济学奖得主建立了毕生的友谊。也许是因为那一封电报，沃利斯永远都没有拿到自己的博士学位。不过，同他后来的成就相比，这一点小小的遗憾根本算不了什么。他先后担任过芝加哥大学商学院院长、罗切斯特大学（University of Rochester）校长以及罗纳德·里根（Ronald Reagan）政府负责经济事务的副国务卿。

　　1980 年，沃利斯在发表于《美国统计协会杂志》（*Journal of the American Statistical Association*）的一篇文章中，深情地回忆了战争时期自己在"统计研究小组"的工作经历。[1]

　　沃利斯在这篇文章中写道："对自己的专业领域进行历史性的反思是成熟的表现，而对自己的人生进行追忆则往往是衰老的标志。"不过，直到 1998 年——在他去世前的几个月里——我最后一次看望他为止，都觉得他并未衰老。

　　当时的"统计研究小组"一共有 18 名成员，这些人后来大多都在统计学领域取得了卓越的成就，其中最为杰出的应该是后来获得了诺贝尔经济学奖的弗里德曼和施蒂格勒。我的父亲也有幸成为其中的一员。事实上，根据沃利斯的说法："统计研究小组对其成员未来的职业生涯影响最大的要数吉姆·萨维奇了，他参加这个小组的时候只是一名应用数学家，对统计学几乎一无所知。"他们的办公室位于118号大街的一座公寓里，那里同哥伦比亚大学只有一街之隔。他们研究的问题令人着迷而又异常紧迫。再次引用沃利斯的话来说："统计研究小组接到的第一个任务是评估战斗机上配备的4门20毫米口径的机关炮和8门50毫米口径机关炮的相对威力。"

然后，他又列举了他们负责的一些其他研究课题："几何学与空中作战技术、命中率、航空器的弱点、追击曲线、自动俯冲轰炸瞄准器、自导鱼雷、制导导弹、潜艇搜索、利用榴霰弹直接对抗飞机、空对空导弹以及投弹瞄准器验收测试等。"

统计研究小组对统计学领域本身做出了重要的贡献，他们发展出了著名的**序贯分析法**。在实验过程中，一旦发现能够获得的价值低于未来的实验成本，就可以依据**序贯分析法**所提供的原则中止这一实验。

统计研究小组接受的另一项任务是对海军上校斯凯勒（Schuyler）提出的计算方法进行评估——斯凯勒自称用这一方法可以计算俯冲轰炸机被防空火力击落的概率。他们经过分析之后，发现这个方法没有任何价值。于是，就派沃利斯去给斯凯勒上校通报一下他们的研究结果。在此之前，沃利斯就听说斯凯勒是军队中出了名的"驴脾气"。

沃利斯回忆说："在找到斯凯勒之后，我就对他说，关于他提出的那个计算公式，我们现在可以告诉他研究结果了。他就大声地说：'结果怎么样？'我说：'不怎么样！'他就厉声质问：'到底哪里不好？'我早就料到他会提出这样的问题，所以已经给他准备好了答案：'那你说说到底哪里好？我们认为它没有任何意义。'从那以后，我们就成了好朋友。"事实上，后来，正是因为受到了斯凯勒上校的启发，统计研究小组才提出了**序贯分析法**。

我父亲和该小组的另一名成员弗雷德·莫斯特勒（Fred Mosteller）合作写了一篇论文。然后，沃利斯将这篇论文交给了米尔顿·弗里德曼——弗里德曼比他们年长5岁，是整个项目的负责人。据莫斯特勒回忆说："我们两人对这篇论文都非常满意。"[2] 但是，当弗里德曼将论文还回来时，"我们几乎不敢相信这是我们的原稿……整个原文被改得一塌糊涂，连背面都写满了补充注释和修改意见。"

"我和吉姆都愤怒地认为，'他不能这样糟蹋我们辛辛苦苦写出来的论文'，我们还对他提出的几百条意见逐一进行了研究。我们越研究，就越发现弗里德曼往往是正确的。不过，最终我们还是针对他的修改建议，给他送去了 100 多条反对意见，准备拉开架势同他论战到底。对此，米尔顿并没有丝毫的不悦，不过，他也明确地指出，在我们提出的 100 多条有争议的问题当中，有 85% 左右是他说的对，有一两条是我们说的对，有一两处属于个人喜好问题，无所谓对错，而其余几条他表示不敢苟同。然后，米尔顿对我们进行了亲切的指导，他看出我们在论文写作方面缺乏经验，就给我们推荐了几本相关的书籍，建议我们一定要抽时间看一看。"后来，莫斯特勒去了哈佛大学，而我父亲则追随弗里德曼去了芝加哥大学，虽然归宿不同，但他们都在统计学领域里做出了杰出的贡献。

就是在这样的背景之下，我于 1944 年冬天在哥伦比亚大学旁边的圣鲁克医院呱呱坠地。

第二次世界大战结束之后，沃利斯和弗里德曼去了芝加哥大学。1947 年，我的父亲也去了芝加哥大学，再次同他们成了同事。在我的童年印象中，弗里德曼身材矮小，但精神饱满，而且不管做任何事情都信心十足；而沃利斯则身材高大，说话的时候总是慢条斯理，对自己也充满信心。我父亲曾经同弗里德曼合作发表过两篇重要的论文，还同沃利斯一起创建了芝加哥大学统计学系。[3] 虽然当时还年幼无知，但我也能感觉到他们之间的相互尊重和亲密友谊。直到今天，他们依然是我心目中三座崇高的丰碑。

德军坦克

20 世纪 90 年代中期，我代表芝加哥大学在全国巡回讲授电子表格方面的一个管理学研讨课程。一天，我忽然收到沃利斯写来的一封信，他邀请我下次去华盛顿的时候去看看他。这封信让我异常激动。当我们见面时，我便向他问起了与战争年代有关的各种各样的问题。

　　我首先想知道的是第二次世界大战时期他们如何评估德军坦克的数量。虽然没有得到确切的证实，但是，此前我一直将这个问题作为一个典型的统计学案例来教导我的学生。据说当年盟军的计算方法如下所述。盟军已经缴获了一定数量的德军坦克，而这些坦克上面都带有完整的序列号，然后，根据德国人的天性，盟军知道他们一定会按照出厂顺序来给坦克编号，如1、2、3……因此，被俘德军坦克的编号应该像游戏转盘上的可动箭头随机指向的数字一样，即从1到N——N代表的是坦克的总数——之间的一些数字。我们知道0和1的平均值为1/2，那么，1和N之间的平均值应该是N/2。这样，就可以采用一种非常简单却十分准确的方法来评估德军的坦克总数。这个方法就是首先计算出所有缴获坦克编号的平均值（因为缴获的武器具有随机性，而且数量也不会很少，所以这个平均值基本上就相当于德军全部坦克数量的平均值——译者注），然后再拿这个平均值乘以2（见图35.1）。

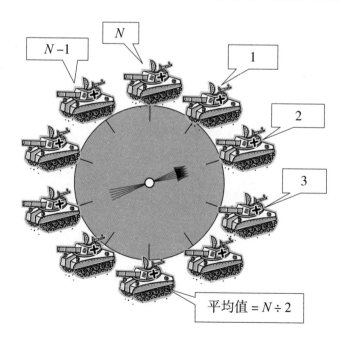

图35.1　缴获坦克的序号就像是可动箭头随机指向的数字

当我向沃利斯问及这件事情时，他不仅证实了我的想法，还向我讲述了一些鲜为人知的细节。"的确如此，"他说，"事实上，用这个方法不仅可以计算德军坦克的数量，还可以计算美军武器的数量。1948 年，我曾经在一个原子弹生产基地担任统计质量管理方面的顾问。当时，我仔细观察了那些原子弹外壳上的序号。"然后，他跟我说，那时候美国的原子弹数量对外界是绝对保密的。"在下班的时候，"他继续说，"我就找到负责这个基地的一位空军上校，告诉他我对美军原子弹数量的推测以及计算的方法，当时，这位军官对我的话没有做什么表态，但是，30 年之后，当我们在哥伦比亚特区的一个鸡尾酒会上再次见面的时候，他告诉我说当年我的预测完全正确。"

轰炸机上的防弹钢板

你知道应该给歼击机或者轰炸机的哪些部位安装防弹钢板吗？有人说从头到脚全都要装，这显然是不可行的，因为这会大大增加飞机的自身重量从而影响它们的灵活性。沃利斯回忆说："那时候，军队的做法是先对那些从战场上返回的飞机进行检查，统计它们遭受攻击的部位，然后在最容易遭受攻击的部位安装防弹钢板。"[4] 这种做法似乎是显而易见且合情合理的。我的意思是说，在屋顶漏雨的时候，自然应该将漏洞补上。但是，统计研究小组的亚伯拉罕·瓦尔德（Abraham Wald）敏锐地指出：这里的统计样本只包括那些从战场上平安返航的飞机，换句话说，从这些飞机上看到的弹孔部位实际上都是无关紧要的打击部位。他这样一说，所有人都恍然大悟，原来最需要安装防弹钢板的部位恰恰是那些从来没有遭受过打击的部位。

沃利斯还讲了一个关于瓦尔德的有趣的故事。作为欧洲纳粹占领区的逃亡者，瓦尔德应该算是敌人的敌人，那自然就是我们的朋友，所以按理说，不需要对他进行忠诚调查。但问题在于，他是**序贯分析法**研究的关键人物，而这个**序贯分析法**又是当时的高度机密，所以，军方不得不对他防着点。在经过了一天筋疲力尽又徒劳无功的监视之后，沃利斯不满地说："他们到底想让我们怎么做？难道非要让我们每写满一页纸就马上拿开，以对他保密吗？"

半艘战舰

当然，利用数学来改变战争形势的事情不仅仅发生在哥伦比亚大学。事实上，历史上最著名的案例发生在英国的布莱奇利庄园（Bletchley Park），在那里，计算机科学的奠基人之一阿兰·图灵（Alan Turing）曾经帮助盟军破译了德国人的军事密码。而在距离哥伦比亚大学 60 英里（约 95.56 千米）的普林斯顿大学校园里，另一群美国科学家也为战争的胜利做出了贡献。如今斯坦福大学的统计学和经济学荣誉退休教授特德·安德森当年就是其中的一员。他们的研究项目之一是评估长期天气预报的准确度。特德回忆说："我们发现两天以上的天气预报在准确度上一般都很低。时至今日，这一状况也没有得到太大的改善。他们的另一项研究涉及对爆炸物的统计测试。一方面，这些爆炸物要有足够的敏感性，只有这样才可以根据需要随时被引爆器引爆，另一方面，它们又不能过分敏感，否则就可能在运输途中发生事故。"

最近，在斯坦福大学的教授俱乐部里，我刚好遇见了特德教授，就请他回忆一下当年的研究情况。他就给我讲述了一个关于平均值缺陷的典型案例（参见"美国海军模拟演习"）。

统计学在战争中发挥了巨大的作用。战后，随着统计研究小组以及其他相关研究团体的解散，这些统计学家又回到了原来的工作岗位上，开始在学术和工业领域里对统计学展开和平的应用。1980 年，当沃利斯为了写作一篇重要的论文而邀请当年参与统计研究小组的成员给他写信回忆相关细节的时候，大家都一致认为：他们赶上了一个"在统计学上最富有创造力的时代"。但是，其中一封信同时也表达了另外一种情感，事实上，沃利斯认为所有人对这种情感都深有体会："但是，统计学在这一时期所取得的巨大进步是以数千英里之外数百万人的生命为代价换来的。一想到这一点，就令人不寒而栗。"

美国海军模拟演习

在第二次世界大战期间，美国海军军事学院曾经在一个足球场大小的巨型甲板上模拟了一场两支舰队之间进行的海战——两支舰队分别由战列舰、巡洋舰等舰艇组成。这次演习主要是根据一方舰艇在既定的射程内击中目标舰艇的概率来评估该舰艇的威力。

这次演习的荒谬之处就在于对概率的错误理解。举例来说，如果战舰A在有效射程范围内打击目标的命中率为1/2，那么，演习过程中，当战舰A朝战舰B开火之后，他们会让战舰B作为"半艘战舰"继续参与演习——事实上，在命中率为1/2的情况下，B战舰要么被击中而退出演习，要么就毫发无损地继续战斗。

直到IBM（国际商业机器公司）在战争后期为美国海军军事学院提供了计算机之后，他们才停止了这种错误的做法——这种计算机可以依据实际的可能性输出有效的结果，也就是说，B舰将有1/2的概率退出演习。

——特德·安德森

我曾经多次去看望沃利斯，虽然他已经到了垂暮之年，但是在我看来，他依然是我童年记忆里的那个沃利斯。因为即使在谈论非常严肃的话题时，他也总是风趣幽默、娓娓道来，所以，他的嘴角常常挂着一丝笑意，仿佛那是他与生俱来的一样。我最后一次去拜访他时，我们一起坐在他那间悬挂着他同撒切尔夫人合照的屋子里聊着一些陈年旧事。他告诉我，在他担任副国务卿的时候，有一天，他的老朋友兼老同事乔治·施蒂格勒到他的办公室去看他。沃利斯面带笑容回忆说："在问明来意之后，我的秘书就给我通报：'沃利斯博士，施蒂格勒先生来看您了。'我就纠正他说：'错了，应该是沃利斯先生，施蒂格勒博士。'"

虽然现在我们的战争形式发生了根本性的变化，但是，同第二次世界大战一样，我们在进行反恐战争的时候也必须运用统计学。罗伯特·希勒（Robert Shearer）是美军的陆军中校，在巴格达执行任务期间，他曾经利用蒙特卡罗模拟推测出了逊尼派（Sunni）叛乱的规模以及潜入巴格达（Baghdad）的外国士兵的数量。当然，这属于核心的军事机密，如果当时他把这件事的详情告诉了我，而我又将它们告诉了你们，那么，他会把咱们全部杀掉。

不过，透露一些无关紧要的内容是可以的。希勒在伊拉克（Iraq）的时候通过邮件告诉我："情报界只是大概地知道如何进行推测，但是不知道如何捕捉推测的不确定性。"他发现，在要求人们对概率分布相加或者相乘的结果进行分析的时候，人们往往会面临挑战。所以，他就利用两枚色子来测试人们的直觉。他说："我惊讶地发现大多数人都知道两个色子点数相加之后的概率分布形态，但是，却没有人猜到两个色子点数相乘之后的概率分布形态。而这正是我比他们高明之处。"希勒所说的两个色子点数相乘之后的概率分布形态如图 35.2 所示（当然这个是不用保密的）。在下一章，我将利用概率论的一些基本原理来分析反恐战争中的一些问题。

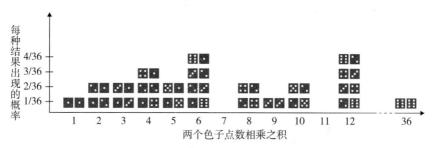

图 35.2　陆军中校罗伯特·希勒绘制的两个色子点数相乘之后的概率分布形态

第36章
概率论与反恐战争

　　《今日美国》（*USA Today*）曾经报道过一则令人啼笑皆非的新闻：克里斯汀娜·安德森（Christine Anderson）第一次发现自己尚在襁褓之中的儿子居然是一个恐怖嫌犯。[1] 故事发生在 2004 年的明尼阿波利斯市（Minneapolis）圣保罗国际机场（St. Paul International Airport）。"我们在售票窗口登记之后，一个工作人员厉声质问道：'谁是约翰·安德森（John Anderson）？'"克里斯汀娜疑惑不解地指了指婴儿车里的孩子（见图 36.1）。

图 36.1　谁是约翰·安德森？

注：丹泽戈尔绘。

　　直至今日，年轻的安德森先生以及其他 15 000 名美国旅客依然不能为自己洗脱"罪名"。小约翰的家人不能从互联网上为他打印登记证，而必须亲自带着他到售票窗口证明他是一个孩子。这个在反恐战争中出现的标志性事件就是所谓的假阳性问题。从下文的论述中我们将会看到，这个问题往往会同我们的直觉相悖。①

灵丹妙药

你认为美国目前有多少真正的恐怖分子呢？我不是指那些一般的暴徒、凶手或者杀人犯，而是指那些顽固不化、决心要进行大规模屠杀的职业杀手。对于这个问题，我自己也没有答案，但是在这里，为了讨论的方便，暂时假定有3 000人。也就是说，在3亿美国人当中，真正的恐怖分子占了10万分之一。

现在，假设每个人的电话上都被安装了一种配有先进的语音识别软件的窃听装置。当人们打电话的时候，只要说上三句话，这种软件就可以识别出一个人是不是恐怖分子，而一旦识别出来后，它就会自动向美国联邦调查局报警。假定这一系统的准确率为99%，也就是说，如果一个真正的恐怖分子正在通话，它向联邦调查局报警的概率为99%，而一般人在通话的时候，它（错误地）向联邦调查局报警的概率只有1%。虽然这种语音识别软件也许永远都不可能如此精确，但是，我们假设这一系统存在并且思考一下它的有效性也是很有好处的。

当美国联邦调查局接到系统报警之后，发现一个真正的恐怖分子的概率是多少呢？

- 99%。
- 98%。
- 66%。
- 33%。
- 1%。
- 0.1%。

---

① 本章的部分内容参见萨姆·萨维奇和霍华德·威纳在《机遇》杂志（*Chance*，2008年第一期第21卷）上发表的文章《被证明有罪之前：假阳性与反恐战争》（*Until Proved Guilty*：*False Positives and the War on Terror*）。

我们可以这样来考虑。当联邦调查局接到系统报警的时候，这个报警要么是正确的，即报告了一个真正的恐怖分子，要么是错误的，即报告的不是恐怖分子。在 3 000 名真正的恐怖分子当中，有 99% 的人，即 2 970 个人，在打电话的时候会被系统报警。而在 2.99 997 亿个不是恐怖分子的人当中，只有 1% 的人，即 299.997 万人在打电话的时候会被系统错误地报警。

图 36.2 是对能够引发报警装置的目标人群的直观展示。假如针对这些目标人群的任何一次报警都是随机的，那么，你可以把这些报警想象成拿飞镖投掷箭靶的结果。

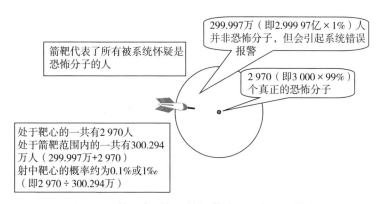

图 36.2 将所有引起系统报警的人看作一个箭靶

假阳性问题

因此，尽管语音识别软件的精确度高达 99%，但是，一次报警能够让美国联邦调查局抓到一个真正的恐怖分子的概率仅有 1‰。如果美国境内真正的恐怖分子不足 3 000 人，那么这个概率将会更小。如果恐怖分子超过了 3 000 人，这个概率则会相应大一些。但是，即使美国有 3 万名恐怖分子，这一系统的正确报警率也只有 1%。一想到将会有那么多无辜的人被冠以恐怖嫌犯的罪名时，你也许就会觉得这个看似灵丹妙药一般的报警系统并不那么吸引人了。

这就是著名的"假阳性问题"，而且它也许是反恐战争中最重大的一个问题。两军对垒时，彼此都很容易侦察对方的情报。但是，在反恐战争中，我们要想了解恐怖分子的情况几乎比登天还难，然而，他们要了解我们却易如反掌。毫无疑问，这是一场不对称的战争。

美国西点陆军军官学校（United States Military Academy at West Point）系统工程系助理教授保罗·库奇克少校曾经举过一个例子，用来说明同人们的直觉背道而驰的假阳性问题。一群军事分析家一直在研究可以用来探测伊拉克汽车炸弹的统计学方法，现在，他们已经提出了一种检测方案，而且，如前面所说的窃听设备一样，这种检测方案也被认为具有很高的准确度：只要恐怖分子设置了汽车炸弹，就可以利用这种方法准确地预测到。库奇克教授在西点军校的一组学生受命对这一方案进行分析，如果没有发现问题，该方案就将进入实施阶段。

"在见到那些开发了这一方案的分析家之后，这些学生立刻指出：不应该仅仅依靠这一检测方案，而应该利用多方面的情报资源来预防汽车炸弹。"库奇克说："他们的理由也相当充分：由于在所有的汽车当中，携带爆炸物的汽车所占的比例非常低，所以，即使掌握了一种非常精确的检测方法，要想找到真正具有危险性的车辆仍然像大海捞针。"库奇克继续说："一群稚气未脱的本科生能够同一群已经对这一问题研究多年的博士和专家共同探讨，并且提出（令人惊讶的）重要意见，实在是非常了不起。"

在决策分析领域具有几十年从业经验的西点军校教授格雷格·帕内尔也认为：即使是非常能干的资深管理人员，也往往会低估出现假阳性的概率。他说："我曾经给一群政府高官和企业主管举过一个假设性的案例，当他们发现最终结果同他们直观的估计相差甚远的时候，他们都惊讶万分。"

发生在美国的第二大恐怖袭击案

这种概率思维还可以通过其他形式被应用到反恐战争当中。比如，1995年4月19日，在听到俄克拉何马市的联邦大楼遭遇恐怖袭击的时候，我的第一反应就是，那肯定是宗教激进主义者干的，虽然我不明白他们为什么要选择俄克拉何马市下手。然而，真相大白之后，人们发现制造了这起震惊世界的爆炸案的元凶——蒂莫西·麦克维（Timothy McVeigh）——不仅是一名白人至上主义者，还是一名参与了第一次海湾战争的授勋老兵。事实上，只要稍微想一想，就会发现，美国参与犯罪团伙的退伍老兵远比伊斯兰宗教激进主义者人数众多，而且，在他们当中，很多人都接受过专业的爆破训练。这个案例再一次说明：我们可以通过考虑各种目标人群的相对规模来改善自己的直觉。

美国军方已经意识到了军队中存在的极端主义倾向，并且已经采取了相应的措施来认真地加以解决。比如，第十八空降团和布拉格堡宪兵司令办公室就联合印制了一本名为《指挥官手册——帮派与极端组织——化解仇恨》（*Commander's Handbook-Gangs & Extremist Groups-Dealing with Hate*）的宣传指南。这本在多名非军方人士和军方执法机构的共同协助下完成的小册子，旨在提高军事指挥官对这一问题的认识。[2] 它一共有 96 页，不仅介绍了形形色色的帮派和极端组织的来龙去脉，还提供了针对这些组织的应对之法和化解之道。

事实上，上述祸起萧墙的案例并非绝无仅有。比如，"9·11"恐怖袭击之后不久出现的一系列骇人听闻的炭疽病毒信事件就是另一个明证。一开始，炭疽袭击事件似乎再次证实了"他们"真的要与我们全面为敌。这件事情的确让我吃惊不小，而且，毫无疑问，它也为美国政府发动伊拉克战争起了推波助澜的作用。然而，到了 2008 年，随着美国政府一名高级科研人员布鲁斯·埃文斯（Bruce Ivins）的畏罪自杀，我们才终于发现："他们"也许就是"我们"。[3]

我们最大的敌人

在想到那些杀人如麻的宗教激进主义者、嗜血成性的海湾战争退伍老兵以及丧心病狂的政府科学家时，你是否会感到不寒而栗，是否会为自己的安危担心呢？我想你不会无动于衷。如果你希望摆脱这些噩梦，如果你想知道自己最大的敌人，就请你揽镜自照，因为人类最大的敌人不是别人，而是自己。根据 StateMaster.com 网站——该网站专门提供各种各样的统计数据——的统计，在美国，每年有 0.01/% 的人死于自杀。[4] 这就是说，美国每年有 3 万人自杀身亡，这个数字是每年死于谋杀人数的 2 倍还要多。这个事实揭示了反恐战争的潜在威胁。试想，政治家动不动就用恐怖主义来吓唬我们，而指控守法公民为恐怖分子的错误也层出不穷，这无疑会给人们带来巨大的心理压力和精神负担。假设这种压力和负担可以让我们患抑郁症的概率增加 10%，那么，由此带来的自杀率的提高每年将额外剥夺 4 000~5 000 人的生命——相当于"9·11"事件中的死亡人数。此外，最近由哥伦比亚广播公司公布的一份研究报告显示：在曾经参与了伊拉克战争或者阿富汗战争的退伍军人当中，自杀率也许远远高于其他人群。[5] 由此，我们可以得出一个结论：避免暴力死亡的一个有效途径就是听从博比·麦克费林（Bobby McFerrin）的忠告："不要烦恼，要快乐！"

不要再找借口了

迄今为止，上述所有案例都可以用箭靶和飞镖来比喻。要解决这些问题，可以采用 **贝叶斯分析** 法。如前所述，这些问题往往同人们的直觉相抵触。因此，商业、政治以及军事领域的决策者在对一些稀有事件做出错误的决策时，往往有理由为自己开脱。

但是，以后他们就不能再这样做了。

最近，在发表于《机遇》杂志上的一篇名为《被证明有罪之前：假阳性与反恐战争》的文章中，我和霍华德·威纳推荐了一个可以在 Excel 上使用的假阳性识别软件[6]。有兴趣的读者可以登录 FlawOfAverages.com 网站免费体验。

如果你再发现某一个官僚或者政客因为假阳性问题而做出一个弊大于利的决策时，我建议你把上面的链接告诉他，让他看一看这篇文章。

恐惧是政治家操纵民意的利器

一些政治家总是喜欢对某些听起来骇人听闻但实际上几乎不可能发生的事情大加渲染、肆意夸张，从而达到吓唬公众、操纵民意的目的。比如，多年以前，一位拥护反导系统——该系统主要是为了防范诸如朝鲜等国家的攻击——的立法者就曾经动情地描述过纽约市遭受核武器打击时的恐怖场景，然后强调我们应该不惜一切代价防止它的发生。然而，令人不解的是，虽然他极力渲染了美国可能受到的威胁，却对另一种更大的可能性只字不提：这些国家要想对纽约发动袭击，首先需要经过长途跋涉用轮船将导弹运到美国，而他们这种愚蠢的行为只能招致美国毁灭性的报复和反击。

美国前国防部部长威廉·佩里（William Perry）对导弹防御系统进行过长期深入的思考。虽然佩里研究的是抽象的理论学科——他的学士、硕士和博士学位都是在数学领域获得的，但是，作为一个企业家、学者和政治家，他也有丰富的实践经验和卓有成效的工作业绩。可以说，在将理性与感性有机结合并从中受益方面，佩里堪称典范。

所有假阳性问题的根源

在担任卡特政府主管研究与工程工作的国防部副部长时期，佩里第一次对导弹防御系统有了切身的体会。一天，凌晨 3 点，一阵急促的电话铃声将佩里从睡梦中惊醒。打来电话的是在北美防空司令部（NORAD）值夜班的工作人员。

"工作人员说他的电脑显示来自苏联的许多导弹正在朝美国领土飞来，"佩里回忆说，"因为缺乏其他同步的信息支持，工作人员认为这一定是个错误的警报，但是不知道问题出在哪里，他打电话给我就是希望我帮助他解开这个谜团。最后，我们终于确定：之所以出现这种错误，是因为在电脑中输入了一条训练用的信息——该信息模拟了我们的雷达防线遭到攻击的情景。"

国家导弹防御系统

在这一时期，佩里的任务之一就是对美国的国家导弹防御系统进行评估。佩里回忆说："所有的分析都以第二次世界大战时期的防空经验为基础展开。那时候，防空火力通常的杀伤率为 5%，但是，由于一次战役需要进行几十次甚至几百次的反复轰炸，所以，这样的杀伤率已经足够了。从飞行员的角度来解释这一点也许会更容易理解。因为防空火力的杀伤率为 5%，所以，飞行员执行第一次轰炸任务时，生还的概率为 95%，但是如果他执行 20 次轰炸任务，生还的概率就只有 36% 了。所以，在消耗战当中，这样的杀伤率就可以形成有效的防御。"接着，佩里对第二次世界大战时期的轰炸和核弹进攻做了对比："核战争并不是消耗战，5% 的防空杀伤率毫无意义，这时候需要的几乎是 100% 的防空杀伤率。要知道，只要敌人的一枚核弹头命中目标，我们就彻底失败了。"

数量与质量

要想让一个导弹防御系统拥有 99% 的有效性，完全是不现实的。其实，即使将有效性从 5% 提高到 75% 也是一件很困难的事情。假如我们有能力做到这一点，那么，当敌人向我们发射只携带一枚弹头的核弹时，我们可以有效拦截，但是，如果他们发射的是携带多枚弹头的核弹呢？图 36.3 可以回答这一问题。

直观的解释是，导弹防御有点像抛掷硬币。抛掷一次，你虽然有可能如愿得到一个正面或者反面朝上的结果，但是，你不可能连续 15 次都得到正面或者反面朝上的结果。也就是说，随着弹头数量的增加，我们将缺乏有效的防御方法，因此，完全没有必要在这上面浪费资金。正是基于这样的认识，佩里在 20 世纪 70 年代末期并没有谋求建立国家导弹防御系统。相反，他提倡秘密研发先进的航空技术——20 年之后，事实证明这一想法是非常明智的。

佩里确信，导弹防御系统即使对只拥有少量弹头的国家而言，也没有多大意义，更不用说其他军事强国了。最近，当我问及佩里朝鲜在导弹方面的实力时，他回答说："我对他们的洲际弹道导弹不屑一顾，我所担心的只是恐怖分子有可能从他们那儿购买导弹，然后，再设法通过海路或者陆路运到美国境内。"

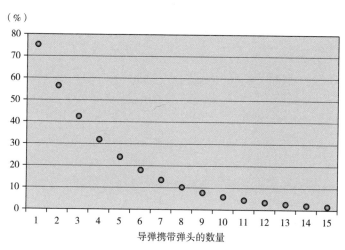

（%）

导弹携带弹头的数量

图 36.3　有效性为 75% 的反导系统可以成功拦截导弹的概率

不过，我想到了有些国家在利用导弹对付美国时可能会采取的一种特殊方式。假定与我们为敌的两个国家同时互为仇敌。于是，其中一个国家就有可能将自己的洲际弹道导弹偷偷运到另一个国家，从那里对我们发动攻击，从而借刀杀人，实现一箭双雕的目的。如果你正是因为担心这一点而夜不能寐，那么你就有理由支持建立导弹防御系统。否则，你就应该去考虑如何加强边防和海关检查，以确保进入美国境内的车辆、船舶以及飞机没有携带核弹头——事实上，这项任务同样具有挑战性。[7]

核扩散

在苏联解体时，人们都千方百计地去追查它所有核弹头的下落。"纳恩－卢格降低威胁合作计划"就曾对此进行了长时间的研究，却没有人可以对苏联核武器的去向做出确切的解释。[8]这些核武器当中的一部分（或者一些生物战剂）有可能被恐怖分子偷运到美国并实施恐怖袭击，而这应该是恐怖分子对我们构成的唯一潜在威胁——这种威胁可能会导致自杀率的上升或者其他更严重的后果。

那么，又该如何评估上述武器被成功走私到美国境内的概率呢？我们可以通过对"反恐战争"和"反毒战争"进行对比，从而得出一个近似的结论。2006年，美国司法部在一份报告中称：2004年，大约有325~675吨的可卡因被运入美国，其中被截获的只有196吨。[9]因此，据美国司法部估计，可卡因被成功运入美国的概率应该为40%~70%。斯坦福大学的决策分析家兰·霍华德曾经开玩笑说，掌握了大规模杀伤性武器的恐怖分子也许正打算把他们的武器藏在可卡因运输船上运入美国。

如前所述，即使"质量"优良的导弹防御系统也无法抵挡"数量"众多的核弹头的袭击，同样，如果试图将大规模杀伤性武器运入美国的恐怖分子人数众多，那么，即使拥有戒备森严的安检体系，也不可能保证没有漏网之鱼。假设我们的安检体系成功截获这些大规模杀伤性武器的概率为90%，那么，如果恐怖分子实施40次越境走私的话，我们能够将他们全部截获的概率将会小于1%（见图36.4）。正因如此，在反恐战争当中，除了要预防恐怖分子利用大规模杀伤性武器对我们发动袭击之外，一个重要目标应该是尽可能地减

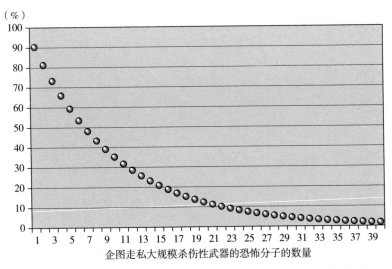

图36.4　有效性为90%的安检系可以挫败恐怖分子走私企图的概率

少那些试图将这些武器运入美国的恐怖分子的数量。

星球大战

作为历史的一个注脚，罗纳德·里根总统在 1983 年提出了以反导弹和反卫星为主旨的"战略防御计划"（SDI），该计划提出不久亦被称为"星球大战计划"。尽管这个计划同样有如前所述的致命缺陷，但是，它为"冷战"的结束立下了汗马功劳。

美国劳伦斯·利弗莫尔核武器实验室（Lawrence Livermore Atomic Weapons Lab）前主任迈克尔·梅曾经问一位苏联高级物理学家："你们真的很害怕星球大战计划吗？"这位物理学家回答："我们的科学家都认为这不会对我们构成威胁，但是，我们的政治家非常担心。"[10] 迈克尔指出："从某种程度上说，他们的情况同华盛顿的情况非常相似。虽然科学家都知道这个计划根本不靠谱，但是，政治家（当然也包括我）必须要煞有介事、大张旗鼓地对它进行宣传。"

拉姆斯菲尔德提出了一个正确的问题

在一份被泄露出来的 2003 年美国国防部备忘录中，时任国防部长的唐纳德·拉姆斯菲尔德（Donald Rumsfeld）提出了这样的疑问：[11]

如今，我们对"是否赢得了全球的反恐战争"这个问题还缺乏具体的判断标准。虽然我们每天都会制止、劝阻，甚至逮捕、击毙一定数量的恐怖分子，但与此同时，极端的宗教学校和激进的神职人员也在一刻不停地招募、训练和部署新的恐怖分子。那么，恐怖分子究竟是在不断减少还是在不断增加？

这个问题问得非常好。2006 年，美国的国家情报评估已经开始研究这个问题了。有迹象表明，至少在某些地区，美国的反恐行动不仅没有效果，而且适得其反。据那些目睹过相关秘密报告的人士透露，报告认为伊拉克战争是导致"圣战"思想扩散蔓延的原因之一。[12]

有人曾经将打击恐怖主义比喻成抗击病魔，有时候，实施一次外科手术可以让病人康复如初，而有时候却会加速病毒的扩散，从而危及病人的生命。在为拉姆斯菲尔德的问题寻找答案的过程中，我们不妨采用流行病学观点。遗憾的是，部长先生并没有公开提出这个问题，要知道，无论是在过去还是在将来，这都是公众讨论的一个重要话题。

用防控流行病的方法来打反恐战争

2005 年，美国和平研究所（U. S. Institute of Peace）的保罗·斯塔雷斯（Paul Stares）和莫纳·亚库比恩（Mona Yacoubian）在《华盛顿邮报》（*Washington Post*）上发表了一篇名为《恐怖主义与病毒》（"Terrorism vs. Virus"）的文章，在文中，他们提出应该用防控流行病的方法来打反恐战争。[13]

根据斯塔雷斯和亚库比恩的说法："由于恐怖主义同变异的病毒或者转移的肿瘤很相似，我们可以据此提出一个在打击恐怖主义方面行之有效的新方法。"他们认为这一理念具有如下三种好处。

首先，它会让人们更多地去关注恐怖主义的特性及其传播渠道。医学家在研究一种疾病的时候，会思考一个重要的问题：传播这种病原体的最有效媒介究竟是什么呢？在反恐战争中，我们也应该思考：在所有传播"圣战"思想的媒介——如监狱、互联网以及人造卫星等——当中，究竟哪一种才是最有效的媒介呢？

其次，它会让人们从整体上更好地理解恐怖主义活动的动态。疾病不是在真空中出现的，而是在病原体、人类以及周围环境之间经过复杂的相互作用而形成的。同样，恐怖分子的好战性格也是如此。

最后，它可以为减少恐怖主义活动威胁奠定全球战略框架。"公共卫生部门的官员早就意识到：只要通过有计划、有系统、多方面的国际合作，就可以将流行病发病率控制在安全的范围之内。"

可以帮助我们更好地理解流行病问题的一个重要的"思想把手"是一个

名为**马尔可夫链**（Markow Chain）的数学模型——很抱歉，由于找不到一个合适的绿色词汇来代替，在这里我不得不再次使用一个红色词汇[14]。人们已经利用包括该模型在内的多种模型成功地针对许多疾病制定了最佳的管理方案。这些模型的核心是预测一个种群如何随着时间的流逝而进化。

为了说明如何在反恐战争中应用上述方法，让我们设想一个充满暴力的地区，根据不同的生存状态，可以将这个区域内的人分为 4 种类型：爱好和平者、好勇斗狠者、恐怖分子以及惨遭杀害者。这 4 种人的初始分布如图 36.5 所示。每过 3 个月，不同类型的人群就会相互转化，如表 36.1 所示。

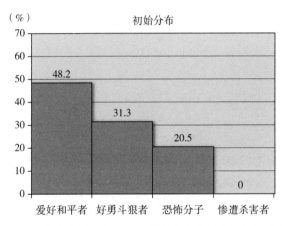

图 36.5　某个充满暴力地区不同状态人群结构的初始分布

表 36.1　不同状态人群的转化情况

	描述
爱好和平者	此类人群在总人口中所占的比例最大，但是，每过 3 个月，他们当中就会有 12% 的人变成好斗分子，同时会有 1% 的人变成恐怖分子
好勇斗狠者	这些人会参与集会并且改变宗教信仰，却不参与恐怖活动。每过 3 个月，他们当中就会有 20% 的人对暴力失去兴趣从而变成爱好和平者，同时会有 5% 的人变成极端的恐怖分子
恐怖分子	这些人是残酷无情的杀手，他们当中没有人能变成爱好和平者。不过，每过 3 个月，他们当中会有 10% 的人因为丧失勇气而不再继续从事恐怖活动，而变成好勇斗狠者
惨遭杀害者	这时候，还没有人惨遭杀害，自然出生率和自然死亡率基本保持平衡

假如表 36.1 所示的转变率在 10 年之内一直维持不变，那么，10 年之后，不同人群人口结构的分布情况又将如何呢？

 提示：如果不借助**马尔可夫链**模型，将不可能回答这个问题。所以，我特意在 FlawOfAverages.com 网站上放了一个 Excel 版本，有兴趣的读者可以登录体验。

答案是，10 年之后的分布状态将会同图 36.5 所示的初始分布状态一模一样。实际上，这个初始分布是我精心设计的，为的就是让它一直保持平衡。随着时间的流逝，这个分布状态将会如图 36.6 所示。

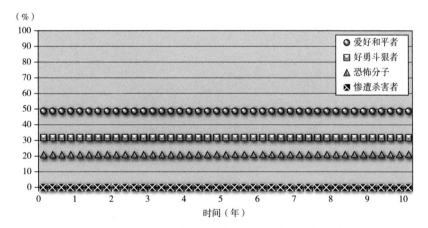

图 36.6　不同状态人群在不同时期的人口结构分布保持平衡

动之以情，晓之以理

现在，请考虑这样的情况：如果通过一定的外交手段来改变该地区不同状态人群之间的转变率，从而减少他们的激进行为，那么，10 年之后，该地区人口结构的分布情况又将如何呢？假如有一种方法——我称之为动之以情、晓之以理的方法——可以使不同状态人群之间的转变率发生如表 36.2 所示的变化，也就是说，将爱好和平者到好勇斗狠者的转变率从 12% 降低到 10%，同时，将好勇斗狠者到爱好和平者的转变率从 20% 提高到 23%，等等。

表 36.2　动之以情、晓之以理的方法所引起的人们行为上假定的变化

从 到	爱好和平者	好勇斗狠者	恐怖分子
爱好和平者		20% → 23%	
好勇斗狠者	12% → 10%		10% → 15%
恐怖分子	1% → 0%	5% → 2%	

那么，10 年之后，不同人群的人口结构将会呈现什么样的分布状态呢？提示：要想回答这个问题，仍然必须用到**马尔可夫链**模型。用该模型分析之后，我们发现人口结构分布状态将会发生巨大的变化（见图 36.7）。请注意：虽然每 3 个月的转变率仅仅发生了微不足道的变化，但是 10 年之后，恐怖分子的比例居然从最初的 20% 多降到了不足 4%——同前面所提到的糟糕的导弹防御系统相比，这样的方法显然能够更好地保障我们的安全。另外，未来 10 年中，不同状态人群比例的变化情况将如图 36.8 所示。

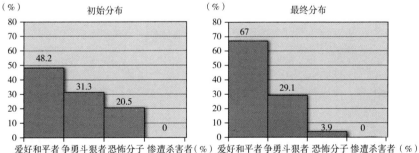

图 36.7　在采用动之以情、晓之以理方法的情况下，不同状态人群结构的初始分布和最终分布

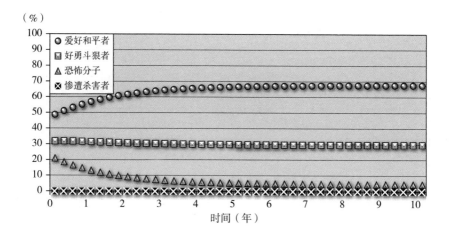

图 36.8　在采用动之以情、晓之以理方法的情况下，
不同状态人群的结构分布

军事手段

接下来，我们考虑采用旨在消灭恐怖分子的军事手段时的情景。这时候，一定不能忘了本章一开始谈到的假阳性问题。也就是说，在消灭恐怖分子的同时，我们一定会误杀一部分无辜的平民，而这些无辜被杀者的亲人毫无疑问将会因为仇恨的驱使而变得更加好战。为了利用这种仇恨，恐怖分子往往会故意伪装成平民向我们发动袭击，从而引诱我们误杀更多的无辜者，而这种险恶的做法将会让问题变得更加糟糕。现在，假设军事手段对不同人群间转变率的影响如表 36.3 所示。

表 36.3　军事手段所引起的人们行为上的假定变化

到 ＼ 从	爱好和平者	好勇斗狠者	恐怖分子
爱好和平者		20% → 10%	
好勇斗狠者	12% → 15%		10% → 5%
恐怖分子	1% → 2%	5% → 24%	
惨遭杀害者	0% → 1%	0% → 1%	0% → 1%

那么，人口结构的初始分布和最终分布将如图 36.9 所示。从图中可知，基于这种转变率，10 年之后恐怖分子所占的比例比最初增加了 1 倍还多。另外，将会有 1/3 的人口惨遭杀害。

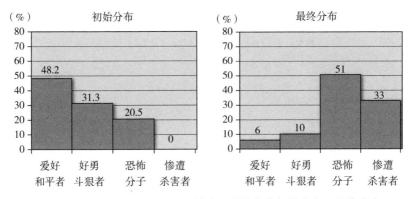

图 36.9　采取军事手段后，不同状态人群结构的初始分布和最终分布

因此，采用军事手段来解决恐怖主义问题就如同拿着一根竹竿去捅马蜂窝。这样做不仅伤不到几个马蜂，还会激起马蜂的众怒，引火烧身（见图 36.10）。

需要说明的是，上述例子所采用的**马尔科夫链**模型完全是假定的，并没有对不同人群间真正的转变率做出精确的评估，因而实际的情况也许并不像例子所展现的那样。但是，最起码有一点是毋庸置疑的：同采用和平方式解决问题相比，采用军事手段解决问题必然会招致更多人的敌视，也必然会促使更多人变成好勇斗狠者。这也许可以作为拉姆斯菲尔德评判我们是否赢得了反恐战争的标准。

就在本书准备付梓的时候，我在 2009 年 3 月的《新闻周刊》（Newsweek）上看到了菲尔莱德·萨卡利亚（Fareed Zakaria）发表的一篇名为《要学会同伊斯兰激进派和平共处》（"Learning to Live With Radical Islam"）的文章。[15] 作者在文中指出：如今，国防领域的一些人似乎已经意识到了这一点。当然，他们并不缺乏英雄气概和战斗精神，但是，他们发现从思想上改造敌人同样重要。比如，中情局前中东问题专家鲁埃尔·马克·格雷希特（Reuel Marc

Gerecht）就曾经说过：“必须要认识到我们的目标是战胜‘本·拉登主义’（bin Ladenism），因此，必须学会从思想上去改造他们。我们的改造对象并不是温和的穆斯林信徒，而是那些什叶派（Shiite）神职人员和逊尼派宗教激进主义者，为了避免‘9·11’悲剧的再度上演，我们必须拯救他们。”彼得雷乌斯（Petraeus）将军的一名顾问也认为：在那些被我们称作塔利班（Taliban）的人当中，真正可以称为毛拉·奥马尔（Mullah Omar）或者基地组织死党的人尚不足 10%。他相信其余 90% 的人“在某种情况下，几乎是完全可以达成和解的”。如果你对这个问题感兴趣，而且也同意上述观点，那么，我建议你登录 FlawOfAverages.com 网站，将你所认为的不同人群间的转变率输入**马尔科夫链**模型，并探索最终的结果吧。

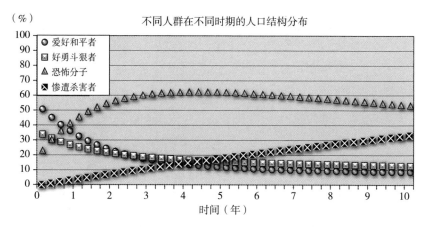

图 36.10　采取军事手段后，不同人群人口比例的变化情况

　　总之，在反恐战争中我们面临着两大难题。首先，是如何有效地识别出真正的敌人。当我们看到“又有 50 名恐怖主义嫌犯被击毙”的新闻标题时，我们应该想到大部分“恐怖主义嫌犯”都有可能是无辜的平民。2006 年，当彼得雷乌斯将军在《美军野战指南》（*Army Field Manual*）[16] 一书中谈到利用空中力量打击恐怖主义的时候就承认：“在对打击目标进行轰炸的时候，即便是使用最精确的武器，也难免会造成平民伤亡……这些空袭所造成的附带性伤害不仅会促使更多的人反对美国政府，还为那些叛乱分子的舆论宣传提

供了有力的证据。"但是，彼得雷乌斯并没有将假阳性问题考虑在内。我建议，他们应该在新版《美国野战指南》中附上一个假阳性识别软件——像我在 Flaw-OfAverages.com 网站上提供的一样。

其次，随着试图发动袭击的恐怖分子数量的增加，我们成功预防这种袭击的概率将会急剧下降。所以，为了避免让更多的人变成恐怖分子，我们在打击恐怖主义嫌犯的时候，必须尽可能地减少对无辜平民的伤害。

最后，我建议在反恐过程中，不要简单地将所有的人区分为好人和坏人，而应该研究不同类型人群在数量上的分布状态，以及随着时间的流逝这个分布状态会发生怎样的变化。同时，为了让大家更好地理解这些问题，我建议大家不妨利用一些简单的数学模型。而为了帮助大家正确地利用模型，我要再次谈到美国国防部前部长威廉·佩里。因为他同时是一名数学家，所以，在五角大楼任职期间，有人问他是否亲自构建过一个数学模型来解决一些迫切的问题。对国防部长来说，虽然大量军事问题需要复杂的建模处理，但是，在谈及他自己的决策过程时，他回答说："没有，我从来没有足够的时间或者资料来当场构建一个有效的模型。但是，由于在数学方面接受过专业的训练，我在思考问题的时候会与一般人有所不同。"

事实上，运用模型的最高境界就是不用模型，而是将模型的理念融入自己的思维、渗入自己的血液，让它成为自己身体的一部分。

第37章
平均值缺陷与气候变化

所有人都在谈论、所有人都不确定，因此所有人都想知道的问题是：全球变暖将会"暖"到什么程度？海平面升高将会升高几何？我们应该为此做些什么？请给我们一个确切的数据。

为什么说地球平均气温正在下降

开始研究气候变化问题的时候，我发现目前的研究人员忽视了这个问题的一些重要方面——如果将这些方面考虑在内的话，就会发现地球的平均气温很可能是在下降而不是在升高（见图37.1）。

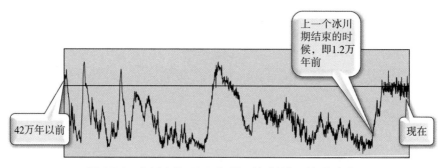

图 37.1 在过去的 42 万年里，地球的相对气温变化

鉴于拥有核武器的新兴国家正在不断增加，发生热核战争的概率也在上

升。根据专家的说法，核武器在爆炸时扬起的大量烟尘将会长久地停留在高空，使一部分阳光无法到达地球，从而"导致地球表面温度陡然下降"。[1] 而小行星对地球的撞击以及毁灭性的火山喷发也会带来相似的结果。如果上述灾难全部出现的话，地球的平均气温肯定会不断下降。当然，无论是把脑袋伸入电烤箱或者是将两脚放到冰箱里，人类都会感觉很难受。

　　而且，更为严重的是，我们在讨论气候变化的时候，往往无法回避平均值的缺陷。在解决这个问题之前，我首先需要为此提供一个框架。

　　在不同的时期，地球上的气温也在不断地发生变化。图 37.1 表示的是根据南极冰川取样研究得出的过去 42 万年里地球气温的相对变化，关于南极冰核的相关数据，可以在美国海洋暨大气总署等诸多网站上看到[2]。根据图中起伏不定的曲线，我们完全可以相信：即便人类根本没有涉足这个星球，它未来的气温也将充满变数。虽然目前地球的气温并没有达到历史最高水平，但不等于未来的某个时候不会达到这个水平。

　　有证据表明，地球气温同大气中的 CO_2（二氧化碳）以及其他温室气体的含量成正比。这是因为它们如同温室的玻璃窗一样，可以让阳光透进来，却不会让热量散发出去。在过去的 50 年里，大气中 CO_2 含量的增长史无前例。当你置身于数英里长的交通拥堵当中动弹不得、只能在那里无奈地呼吸着车辆排出的刺鼻尾气时，很自然地就会觉得气候变化完全应该归咎于人类。事实上，在全部的 CO_2 排放当中，人类活动所导致的 CO_2 排放所占的比例究竟有多大还没有定论。不过，目前大多数人都一致认为这个比例相当庞大，因而足以对气候产生影响。

　　如果地球气候的确是在变暖，那么，海平面将会升高，部分地区将会被海水淹没。但是，究竟海平面会升高多少，多少地区将被淹没仍然是不确定的。如果从概率分布的角度而不是从平均值的角度来看待上述问题，就会发现气候变化给我们带来的既有好消息，也有坏消息，下面我就通过一些案例对它们进行逐一论述。

坏消息

在第 1 章中，我们谈到了大福克斯市的洪灾。事实上，如果洪水水位仅仅是上涨到预期的平均高度，也不至于出现这次灾难。换句话说，处于平均水位的洪水可能造成的损失微不足道，但是，处于各种可能水位的洪水所造成的平均损失举足轻重。这是一个与强式平均值缺陷（第 12 章对此有详细论述）有关的典型案例，只要理解了这个案例，就可以很容易地理解未来海平面变化的问题。

不确定性

虽然大多数科学家都认为地球正在变暖，但是，为了讨论的便利，我们暂时假定地球的未来预期气温（即平均气温）并不会升高，不过，未来气温的变化幅度是不确定的。这样的话，未来的海平面高度也是不确定的（见图 37.2）。图中的横轴代表的是未来海平面的可能高度，当然，因为平均气温不变，海平面的平均高度也与现在持平。纵轴代表的则是每一种海平面高度出现的相对可能性。

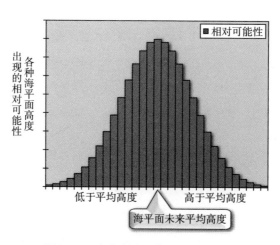

图 37.2　未来海平面高度的概率分布

风险

前面说过：风险体现了人们的主观认识。首先，对于那些生活在海滨地区的居民来说，海平面上升是一种巨大的威胁，因为汹涌的海水将可能淹没他们赖以生存的家园。但是，对那些在内华达州进行房产投资的人——他们预计海平面会上升，因而原本为内陆州的内华达将变成沿海地区——来说，海平面高度一直维持不变则意味着投资失败和财产损失。图 37.3 说明随着海平面的不断上升，人类将面临非线性的损失。图中的横轴仍然代表未来海平面的可能高度，而纵轴则代表与海平面高度相对应的损失。

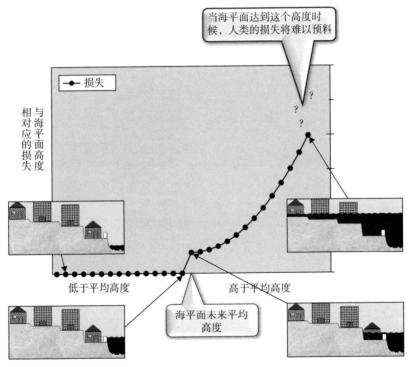

图 37.3　海平面上升的非线性影响

因为纵轴代表的是我们不愿看到的坏结果，所以这个曲线可以称为“魔鬼的微笑”（如果你对“魔鬼的微笑”这种说法一无所知，请参阅第 12 章）。

　　如果将图 37.2 和图 37.3 合并在一起，将能够更好地展示海平面上升可能给人类带来的损失。合并图见图 37.4，其中的柱状图表示未来出现各种海平面高度的可能性，而曲线图则表示各种海平面高度可能造成的损失。如果海平面低于预期高度（即平均高度），那么，损失将会比预期稍小一点，但是，如果海平面高于预期高度，损失将大大高于预期。因此，平均海平面高度所造成的损失也许是可以忍受的，但是，各种可能的海平面高度造成的平均损失很可能是灾难性的。

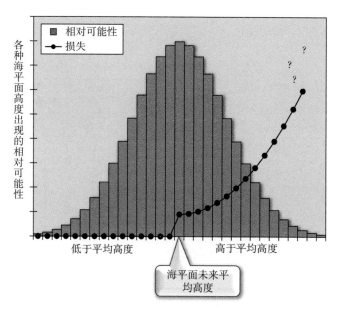

图 37.4　未来海平面高度的可能风险评估

　　也就是说，平均损失（即预期损失）要比平均海平面高度（即预期海平面高度）所造成的损失严重得多。说到这里，我再次想到了那个在马路上来回游荡，但平均位置始终在中心线上的醉汉。如果从平均位置（即马路中间线）来看，他能够幸免于难，但是，如果从平均状态来看，他必死无疑。

　　我们继续探讨气候变化的问题。事实上，人们不仅不能确定未来气温的变化幅度，也难以预料最高气温可能导致的具体后果。对此，我们只能做出一些大体的推测。比如，全球变暖的后果之一就是使全球变暖的速度进一步加快。因为随着极地冰冠的融化，地球对太阳能的反射能力将会降低，这会导致地球气温进一步升高，而地球气温的进一步升高又会加速极地冰川的融化，从而形成恶性循环。

很多问题都是相互关联的，孤立地看问题往往不可能洞悉全部真相。而相关的不确定性既可能让问题变得更为有利，也可能让事情变得更加糟糕。比如，全球变暖不仅会让全球变暖的速度进一步加快，而且会导致海洋风暴的能量急剧增强。而当能量倍增的海洋风暴在高涨的海平面上挟着雷霆万钧之势扑向海岸的时候，人们将会发现，曾经令人谈虎色变的卡特里娜飓风只不过是一场和风细雨。

再次强调，上述分析的前提是假设未来的平均气温同现在相比并没有发生变化。所以，上述的所有风险都是由地球气温的不确定性造成的。

好消息

尽管气候正在以前所未有的速度发生变化，但是，按照人类的标准来说，这种变化还是相当缓慢的。因此，人类还有足够的时间来了解和适应这种变化，在这一过程中，人类还可以克服平均值的缺陷，做出大量对自身有利的改变和取舍——对人类来说，这无疑是一个好消息。

举例来说，如果继续以现有的平均速度来开发可再生能源，那么，人类也许真的要走向灭亡。但是，各种技术的发展不会齐头并进，相反，它们的发展往往参差不齐：有的进展缓慢，而有的则突飞猛进。显然，那些发展迅猛的技术将会获得更多的资金支持，而这种支持则会进一步促使它们快速发展，而那些低于平均发展速度的技术将被逐步淘汰。因此，我们开发可再生能源的速度并不会维持不变，相反，它很有可能出现意料之外的高速增长。

另外，从人类行为的角度来说，地球上的某些地区情况将会得到改善。2005 年，《纽约时报》上的一篇文章曾经指出：正如美国西部大开发时的淘金热一样，随着气候变暖，许多国家正在掀起一股开发利用北极的浪潮。[3] 由于北极地区有着广阔的水域，随着冰川的渐渐融化，这里有可能成为优良的渔场。同时，这一地区蕴藏着大量的石油资源，有可能开发出新的油田（让全球变暖的趋势继续维持）。另外，冰川的融化还为开辟便捷的航线提供了条件。正因如此，这片原本一文不值的地区陡然之间变成了炙手可热的"香饽饽"，而围绕着如何瓜分这个"香饽饽"的国际磋商也正在如火如荼地进行。这篇文章还引用了加拿大国防部部长的话："如果全球变暖按照目前的速度发展下去，那么，'西北大通道'在 20 年之内就能够形成，而我们现在必须要抢先下手。"如果你真的想知道地球未来的气温变化，我建议你关注一下有可能被海水淹没的海滨地区以及目前还被冰雪覆盖的地区房产价格的变化。

另外，全球变暖也为各国调整能源结构提供了有利时机。急剧上涨的油价不仅会减少石油消费，还会促使我们更多地投资开发可更新的替代能源，从而减少我们对石油的依赖程度。这一进程的出现远比几年前不少人预料的要早。令人不解的是，有些人一方面对全球变暖问题忧心忡忡，另一方面又大声疾呼，要求政府人为地降低油价，以促进消费。

自由市场和公共资源悲剧

18 世纪，英国经济学家亚当·斯密（Adam Smith）为了说明自由市场的资源配置方式而提出了"看不见的手"这个隐喻。该隐喻表明：自由市场可以引导那些受贪欲驱使的个体通过商业活动为整个社会做出贡献。从总体上说，这只"看不见的手"发挥了重要的作用，我们每个人都受益于它。但是，正如最近的经济事件所证明的那样，这只"看不见的手"偶尔也会失灵。关于完全自由市场不能发挥作用的典型案例是经济学家所熟知的"公地悲剧"（Tragedy of the Commons）。[4] 这个案例说的是在英国的一个乡村，人们都在公共草场上放牧个人的羊群。如果公共草场被过度放牧，那么，随着羊群数量的增加，所有的羊都会因为吃不到足够的草而挨饿。但是，在这种情况下，那只"看不见的手"并没有让哪个牧羊人主动地减小自己羊群的规模，因为他们都认为这样做太吃亏。于是，在这样一个极度自私的环境里，羊群的规模会越来越庞大，直到所有的羊全部被饿死为止。

显然，不断增大的羊群规模就如同大气中不断增加的二氧化碳排放量。不过，在讨论这个类比之前，让我们先来看一看应该怎么解决上述案例中的问题。假如你是那个村子的村主任，而那片公共草场的最佳载畜量为 100 只羊。遗憾的是，现在你们村儿一共有 200 只羊。你也许会说，这个问题很好解决，只要颁发 100 张"放牧许可证"就行了（见图 37.5）。凡是无证放牧者，一经发现，他们的羊将一律被没收，然后成为村主任你的盘中美餐（要知道，在任何社会里，政客往往能够获得一些无理却合法的利益）。但是，你如何发放这些许可证呢？大家都有羊，你究竟让谁放牧不让谁放牧呢？这个问题也好解决。传统的做法是将许可证发给你的七大姑八大姨以及那些为你竞选村主任出过力的哥们儿。不过，假如你没有那么厚颜无耻，你也许会采用抓阄的方法来决定这 100 张许可证的去向。这个办法当然是公平的。但问题是，它并不能给你的村子带来最大的经济效益。

如果采用抓阄的方法，那么你就犯了一个平均值缺陷方面的错误。因为当你在考虑那些羊的时候，在你的潜意识里，所有的羊都是一模一样的，也就是说，你把所有羊的特点平均化了。然而，事实上，不同的羊有着不同的特征。举例来说，如果以能够带来的经济效益为标准，我们就可以将它们分成如下两类（假定这片公共草场上一共有 100 只羊）：

骨瘦如柴的羊。这些羊没有得到精心的照料，因而营养不良，出肉率很低。每只羊每年平均仅能为村民带来 100 美元的收益。

膘肥体壮的羊。这些羊都得到了精心的照料，因而膘肥体壮，出肉率很高。每只羊每年平均将能为村民带来 300 美元的收益。

如果不加区别，只是任意在上述两种羊当中选择 100 只——也就是大约每种羊各 50 只——进行放牧，那么，每年你将获得 2 万美元的经济效益（即 50×100+50×300）。平均来看，每只羊每年能够带来的经济效益为 200 美元。

请出示
你的许可证

图 37.5 　在公共草场颁发"放牧许可证"

注：丹泽戈尔绘。

总量管制与配额交易：对自由市场的限制

事实上，我们有一个两全其美的方法——总量管制与配额交易制度，即"放牧许可证"的发放上限为 100 张，而这 100 张许可证还要通过竞拍的方法发放给那些出价最高的牧羊人。显然，在这个过程中，最终的竞拍成功者肯定是那些经济效益最好的牧羊人——他们的羊个个都膘肥体壮，所以每只羊每年平均可以带来 300 美元的收益。这样，整个公共草场每年可以为全村带来 3 万美元的经济效益（即 300×100），相当于前一种方法的 1.5 倍。

而那些经济效益较差的牧羊人将会失去工作，但是，政府可以利用新的收入来源（即拍卖"放牧许可证"所得的款项）对他们进行必要的生活补贴和相关的技能培训，以便让他们尽快找到新的工作。

当然，现实生活中的羊也许不会只有两种，而是有好多种，包括政府机关工作人员做梦都没有想到的那些新品种。比如：

良种羊。这种羊每年每只可以创造 500 美元的经济效益。

可以生产胰岛素的羊（胰岛素可用于治疗糖尿病）。这种羊每年每只可以创造 1 000 美元的经济效益。

可以生产甲烷的羊。这种羊每年每只可以排放出价值 5 000 美元的清洁燃料。

随着技术的进步和品种的改良，亚当·斯密的那只贪婪的"看不见的手"将会继续优化这一系统，从而让 100 只羊为社会带来更大的经济效益，同时也为政府带来更多的许可证拍卖收入。

信息的价值

有人认为，现在我们并不能确定气候变化是不是一个严重的问题，所以没有必要采取应对措施。但是，平均值缺陷告诉我们，正是因为这种不确定性（即使平均温度没有升高），我们才需要高度关注这个问题。我相信应对全球变暖最划算的方法就是继续加大研究，从而发现更多可以降低不确定性程度的信息。

不是我们的责任

还有人认为，全球变暖问题的罪魁祸首也许并非人类，所以我们没必要为此担忧。我很理解这种观点。按照这样的逻辑，美国航空航天局（NASA）在非常时刻浪费纳税人数百万美元的资金来开发一套方案，试图改变小行星运行轨道的做法简直就是不可理喻，甚至是令人愤怒的——众所周知，一些小行星迟早可能撞击地球，从而导致人类的毁灭，但这显然并不是人类的错。

学会驾驭

我们一直是地球上无忧无虑的乘客，而现在也许到了学习驾驭这颗行星的时候了。但是，如果你体验过第 5 章的飞行模拟器，那么，你也许会对系统的滞后性所导致的操作难度有深刻的体会。麻省理工学院的约翰·斯特曼教授曾经建设了一个网站，在那里，你可以尝试着管理一个模拟的地球，从而让它的碳循环始终保持平衡。[5]

无节制地向大气中排放污染物就如同在公共草场上过度放牧一样。不过，现在我们还不清楚这样做的长期后果和相应的解决办法。但有一点是很清楚的：将我们自己封闭在一个僵化的制度体系之中而不去接触更多的信息，就好比用抓阄的方法来决定放牧许可证的发放。相反，为了确保解决方案能够与时俱进，我们需要对亚当·斯密的那只"看不见的手"加以约束。为了限制碳的排放，很多人都赞同实行总量管制与配额交易制度，其实，这一制度就相当于放牧许可证的拍卖和交易。

《经济学人》（*Economist*）认为，即使是实行自由企业制度的国家，政府也必须进行一定的干预以避免上述"公地悲剧"的出现："在对抗气候变化的过程中，非常可喜的是企业已经开始投资清洁能源领域，但是，只有当政府准备让那些碳排放者付出代价的时候，这些投资活动才能真正蓬勃发展。政府这样做的成本并不会太大，但是，如果不这样做，也许就将付出惨重代价。"[6]

第38章
平均值缺陷与医疗卫生

伟大的喜剧表演艺术家杰克·班尼（Jack Benny）扮演过一个爱财如命的吝啬鬼：当一个穷凶极恶的劫匪用枪抵着他的脑袋并且要挟说"要钱还是要命"的时候，他并没有马上做出回答。于是那个劫匪再一次威胁道："快说，你到底是要钱还是要命？"

这次，班尼回答说："我正在仔细思考这个问题。"

其实，那个吝啬鬼面临的难题也正是美国医疗卫生系统面临的难题。尽管大多数人都愿意不惜一切代价来挽救自己或者我们所爱的人的生命，但是，也有不少人将公共医疗卫生视为"劫匪"，当这个劫匪拿着凶器质问我们"要钱还是要（其他人的）命"的时候，国家还要对这个问题进行反复思考。

但是，无论你对这个问题做出何种回答，你都很难拒绝获得质优价廉的医疗卫生服务。而实现这一目标的方法之一就是确定更为精确的治疗方案。

针对所有病人的治疗方案

幽默作家德·麦克海尔（Des McHale）曾经开玩笑说：如果对所有的成年男女取平均值的话，每个人都会有一个乳房和一个睾丸。其实，这个笑话也提醒我们，不要试图制定一个针对所有病人的治疗方案。我们前面谈到过一个有关辛普森悖论的案例：有两种治疗肾结石的方案，从接受治疗的所有肾结石患者的统计情况来看，B方案的疗效比A方案要好；但是，在按照病人结石的大小进行分类统计的时候，发现对那些结石比较大或者结石比较小的患者来说，A 方案的疗效比 B 方案要好。这就是说，对一般患者很有效的治疗方案或许对某一个患者却很糟糕。

没有针对性的治疗方案比比皆是。为了筹备一个关于医疗决策方面的研讨会，我非正式地采访过几个专业医师，其中某家大型医院的一位心脏科医生的话给我留下了特别深刻的印象。他以冠状动脉阻塞患者为例，给我描述了医生为患者确定治疗方案的过程。对这类患者来说，主要有两种治疗方案可以选择。第一种方案是冠状动脉搭桥术，也就是将患者腿部的血管移植到心脏。第二种方案是血管成形术，也就是将一个微小的气囊嵌入血管的受阻部位，使血管得到扩张，从而让血液顺畅地流过阻塞部位。那位医生说："当一个冠状动脉阻塞患者到医院就诊的时候，情况通常是这样的：如果他的接诊医生是一名心脏外科医生，那么，他一定会被建议去做冠状动脉搭桥术；而如果他的接诊医生擅长血管成形术，那么，他一定会被建议在血管中植入一个气囊。"假如你哪天由于心口疼而去医院就诊，最好不要遇上一个直肠科大夫。

我们提到在甄别恐怖分子的时候，经常出现假阳性问题，事实上，在检测罕见疾病的时候，也往往会遇到假阳性问题。比如，虽然艾滋病已经成为一个严重的社会问题，但是，艾滋病感染者在美国总人口中所占的比例毕竟还很小。因此，用通用的检测方法来检测艾滋病，出现假阳性的概率可能会高于真阳性（艾滋病感染者会呈现阳性）。再举一个例子，最近，《时代周刊》（*Time Magazine*）上发表的一篇研究报告指出：女性自我检测乳腺癌可能弊大于利。[1] 为什么呢？因为自我检测的时候，出现假阳性结果的组织活检是良性结果的将近 2 倍，这不仅会给检测者带来昂贵的费用负担，还会给她们的身体带来不必要的风险。同样，由医疗专家组成的"美国预防医学工作组"（U.S. Preventive Services Task Force）也建议，75 岁以上的男性没有必要定期去做前列腺癌的筛查。[2] 这是因为，如果没有检查出癌症还好说，一旦检查出癌症，就会引起心理恐慌并促使他们开始接受治疗，然而，事实上，癌症的发展是很缓慢的，对这些高龄老人来说，在癌症发展成严重的疾病之前，他们也许就已经享尽天年了。

如果你还想了解更多这方面的案例，请参阅阿兰·奇里科夫（Alan Zelicoff，医学博士）和迈克尔·贝洛莫［Michael Bellomo，供职于巴克斯特生化科学公司（Baxter Biosciences）］合著的《弊大于利》（*More Harm Than Good*）一书。[3] 作者在书中列举了大量相关的案例。比如，有一个 59 岁的老人，他本来体格健壮，没有任何迹象表明他患有心血管方面的疾病，但是，因为他的家族中有人患过心脏病，所以他总是疑神疑鬼，担心自己也患上了这种疾病。于是他就去医院检查，而在经过一大堆愚蠢的化验检测——每一种检测都有很高的假阳性概率——之后，他最终决定要花一大笔钱来做一个心脏导管插入手术——该手术同心脏病有着一样高的死亡率。

1982 年，博物学家斯蒂芬·杰伊·古尔德（Stephen Jay Gould）——本书的第 1 章引用过他的一段话——被诊断出患上了一种罕见的癌症，而患了这种"不治之症"的病人预期寿命的中间值只有 8 个月。1985 年，依然健在的古尔德在《探索杂志》（*Discover Magazine*）上发表了一篇名为《中位数并不能说明问题》（*The Median Isn't the Message*）的文章，讲述了在知道自己患上癌症之后的心路历程：他并没有将医学上的统计结果看作一个单一的数字，而是将它看作一个概率分布，因此并没有丧失求生的希望，而正是这种希望挽救了他的生命。[4] 所谓"预期寿命的中间值为 8 个月"，指的是根据以往的统计数据，在所有患者当中，存活时间不足 8 个月和超过 8 个月的患者各占一半。因此，古尔德认为自己存活 8 个月以上的概率至少还有 50%。另外，鉴于自己正值壮年（40 岁），而且由于发现及时，自己的病情尚属早期，所以他相信自己的预期寿命会超过 8 个月。然后，他又意识到该病患者存活时间的概率分布一定是不对称的（见图 38.1）。最后，他开始使用新研制出来的实验性药物进行治疗——这些药物的疗效并不能从现有的统计数据中反映出来，而这种不确定性进一步增加了他创造奇迹的概率。所有这一切都有助于古尔德保持一种积极乐观的心态，而这种积极乐观的心态正是他能够战胜癌魔的重要因素。

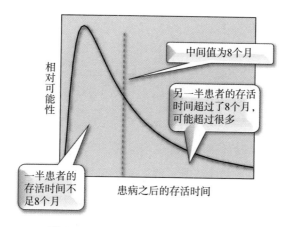

图 38.1　不对称的存活时间概率分布

古尔德还在 1996 年出版的《生命的壮阔》（*Full House：The Spread of Excellence from Plato to Darwin*）一书中对自己的经历做了这样的总结：[5]

我之所以会做出这样的分析，是因为我对统计学和博物学都有所了解，因此我不仅将变化视为一种基本事实，而且时刻对平均值充满警惕——毕竟，平均值只是一个抽象的衡量标准，它并不适用于具体的个人，而且通常和个案无关。

从被确诊为癌症之后，古尔德又顽强地生活了 20 年，最后死于另一种不相干的疾病。在此期间，他不仅为无数癌症患者带来了生存的勇气，还出版了 20 部图书并发表了几百篇论文。

当你对一个昂贵的治疗方案进行成本和效益分析的时候，不要忘了古尔德这个鼓舞人心又发人深省的故事。难道我们真的应该依据平均值来衡量治疗的成本和效益吗？假如一种药物对 80% 的病人都没有效果，而其余 20% 的病人服用了这种药物之后可以延长 36 个月的生命，那么，你是否会根据平均值的原理天真地以为这种药物一定可以让任何一个病人的生命延长 7.2 个月（即 36×20%）呢？显然不会。事实上，它只能保证每一个病人有 20% 的机会继续生存 3 年——在此期间，病人也许可以参加女儿的婚礼并亲眼看到自己的外孙。

当医学遭遇数学

20 世纪 70 年代，斯坦福医院一位名叫大卫·艾迪的心脏外科医生开始质疑医疗决策过程。2006 年，他在《商业周刊》上发表的一篇封面故事中回忆说："我认为我们的医疗决策过程完全背离了我们所谓的理性。"[6]有一天，艾迪医生忽然发现自己距离世界上最伟大的决策分析中心——兰·霍华德教授所在的斯坦福大学工程学院——只有一步之遥。于是，渴望挑战自我的艾迪开始在斯坦福大学攻读医疗决策与数学分析领域的博士学位。在这里，他发现了**马尔科夫链**。前面我们说过，**马尔科夫链**可以被用来模拟某个地区人们生存状态的发展变化。当时，我们按照该地区人们的不同状态将他们分为爱好和平者、好勇斗狠者、恐怖分子以及惨遭杀害者 4 种类型。而在医疗卫生领域，我们也可以按照人们的不同状态将他们分成下列几种类型：没有生病者、病原体携带者、有了初期症状者、感染了某种疾病者、因病死亡者。在反对恐怖主义的时候，我们采取一定的外交手段，是为了促使人们不断地由暴力走向和平，而在医疗卫生领域，医务工作者采取必要的治疗方案，则是为了促使人们不断地向健康状态转变。艾迪博士赞成在医疗卫生领域使用相似的数学模型来解决这一问题，他还专门为此制作了一个网页。[7]

作为凯泽永久医疗保健公司（Kaiser Permanente health care）的顾问，艾迪认为医疗决策的制定不应该听医生的一面之词，而应该以真实可见的疗效为依据。他还为此提出了一个专用的术语"循证医学"（evidence-based medicine）。在美国公共广播公司的一个医疗卫生讲座中，艾迪博士说："在医学史上，无论是过去还是现在，都不乏这样的例子：专家都坚信某一个治疗方案非常有效，但是，当我们真正仔细研究之后，却发现这个方案并不像他们说的那么神奇，有时候甚至有害无益。"[8]脑白质切除手术就是典型。

如果按照人们的平均呼吸频率来给病人供氧，病人将可能因缺氧而死亡

在寻找医学与数学相结合的案例时，我发现呼吸器——一种帮助那些不能自己呼吸的病人进行呼吸的机械装置——的设计就明确地应用了**延森不等式**（强式平均值缺陷）的原理。

这是马尼托巴大学（University of Manitoba）的一位统计学家和两位麻醉专家 2005 年在《英国皇家学会交流期刊》（*Journal of the Royal Society Interface*）上发表的论文中介绍的一个案例。[9] 图 38.2 表示的是血液中供氧量与肺部气压之间的关系。需要注意的是，在正常的呼吸状态下，反映供氧量与肺部气压间关系的曲线应该是一条"微笑曲线"（即上升的凸线），这是因为肺泡随着气压的增加会不断地膨胀。

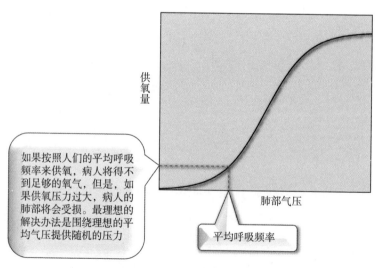

图 38.2　供氧量与肺部气压的关系

这就给呼吸器的设计者提出了一个问题。根据作者的说法，"在向病人供氧的时候，大多数呼吸器的呼吸频率就如同钟表上的指针一样不紧不慢、毫无变化，然而，常人的呼吸方式并不是这样的"。如果呼吸器按照人们所

需的平均气压来供氧，那么病人将不能获得足够的氧气。相反，如果压力过大，则可能导致病人肺部损伤。

那么，这个问题该如何解决呢？这需要通过特殊的设计，使呼吸器能够围绕理想的平均气压提供随机的压力。在这种情况下，根据强式平均值缺陷，平均供氧量将会大于平均呼吸频率所带来的供氧量。因此，这样既可以为病人提供足够的供氧量，又不会对病人的肺部造成损伤。有必要说明的是，当供氧压力高于标准压力时，随机供氧系统将不再继续增加而是开始减少氧气的供应，这时候，反映供氧量与气压间关系的曲线是一条"皱眉曲线"（即下降的凹线）。

这样一个人类生态学模型不仅可以应用于呼吸器的设计，还有可能应用于更多的领域。比如，艾迪博士和他的同事已经开发出一套名为"阿基米德模型"（Archimedes Model）的方法——该方法可以模拟患有多种疾病的病人对各种治疗方案的反应。

关于将该模型应用于并发症患者的问题，《商业周刊》曾经引用凯泽永久医疗保健公司顾问保罗·华莱士（Paul Wallace）博士的话："目前，循证医学还没有完全接受的一件事情是，如何对待同时患有糖尿病、高血压、心脏病以及抑郁症的病人。"作者在文中指出，利用阿基米德模型，只需要半小时就可以模拟出数千个病人在 30 多年试验期内的治疗情况。正因如此，凯泽公司已经对同时患有心血管疾病的糖尿病患者采用了新的治疗方案。

阿基米德模型是一个非常复杂的方法，因此，只有那些接受过专业训练的人员才能有效地使用这一方法。不过，艾迪博士还透露：为了让医疗卫生领域的更多决策者可以直接使用这一模型，他们正在开发一种基于网络的新版本。

意想不到的后果

1996 年，迈克尔·金斯利（Michael Kinsley）在《Slate》杂志 [10] 上撰文指出：出发点很好的决策，有时候却可能带来相反的结果。金斯利说："最近几年，美国联邦航空局一直在为是否在飞机上为幼儿设置安全座椅的问题大伤脑筋。"目前，通行的做法是要求 2 岁以上的乘客必须系安全带，而 2 岁以下的幼儿则由父母照看。金斯利继续说："空乘人员以及其他支持设置幼儿安全座椅的人士都认为：政府一方面要求所有的成年人甚至咖啡壶都必须系上安全带，另一方面却对幼儿的安全置之不理，这样的做法让人很难理解。"不过，金斯利指出：强制幼儿使用安全座椅不仅不能保护他们的安全，还会将他们推向更危险的境地。这是因为大多数幼儿都不需要买票，如果要求他们购买座位就会增加他们父母的出行成本，这样很可能会促使他们选择开车出行，而开车出行的危险性要远远大于乘飞机出行。根据一项研究的评估，这一方法可以让 1 名儿童在空难中幸存，但它同时会导致 9 名儿童在车祸中丧生。

同样，昂贵的医疗费用也会带来意料之外的后果。如果高昂的医疗费用超出了一般人的承受范围，那么，不到万不得已，人们将不会选择就医，于是，小病就养成了大病，或者说一个人的病会传染给很多人。这样，社会就要承担更多的负担和更大的代价。

我还没有死

在《巨蟒与圣杯》（*Monty Python and the Holy Grail*）的开头，有这样的一个场景：在一个中世纪的小镇上，随着一辆满载着尸体的手推车缓慢地碾过满是污泥浊水的街道，传来了一阵"清理死尸喽，清理死尸喽"的吆喝声。

这时候，一个人肩膀上扛着一具尸体走了过来："我这儿有一个。"

推车人看了一眼说："9 便士。"

"我还没有死呢。"被扛在肩膀上的那具"尸体"有气无力地说道。

一个人在临终的时候往往需要大笔的医疗开支，而相关医疗决策的制定会涉及多个利益攸关方。推车人想赚钱，那个生命垂危的人不愿意被当作死尸扔掉，而那个扛着他的人则急于甩掉背上的累赘。于是，在经过一番争论和协商之后，终于达成了这桩肮脏的交易（只要在互联网上输入"Monty

Python bring out your dead"，你就可以很容易地看到这个极其荒唐的场景）。

如今，在所有的医疗开支当中，临终时的开支仍然占了一大部分，而且在制定相关医疗决策时会涉及更多的利益攸关方。比如，大力推销自己治疗方案的医疗专家、竭力兜售昂贵药物和设备的制药公司和医疗设备生产厂家、别有用心的学术研究人员、具有举足轻重地位的保险公司、气息奄奄的病人以及惊慌失措的病人家属等。

然而，在过去的几十年里，医疗界的混乱也促使基本的医疗知识得到了前所未有的推广和普及——就如同工业革命开始之前冶金学和化学的蓬勃发展一样。但是，正如普通消费者并不能轻易地将金属和化学原料制成有用的产品一样，一般民众即使掌握了基本的医疗知识，也不可能马上变成医疗专家。

如今，在制定医疗决策的时候，患者同《巨蟒与圣杯》中的那个病人一样，在所有利益攸关方当中，仍然是最不具发言权的一方。作为患者，你不希望医生采用"针对一般病人的治疗方案"来医治你的疾病，而希望他们根据你的具体情况制定一套最好的治疗方案——事实上，这种有针对性的方案也许是一种独一无二的方案。当你置身于这种不幸处境的时候，一个比较好的防御措施是利用信息时代的工具来寻找各种可供选择的方案，然后再对它们进行权衡取舍。或者像奇里科夫（Zelicoff）和贝洛莫（Bellomo）所说的那样："我们认为，要实现合理的改变，个人必须而且也能够理解与各种常见疾病有关的基本医疗知识和生命科学知识——这些常见疾病不仅长期困扰着绝大多数人的身体健康，也是医疗开支的最重要方面。"我相信无论你最终选择冷漠无情、利欲熏心的民营商业医疗机构，还是选择不思进取、效率低下的公立医疗机构，都应该牢记他们这一正确的说法。

第39章
性别与中心极限定理

　　世界上绝大多数的动物都是有性繁殖的，你是否想过其中的原因呢？有一种理论认为，无性繁殖的动物只有单一的免疫系统，所以它们很容易携带寄生生物，比如细菌——这些细菌并不需要太多的进化和变异，就可以轻松安逸地在动物的体内生存。另外，有性繁殖的生物可以针对体内的寄生生物进行基因的变异，因而具有多样化的免疫系统。如果这种理论是正确的，那么，在选择配偶的时候，需要考虑的一个重要因素就是，对方的基因一定要同你的基因差别很大，这可以让你的后代拥有更多样化的免疫系统。事实上，任何时代的任何民族都不赞成近亲结婚，而且科学研究也表明，女性更愿意找一个在基因上同自己区别较大的男性作为配偶。一个名为"主要组织相容性复合体"（MHC）的基因群似乎同气味喜好与配偶选择都有关系。研究表明，让女性根据气味去评判若干件由男性穿过两天的 T 恤时，她们喜欢的往往是那些 MHC 基因同自己不相同的男性穿过的 T 恤。[1] 即使择偶问题的某些方面确实是由**中心极限定理**所决定的，我仍然不建议使用这个术语。

　　正如投资者利用他们手里的钱去赚更多的钱一样，生物体也在利用自己的基因去制造更多的基因。不过，就像理查德·道金斯（Richard Dawkins）1976 年在《自私的基因》（*The Selfish Gene*）一书中所说的那样：从生物学上来说，男性和女性"投资者"将会面临不同的风险收益状况。因为子女分别从父母那里遗传了相同数量的基因，所以对男女"投资者"（以及其他脊椎动物）来说，他们的基因"回报"都是一样的，即全部子女基因数的 50%。

如果仅从这一方面来看，男女双方是公平的。

下面，我们再来看"投资"风险。首先来看女性。女性需要忍受怀孕的痛苦，在史前时代，如果没有选择一个身手矫健的配偶，怀孕期的女性很可能会成为剑齿虎的美餐。然后，当然就是分娩了，根据可靠的说法，在过去，分娩并不是一件轻而易举的事情，因为它常常会导致产妇死亡。另外，如果我们将每一次怀孕看作一次投资，那么，一个女性一生中最多只能进行十余次投资。相比之下，男性面临的生物学风险微乎其微，而且，从理论上说，他们一生中可以进行数百次投资（即致使女性受孕）。既然女性的"投资组合"比较单一，而男性的"投资组合"十分多样化，那么，我们就不能指望着男女双方在"合伙经营"中对任何问题都保持一致。

不过，在繁殖过程中，女性有时候也会成为多样化的受益者。我的父亲吉米和叔叔理查德都患有先天性的眼球震颤症——患者的眼球会不由自主地跳动，而且通常视力都很差。因此，他们不可能去打棒球以及从事其他的运动。不过，在摘掉沉重的眼镜之后，他们仍然可以将书籍凑近自己的眼睛进行阅读。这样，书籍就成了他们了解外部世界唯一清晰的窗口。正因如此，他们都博览群书，最终都成了杰出的学者。

同血友病、色盲、肾上腺脑白质营养不良症（这种病会导致重症肌无力）等疾病一样，导致眼球震颤症的缺陷基因位于 X 染色体上。女婴从父母那里各遗传一个 X 染色体，而男婴则从父亲那里遗传一个 Y 染色体，同时从母亲那里遗传一个 X 染色体（见图39.1）。

如果某位女性的其中一个 X 染色体有基因缺陷，那么她就是一个缺陷基因携带者，她可以将某种疾病遗传给她的儿子。但是，由于她的另一个 X 染色体没有基因缺陷，所以她本人并不会表现出这种疾病。

然而，如果一个男性唯一的 X 染色体有基因缺陷，就像我的父亲和叔叔那样，那么，他就会表现出这种疾病。

男性可以将有缺陷的 X 染色体遗传给他们的女儿，但是，并不会遗传给他们的儿子，所以，我没有遗传父亲的眼球震颤症。

图 39.1 X、Y 染色体的遗传

X 染色体 "投资组合" 多样化的结果

我们在前面介绍过多种不确定性同时存在的情况，在这里，我们又遇到了这种情况。谈到 X 染色体，由于男性只有一个 X 染色体，女性有两个 X 染色体，所以男性就如同在抛掷一枚色子，而女性则如同在同时抛掷两枚色子（见图 39.2）。在这种情况下，我们可以对遗传疾病做出如下的解释。首先需要说明的是那些携带血友病以及其他多种疾病的基因都是隐性的，也就是说，如果你有一个没有缺陷的备用基因，那么那个有缺陷的基因所携带的疾病就不会表现出来。假如说男性在他的 X 染色体色子抛出 1 点的时候会表现出该疾病，那么，女性只有在她的两个 X 染色体色子同时抛出 1 点的时候才会表现出该疾病。因此，对 X 伴性隐性遗传病而言，男性的发病率要远远高于女性。但是，同博彩游戏中的 6 面色子不同，我们这里所说的基因 "色子" 差不多有 1 000 个面，这就意味着一枚色子抛出一点的概率大约为 1/1 000，而两枚色子同时抛出 1 点的概率大约只有 1/1 000 000。

图 39.2　男性与女性的"掷色子"游戏

注：丹泽戈尔绘。

　　在上述例子当中，女性只显示与她们两个 X 染色体当中的一个相关的遗传特征。但是，我们可以想象一下女性基于两个 X 染色体基因的全部遗传特征。对男性来说，全部遗传特征仍然像是抛掷一枚 X 染色体色子得到的结果，而对女性来说，全部遗传特征更像是同时抛掷两枚 X 染色体色子，然后取平均值。关于这些特征，男性和女性应该有相同的平均值（如果按照现实的色子来说，这个平均值应该是 3.5），但是，由于两枚色子显然比一枚色子更具多样性，所以女性遗传特征概率分布的变化幅度比男性要小（即掷出最小值 1 点或最大值 6 点的概率比较小）。多年以前，我就听说这个理论也许可以解释为什么男性的某些特征在概率分布上变化幅度比较大的问题，但是，直到最近，我才看到一份可靠的参考资料。

　　这份参考资料出现在霍华德·威纳的新作《描绘充满变数的世界》当中。这本书引用了《纽约时报》上一篇文章的说法："非常巧合的是，与智力相关的大量基因都集中在 X 染色体上……由于男性只有一个 X 染色体，所以他们只有一套同 X 染色体相关的智力基因。而女性有两个 X 染色体，所以她们有两套同 X 染色体相关的智力基因——这一事实可以带来多方面的重要影响。"[2] 这本书还引用了加利福尼亚大学洛杉矶分校生物学教授亚瑟·阿诺德（Arthur Arnold）的话："因为女性的一套智力基因可以消除另一套智力基因发生突变所带来的影响，而男性则不能这样，所以，相比之下，男性群体在智力上的差异性比较大，也就是说智力上两极分化现象比较严重。"

然后，威纳又从考试成绩的角度讨论了男女的智力差别问题："在过去的几十年里，大多数开明的研究人员都发现，男性与女性并非在智商水平上存在差异，而是在智商的分布状态上有所区别。"

当然，作为统计学家，他运用了大量的统计数据来证明自己的观点。他的数据来源于美国在"国家教育进展评估"（National Assessment of Educational Progress）中对八年级学生多年考试成绩的统计——这些统计涉及多门学科。在某些学科（如语文）上，女孩子的平均成绩一直高于男孩子，而在有些学科（如自然科学）上，则恰好相反。然而，在数学上，男女生的平均成绩几乎没有什么差别（由于自身的偏见，我本人对这个统计结果感到很惊讶）。但是，将每一年、每一个学科的统计数据全部汇总在一起之后，威纳发现，男孩子在考试成绩上的差异性都大于女孩子。

这种差异性上的区别绝不是偶然现象。我本以为这个区别并不是很明显，因此可以忽略不计，但事实并非如此。下面让我们来看一看威纳提供的 1994 年美国八年级学生历史课考试成绩的统计数据。首先，男生与女生的平均分相同，都是 259 分。不过，男生与女生的**标准差**不同，男生为 33，女生为 31。这个统计结果可以通过图 39.3 体现出来，该图表明考试成绩分布在中间的女孩子要稍微多一点，而分布在两端的男孩子要稍微多一点。

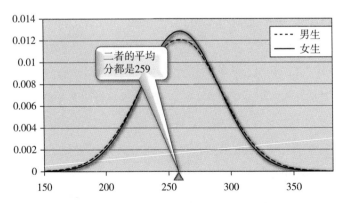

图 39.3　美国八年级学生历史课考试成绩概率分布

概率分布图的两端

虽然从总体上来看，男生与女生的区别并不是很明显，但是，当你单独分析概率分布图的两端时，情况就不同了。如果将 184 分看作第一个百分位数，而将 334 分看作第 99 个百分位数，那么我们发现，对全体学生来说，成绩等于或低于 184 分的学生只占 1/%，而且成绩等于或高于 334 分的学生也只占 1/%。上述事实可以通过八年级学生历史成绩概率分布图的两端反映出来（见图 39.4）。从图中可以看出，处于两端的男生显然要多于女生——确切地说，几乎要高出 50%。

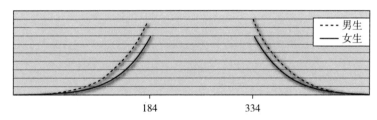

图 39.4　概率分布图的两端：最好的百分之一和最差的百分之一

断章取义的报道

最近，关于男生与女生在考试成绩概率分布方面的上述差异也在一项大型研究报告中得到了证实。不过，具有讽刺意味的是，全国各大媒体在报道这项研究报告的时候所采用的标题显然都陷入了平均值缺陷的误区。比如，路透社在 2008 年 7 月 24 日的报道为《男生与女生在数学考试中不相上下》（"Girls Match Boys on Tests in Math"），《纽约时报》在 2008 年 7 月 25 日的报道为《研究发现：男生与女生在数学成绩上并没有差距》（"Math Scores Show No Gap for Girls, Study Finds"），而《时代周刊》在 2008 年 7 月 24 日的报道为《在数学上存在性别差距的说法纯属无稽之谈》（"The Myth of the Math Gender Gap"）。显然，上述标题所说的成绩指的都是平均分。《纽约时报》报道说：

> 由于对女性在自然科学和工程学领域"固有的天资"表示怀疑，哈佛大学校长劳伦斯·萨默斯（Lawrence H. Summers）惹上了麻烦……由美国"国家科学基金会"出资赞助的一项研究发现：在数学标准考试当中，女孩子和男孩子的成绩不相上下。

事实并非如此。萨默斯的意思是说男性在智力的差异性上比女性要大，而不是说男性的平均能力比女性更强。这一点的确已经被数学考试成绩所证实。在路透社的报道中，作者引用了珍妮特·海德（Janet Hyde）——她是威斯康星大学心理学教授，也是这篇研究报告的作者——的话："我们的确发现成绩最高的百分之一的男生比女生要多，而且二者的比例高达 2∶1。"这个比例甚至比威纳在历史课考试成绩统计中发现的比例更高。

那么，究竟该如何解释男性在考试成绩上比女性具有更大差异性这一事实呢？既然本章已经反复提到男性与女性分别有着不同的基因，那么，我猜想关于这个问题，男性与女性将会做出不同的回答。在这里，我可以代表男同胞来回答这个问题。但是由于男人与女人在大脑结构上有所不同，所以，我没有资格代表女性发言。不过，我让我的妻子达里尔——她从小就擅长英语，如今是一位职业作家——作为女性的代言人来回答这个问题。

男性代言人萨姆·萨维奇的解释："男同胞，正如大家都知道的那样，如果我们将'天才'定义为世界上最优秀的一群人，那么，我们会发现，在这群人当中，男性要远远多于女性。"

女性代言人达里尔·萨维奇的解释："女同胞，不要听我丈夫在那里胡说八道，正如大家都知道的那样，如果我们将'白痴'定义为世界上最愚笨的一群人，那么，我们会发现在这群人当中，男性要远远多于女性。"

事实上，无论男女智商之争最终会得到一个什么样的结论，都没有太大的关系，因为历史已经反复证明：男女都可以改变世界。时至今日，我仍然对那两个武断地认定我和我的父亲都"不是上大学的料"的中学老师耿耿于怀。同样，对那些武断地认定女孩子不可能成为数学家、宇航员或者总统的人，我也坚决不能容忍。

对优生学的反思

1883 年，查尔斯·达尔文（Charles Darwin）的姑表兄弟弗朗西斯·高尔顿（Francis Galton）（1822-1911）首次提出了"优生学"的概念，用以说明通过人为干预来改善人类遗传性状的努力。既然我们可以将这一方法应用于家畜的繁殖，那么，为什么不能将它应用于人类的繁衍呢？20 世纪初期，优生学在美国得到过广泛的应用，比如，对那些所谓的低能人群强制实施绝育手术就是以此作为理论依据的——在我的中学英语老师看来，恐怕我也应该归入此类低能人群吧。但是，优生学最狂热的支持者还是第二次世界大战时期的纳粹分子。他们认为可以通过尽可能地屠杀更多的犹太人、吉卜赛人以及同性恋者来改良人种。与此同时，世界上其他大多数人则认为只有把疯狂的纳粹分子消灭干净，人类善良、仁慈的品质才能得到提升。最终，优生学并没有像高尔顿预想的那样成为万能灵药。

当人类开始滥用优生学的时候，他们也在自找麻烦。因为在婴儿出生之前，可以利用超声波来确定他们的性别，所以，世界上某些地区的人们就利用这一方法来实施他们的"优生"计划：如果发现是可以传承香火的男婴，就会欢天喜地，而一旦发现是女婴，则有可能选择堕胎。这一做法已经导致了男女出生比例的大幅失调，长此以往，将可能造成意想不到的严重后果。当青年男女的比例达到临界水平的时候，很可能会引发战争。鉴于相关国家不仅实力相当，而且国界相连，所以一旦爆发战争，情况将会十分惨烈。另一个希望追求优生优育却误入歧途的例子发生在皇室家族内部。为了保持高贵血统的纯粹性，他们传统上都会选择近亲结婚。根据气味喜好原理，这种做法是对人类本能的公然违背。不仅如此，这种做法还将导致后代基因库过于单一，从而使罹患血友病等 X 伴性遗传疾病的概率大大增加。

尽管历史上有大量的经验和教训，你也许仍然固执地相信人类有权利随心所欲地安排自己的基因库。如果是这样，那你至少应该对遗传学的发展现状有所理解。只要不是对流血、近视以及寄生生物情有独钟，你就应该选择一个同自己的基因差别较大的配偶结婚。多样化原理不仅可以应用于经济学领域，而且可以应用于生物学领域。高尔夫天才泰格·伍兹（Tiger Woods）、演员兼模特哈莉·贝瑞（Halle Berry）以及美国总统巴拉克·奥巴马，这些混血儿在事业上的巨大成功都是有力的证据。最后，我要为热衷于优生学的人们提出一个新的目标：同一个民族禁止通婚。

概率管理

现在我要介绍一种风险建模的新方法：概率管理。这是一种根据"不确定性对象"——这些不确定性对象能够同与不确定性相结合的模型组合在一起——构建而成的组合式方法。这种评估方法是我在过去的十余年里同其他人合作开发出来的，所以，偏颇之处在所难免。不过，正因为这是一个全新的方法，所以它还没有成为"零和博弈"。因此，一些潜在的竞争对手已经发现：通过建立行业标准从而使对不确定性和风险的表述变得更为明确，这是对双方都有好处的事情。利用蒸汽时代的统计学来表述信息时代的风险将会导致严重的后果，关于这一点，我们已经目睹了很多的案例。因此，如果我们希望提高经济的稳定性，首先就要解决这一问题。

那么，概率管理究竟能否带来革命性巨变呢？这个问题只能留给历史去评说。该方法的形成并非基于像X射线或者原子能一样的重大技术突破，但是它的确推动了现有技术的发展。一般的管理人员从没有接触过这种方法，不过，要掌握这一方法并不需要太多的知识储备。更为重要的是，越是在大型机构紧张地进行战略决策的时候，这一方法越是可以得到迅速而系统的发展。因此，无论从技术还是从知识的角度上来说，我都认为概率管理处于时代的最前沿。正因如此，它才能够很容易地被人所接受。不过，我希望它能够成为帮助我们更好地进行风险管理的有用标准。换句话说，使之成为所有人都可以使用的工具。

第九部分　一个有希望克服平均值缺陷的方法

历史上一直存在两种意见：一派人坚持认为最好的决策应以过去的模式和数据为基础，另一派人则认为决策应基于对不确定未来的更大程度的主观判断。这是一场永远没有结局的论战。而我要讲述的故事始终围绕着这场论战展开。

——选自《与诸神为敌：风险探索传奇》（*Against the Gods：the Remarkable Story of Risk*），作者彼得·伯恩斯坦（Peter L.Bernstein）

认为"最好的决策应以过去的模式和数据为基础"的观点属于古典统计学，它有点类似于古典音乐。古典音乐以严格而精细的规则为基础，具有悠远的历史感。这样的音乐虽然具有数学上的美感（如果没有巴赫，我不敢想象我的生活会变成什么样子），但是，我们不能指望它们时刻与迅猛发展的时代节拍保持同步。古典统计学可以轻而易举地计算出数千只白天鹅的平均喙部长度，但是，它永远不可能依据白天鹅的统计数据预测出一只黑天鹅的出现。

认为"决策应基于对不确定未来的更大程度的主观判断"的观点就像是即兴创作的爵士乐——音乐家在演奏这一段旋律的时候，并不能确切地知道自己将要演奏的下一段旋律是什么。如果存在一种可以应对黑天鹅事件的统计学，那么这种统计学就应该是即兴的。

即兴统计学家使用的"乐器"以交互式可视化为基础，而且在开始"演奏"之前，很多人来不及接受"古典音乐"的训练，他们需要一拿到"乐器"就开始"表演"。因此，他们必须擅长"表演艺术"，否则，将无法吸引"观众"。

但是，我们不要忘了，很多爵士乐音乐家都有着良好的古典音乐修养，而且，现在即使巴赫复活并定居在美国新奥尔良，他也会在直播现场进行即兴演奏。

用这个比喻意在强调概率管理应该兼收并蓄、海纳百川，借鉴各种学科之长为我所用。

第 40 章
古典统计学的终结

爱因斯坦不应该为广岛（Hiroshima）遭遇原子弹袭击负责，同样的，弗朗西斯·高尔顿虽然是优生学之父，但他也不应该为那些假借优生学之名而犯下的罪行负责。高尔顿不仅在优生学领域有开创之功，而且为统计学的发展做出了重要的贡献。在詹姆斯·索罗维基（James Surowiecki）的《群众的智慧》（*Wisdom of Crowds*）一书中，高尔顿得到了应有的好评。在这本书当中，高尔顿首先出场：1906 年，在英国的一个乡村集市上，高尔顿在观看一个群众竞猜活动时惊讶地发现，所有人对一头公牛体重猜测结果的平均值居然非常接近于真实值。[1] 高尔顿后来写道："群众对民主判断的准确性似乎要比预想的可信得多。"

斯蒂芬·施蒂格勒——芝加哥大学杰出的统计学家，也是经济学家乔治·施蒂格勒的儿子——曾经在一本书[2]中对统计学的历史做了详细的描述。在这本书中，他提到高尔顿和其他一些统计学家曾经利用机械装置来产生随机数字。施蒂格勒还在一篇名为《19 世纪的随机模拟》（"Stochastic Simulation in the Nineteenth Century"）的论文[3]中指出：即使这些先驱在研究工作中依据的仍然是古典统计学（即蒸汽时代的统计学），但是，他们在检验自己的理论时所采用的却是模拟的方法。

高尔顿的色子

在施蒂格勒的论文当中，我最感兴趣的部分是那些直接从高尔顿 1890 年发表的论文中引用过来的内容——这些内容都与他设计的随机数据产生器有关：

每一个统计学家偶尔都会想到对一些理论过程的实际价值进行检验……[4]

接下来的话显示了他敏锐的市场直觉，

由于确信人们需要这样的装置，我就设计出一种方法来生产它们……

生产之后当然还要销售，

我经常使用这样的装置，而且在使用过程中，我发现它非常有效，所以借此机会宣传一下。

接下来，他介绍了自己这项发明所具有的技术优势：

关于随机数据的生产，我发现没有比色子更好的工具了。相比之下，无论是用纸牌还是用带有标记的小球来产生随机数据都很不方便：每抽取一次，都需要重新洗牌或者重新将小球混合均匀，而这是非常单调乏味的事情。

试想，早在 100 多年前，高尔顿就认为用纸牌或者小球来产生随机数据是极其单调乏味的事情，然而直到今天，美国政府每年在征收几十亿美元的递减税时所采用的抽奖法仍然是以混合、搅拌带记号的小球为基础——假如高尔顿在天有灵，他一定会对此深感惊讶的。下面，让我们继续来看高尔顿的论文。当谈及摇动篮子里的色子所能产生的随机性效果时，高尔顿几乎抑制不住自己兴奋的心情。

当你摇动篮子的时候，里面的色子就会飞速移动，它们不仅相互撞击，而且同篮子内壁发生碰撞。伴随着清脆的声响，它们在篮子里翻滚腾挪。摇动之前，它们是一种分布状态，但是，在经过摇动之后，它们将变成另一种完全不同的状态，而且这种状态之间的转变任何人都无法预料。

需要说明的是，高尔顿的色子并不像普通的色子那样只有 6 个数字，而是在每个面的 4 个角上各有 1 个数字，因此，每个色子上都有 24 个数字，这样设计是为了生成呈现**正态分布**的随机数据。

统计学的坏孩子

高尔顿时代的统计学家以色子、纸牌以及小球为实验工具，提出了一套强有力的统计学理论。而计算统计学则完全绕开了这些理论，因为人们运用计算机可以轻而易举模拟出不计其数的色子、纸牌或者小球。这是高尔顿时代的统计学家做梦也想象不到的。

前面说过，为了研究多样化投资组合的效果，我和瑞克·麦德雷斯就曾经对一组电影的票房收入进行过重复取样。虽然这个过程的基本原理仍然相当于将那些电影的票房收入分别写在不同的小球上，然后将小球放入一个袋子里，搅拌均匀，然后重复取样，但实际操作却是在电脑上完成的，所以整个过程异常简单快捷。

布拉德·埃弗龙（1938—）

布拉德·埃弗龙是计算统计学的创始人之一，从一开始他就表现出了不同凡响的特质。20 世纪 60 年代初期，正在斯坦福大学攻读博士学位的埃弗龙同时担任该校的幽默刊物《丛林》（*Chaparral*）的编辑。在此期间，由于在一篇文章中对《花花公子》（*Playboy*）杂志大加嘲讽，他被要求停职反省

4 个月。[5]

1979 年，埃弗龙证明，用计算机对小球和色子进行模拟的方法可以统一成一种比传统的统计学理论研究方法更加简捷高效的新方法。他将这一新方法称为"靴袢法"（bootstrap）。[6] 靴袢即缝在靴子后跟上缘、穿靴时便于往上提的环形吊带。之所以这样命名，一方面因为靴袢可以让人们在穿靴子的时候省时省力，另一方面因为在一篇名叫《吹牛大王历险记》（*The Adventures of Baron Munchausen*）的德国童话中，闵希豪森（Munchausen）男爵拽着自己的靴袢把自己拉出沼泽，从而死里逃生。在古典统计学中，首先要假定一些特定的理论分布形式，比如**正态分布**，然后，再对它的变量，即平均值以及**西格玛**做出评估。而利用新方法就简单多了。这一方法对统计学领域产生了巨大的影响，正因如此，埃弗龙在 2007 年被授予美国国家科学奖章。

埃弗龙是少数跨越了技术鸿沟的杰出人物之一。一方面，他擅长古典统计学；另一方面，他锐意革新，在现代统计学领域开拓出了一片新的天地。下面是他对现代统计学的一些看法："如果站在第二次世界大战之前的角度来看，我们目前的计算能力已经强大得匪夷所思了。至少，我们在统计学实践中遇到的很多计算问题都可以轻易地得到解决。但是，这并不意味着统计学理论已经发展到了极限——虽然它的确已经改变了（而且我认为是向着好的方向转变）恰当的问题和正确的答案的构成。"[7]

朱利安·西蒙（1932—1998）

朱利安·西蒙（Julian Simon）是马里兰大学（University of Maryland）工商管理学教授，同时也是一位充满争议的人物。西蒙的成名也许是因为他同保罗·埃里奇（Paul Ehrlich）的那个"10 年豪赌"。西蒙是一个乐观主义者，他相信科学技术的飞速发展将会消除人口急剧膨胀带来的负面影响。而埃里奇则是一个悲观主义者，也是《人口炸弹》（*Population Bomb*）一书的作者，他认为地球资源行将枯竭，所以稀有原材料的价格将会不断上涨。

1980 年，埃里奇和西蒙选择了好几种原材料，并且以当时的价格为基准计算出它们的总价值。两人约定，10 年之后，如果这组商品的总价值上涨了，那么，就由西蒙向埃里奇支付差价，相反，如果总价值下跌了，就由埃里奇向西蒙支付差价。结果，到了 1990 年，他们选定的几种原材料价格都有不同程度的下跌，因此，西蒙获胜。

虽然西蒙写了很多经济学方面的著作，不过，他也对统计学中的重复取样问题非常着迷，而且，在 20 世纪 60 年代末期，他开始尝试将它作为教授统计学的一种方法。[8] 到了 80 年代，他同彼得·布鲁斯（Peter Bruce）合作开发出一个名为"重复取样统计"（Resampling Stats）的软件包。1993 年，他又出版了新作《重复取样：新兴统计学》（*Resampling：The New Statistics*）。[9] 另外，颇有先见之明的西蒙还抢注了 www.Statistics.com 这一域名，如今，这个网站依然是统计学领域最活跃的交易平台。

斐波那契（1170—1250）：数学的坏孩子

斐波那契（Fibonacci）是意大利伟大的数学家。在他生活的时代，不确定性建模的问题远远没有被提上议事日程。斐波那契堪称非常独特的数学家，因为他不仅精通数学，还擅长公共关系。由于他的父亲在阿尔及利亚工作，他从小就学会了阿拉伯数字。回到意大利后，由于在计算能力方面远远超过了那些使用罗马数字的人，他在商业领域便具有了明显的竞争优势。他提出的著名的斐波那契数列被认为是对公众的公开挑战："你们这些顽固守旧、仇视革新的勒德分子（Luddites），看看你们能不能利用罗马数字来表示这个复杂的数列！"要知道，这个公开挑战意味着要用一种全新的数字系统来取代当时的数字系统——这一系统早已被公众所熟悉和掌握，已经成了人们日常生活的一部分。然而，斐波那契做到了这一点。在意识到阿拉伯数字的优势之后，很多人，尤其是那些从事商业经营的人们，纷纷来向斐波那契请教，于是斐波那契开始做起了数字顾问——后来这一领域成了一个巨大的市场。

关于概率管理

从事概率管理研究的同行都在不断地试图对这一领域做出准确的说明。

在本书当中，我已经就这一问题进行了多次阐述。不过，现在我要从另一个角度再次介绍一番概率管理。

高尔顿及其同时代的统计学家利用小球和色子来模拟不确定性，从而验证他们的概率统计理论——当然，这一时期的统计学还属于蒸汽时代的统计学。西蒙认识到可以利用电脑模拟，从而完全绕开古典统计学理论，而去直观地模拟和管理现实世界的不确定性。埃弗龙则利用相似的原理建立了一个全新的理论体系，从而使统计学领域发生了革命性的变化。计算与数据储存方面的最新发展使原本高深莫测的概率管理——以概率分布形式——有可能像日常数字一样被人们熟练地运用。从这个角度来说，正如用阿拉伯数字来代替罗马数字一样，概率管理的目标就是用概率管理来取代概率分布。在这个过程中，高尔顿、西蒙、埃弗龙以及斐波那契都是它的守护神。

第 41 章
可视化

　　将两只刚出生的小猫放入一个内壁绘有图案的直立的木桶里。一只小猫被放在桶底，而另一只被悬在半空。两只小猫的视觉环境都是一样的，但是，只有在桶底的那只小猫能够同木桶进行互动，也就是说，当木桶旋转的时候，它就被迫跟着转；反之，当它在桶底走动的时候，木桶也会随之晃动。而那只悬空的小猫则无法与木桶进行互动。等到实验结束的时候，那只被悬空的小猫由于没有学会如何处理视觉信息而变成了一个事实上的"瞎子"，因此，在以后的生活中，它将不得不依靠导盲犬出行。

　　这是哲学家阿尔瓦·诺埃（Alva Noë）在《感知中的行动》（*Action in Perception*）一书中描述的一个实验。作者认为对观察者而言，如果没有行动，就不可能有感知。[1]动物的视网膜不仅仅是一个可以向大脑传输高清图像的数字化照相机。根据杰夫·霍金斯（Jeff Hawkins）和桑德拉·布莱克斯利（Sandra Blakeslee）在《创智慧：理解人脑运作，打造智慧机器》（*On Intelligence*）一书中的说法：在一个漆黑的屋子里，你需要伸出手来回地摸索，才能找到桌子上的东西，同样，人们必须不停地移动自己的眼球，才能看清楚一个场景。[2]

直观统计学

　　那么，究竟该如何对统计数据进行分析、解释呢？这并不是一件困难的事情，因为这一领域已经出现了一位无可争议的大师。早在 1977 年，约翰·图基就出版了一本致力于解释统计数据的著作：《探索性数据分析》（*Exploratory Data Analysis*）。[3] 有很多不朽的"思想把手"，如箱形图、茎叶图都是图基发明的，甚至连"比特""软件"等词汇也是图基最先使用的。

如今，功能强大的可视化软件同图基的思想也是一脉相承的。比如，当丹尼尔·维德勒为壳牌石油公司构建一个新的随机信息库时，他所做的第一件事就是为这个随机信息库配备一个可视化程序，这样，他就可以直观地看到那些隐藏在数据背后的东西了。

分析软件公司 SAS 开发的 JMP 就是这样一种可视化程序。[4] 最近，我在 ProbabilityManagement.org 网站公布的壳牌石油公司随机信息库的演示模型中应用了这个程序——该随机信息库包括对众多相关不确定性因素的模拟，如对各种经济要素以及各种勘探计划的收益状况的模拟。JMP 程序能够通过一幅图片直观地展示上述不确定性因素之间用千言万语都无法说清楚的关系（见图 41.1）。这种关系可以看作所有散点图之中的一幅散点图。我利用 Excel 文档中的数据，仅仅敲击几下键盘就轻松地完成了这幅图的制作。分散在 X 轴上的不确定性因素代表的是全球的经济要素，比如世界石油价格以及各个地区的天然气价格等。分散在 Y 轴上的不确定性因素代表的则是企业在一定投资组合条件下的经济产出。

你能发现其中的实物期权吗？实际上，只有企业 1 拥有实物期权——其潜在资产是世界油价（见图 41.1 左上角）。对这个散点图中的每一个点来说，X 值代表的是一种油价，Y 值代表的则是企业 1 相应的经济产出。这种期权就相当于在天然气价格较低的情况下，企业有权利选择暂不开采一样。也就是说，这是一个针对已知石油储量的买权——固定的开采成本则相当于该买权的执行价。现在，让我们来看一下企业 5 和地区 1 天然气价格之间的关系。图中的两条直线表明：企业 5 被模拟成了决策森林中的一棵树，而这棵树的两个分枝分别代表着天然气产量目标区间的上限和下限。天然气产量是不确定的，但无论实际产量是多少，企业 5 的经济产出都等于天然气的产量乘以地区 1 的天然气价格——天然气的价格就相当于前面所说的在整个决策森林中穿行的"命运之风"。如果天然气的实际产量达到了上限目标，那么就取

上面的直线，相反，如果只实现了下限目标，那么就取下面的直线。企业 7
和地区 6 天然气价格之间的散点图则表明二者之间没有关系——对企业来说，
这是非常重要的信息。上述图表无论是在检验一个随机信息库是否正确地生
成，还是在分析基于这个随机信息库的模拟产出方面，都具有重要意义。

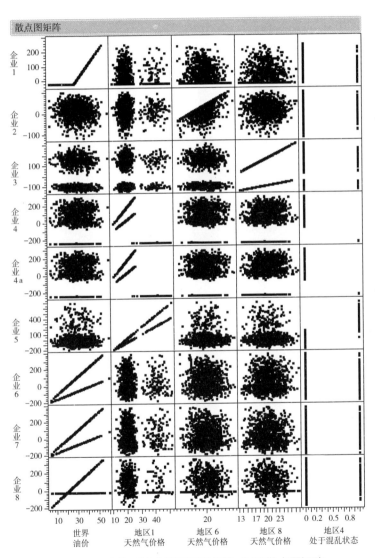

图 41.1   壳牌石油公司演示数据的 JMP 散点图矩阵

在蒸汽时代的统计学当中，利用诸如 **F 检验**或者 **T 检验**之类的"红色程序"就可以赢得争论。不过，如今梅奥医学中心（Mayo Clinic）的统计学家乔·伯克森（Joe Berkson）提出了他自己的标准：IOT 检验（即 Inter-Ocular Trauma Test），也就是说，要想有说服力，就需要提供一个能够给人留下深刻印象的图表。

关于这一领域，我向读者推荐两本书。首先是爱德华·塔夫特的《定量信息的视觉展示》（*The Visual Display of Quantitative Information*）。这是一部信息设计方面的权威作品，值得每一位读者阅读和收藏。[5] 其次是达莱尔·哈夫（Darrell Huff）的《统计数字会撒谎》（*How to Lie with Statistics*）。这部 20 世纪 50 年代出版的作品是虚假信息设计方面的经典"教材"，因此，全世界的政客和官僚主义者无疑会将其视为至宝。[6]

理性预期理论与非理性预期理论

那么，人类究竟该如何来感知风险和不确定性呢？在小说《蓝调牛仔妹》（*Even Cowgirls Get the Blues*）中，汤姆·罗宾斯（Tom Robbins）将人类的大脑称为自视甚高的身体器官。[7] 它首先创立了**理性预期理论**。但是，不久之后，它又懊恼地发现人类并不完全是理性的，所以，它又创立了行为金融学来研究人类究竟是如何来做出决策的。然而，这里的问题是你不能指望大脑告诉你它自己是如何工作的。

为了探索大脑的活动状态，我们需要一个核磁共振成像仪——这种仪器的出现为神经经济学领域的发展奠定了基础。利用这种仪器，研究人员可以对人们在经济决策过程中真实的大脑活动进行跟踪和记录。最近，约翰·卡西迪（John Cassidy）就在《纽约客》（*The New Yorker*）杂志上撰文描述了这种跟踪和记录的过程。[8] 让人感兴趣的是脑杏仁体，这个大脑深处的杏仁状区域是人类在面临威胁时的一个本能生理反应指挥中心，该中心同人类的直觉有着密切的关系。研究人员可以通过监测这个"恐惧中枢"来直接追踪实验对象对风险的感知。

　　人类如何利用非理性方式来感知不确定性和风险？在面临不确定性和风险的时候，人类又会如何做出决策？毫无疑问，上述的新兴研究领域必将使我们对这两个问题有更多的了解。

第 42 章

交互模拟：一盏照亮黑夜的明灯

我希望上一章的内容能够引起你的注意。但是，如果不能同周围的视觉环境形成互动，你最终仍然会像那只悬空的小猫一样"失明"。20 世纪 90 年代中期，我开始试验我所谓的交互模拟——从用户的角度来看，只要改变输入模型的数据，数千次蒙特卡罗试验瞬间就可以完成。

 为了说明交互式模拟，我还提出了"交互式柱状图"（blitzogram）的概念。关于这一概念的详细描述，可以参考《Informs 教育学报》上的一篇在线文章[1]——该文利用动画和可下载的 Excel 模型对交互式柱状图进行了直观的说明。如需查阅这篇文章，可以登录 FlawOfAverages.com 网站点击相关链接。

由于计算机技术日新月异的发展和软件开发的不断进步，如今，市场上已经出现了可供利用的交互式模拟工具。依靠电脑图形，这些应用软件可以向人们提供足以让图基兴奋不已的"思想把手"。

先驱的回归

2005 年冬，在一个靠山临湖、风景如画的小山村里，一位世界级的企业家兼软件工程师正在领导着一个由数学家和程序设计师组成的研发团队不知疲倦地朝着一个艰巨的目标迈进。那个小山村名叫半坡村（Incline），它面前的那个湖泊是太浩湖（Tahoe），那个企业家名叫丹·费尔斯特拉。他领导的团队是一个国际团队，其中包括美国、荷兰、保加利亚的多名专家。他们的目标是让电子表格像处理数据一样处理概率分布问题。

如果你没有听说过丹·费尔斯特拉这个名字，你也许会认为这样的目标简直就是异想天开。但是，要知道，费尔斯特拉绝非泛泛之辈。他不仅是参与开发第一款电子表格软件的关键人物，还是极少数可以同微软公司创始人比尔·盖茨以及苹果公司总裁史蒂夫·乔布斯并驾齐驱的电脑先驱之一——20世纪70年代末期，正是这些先驱发起了个人电脑的革命。1975 年，在《Byte》杂志创刊之初，费尔斯特拉就是该杂志的编辑之一。而且，早在个人电脑面世之前，他就创建了自己的电脑软件公司并且开始销售国际象棋程序。

1978 年，费尔斯特拉认识了丹·布里克林（Dan Bricklin），而布里克林打算开发一套可以代替德州仪器公司的袖珍计算器但功能更加强大的程序。于是，费尔斯特拉、布里克林以及鲍勃·弗兰克斯顿（Bob Frankston）这三个麻省理工学院的昔日校友便开始合作研发这套程序，结果，他们成功地开发出了世界上第一个用于个人电脑的电子表格软件 VisiCalc，并且通过费尔斯特拉刚创立的软件公司将其推向了市场。1979 年，VisiCalc 软件开始在史蒂夫·乔布斯的苹果 II 型电脑上广泛应用，引发了一场电子表格的革命。费尔斯特拉回忆说："虽然已届花甲之年，但是我们依然童心未泯。我们渴望改变这个世界，事实上，我们的确做到了这一点。VisiCalc 之所以势不可当、风靡一时，是因为它可以在转瞬之间完成商业计划中涉及的交互式数据计算。"

尽管 VisiCalc 具有先发优势，但是，1982 年，IBM 个人电脑的推出为Lotus 1-2-3 提供了一个超越 VisiCalc 的机会。在此后的 10 余年间，Lotus 一直在电子表格领域占据统治地位。不过，在苹果公司的麦金托什机和微软的 Windows 出现之后，微软的 Excel 又超越了 Lotus 成为新的霸主。

1987 年，费尔斯特拉创建他现在的公司：前线系统公司。1990 年，前线系统公司为微软 Excel 增加了一个 Risk Solver 软件包，从而给数百万台电脑带来了数学优化能力。应广大客户的要求，前线系统公司提供了一批功能更加强大的优化引擎。

虽然费尔斯特拉的专业领域是计算机科学而不是数学，但是，美国海军研究生院运筹学系前主任、已故的理查德·罗森塔尔教授曾指出："费尔斯特拉在数学优化方面的知识可以同大多数专业学者并驾齐驱，不仅如此，他还将这些知识灵活地运用到了自己的软件开发实践当中。"

多种形态

根据《韦伯斯特大学词典》第 11 版，多种形态（polymorphic）一词的意思是"存在或者呈现出不同的特征或形态"。到了 1998 年，费尔斯特拉已经对 Excel 做了充分的研究。在此基础上，他还准备对 Excel 的计算引擎进行强化和提升，用他自己的话说，他要通过"为电子表格公式中所有的运算符号和功能赋予新的、更为强大的'意义'"来实现这一目标。换句话说，他正在试图让 Excel 具有多种形态。

我一直都十分欣赏费尔斯特拉的技术才干和营销能力，但是，这一次我有点怀疑。这样一项庞大而艰巨的任务，似乎只有极少数天才有可能完成。

转眼之间，6 年过去了。我已经为概率管理设计出了一些基本的要素，甚至还编写出了用来进行简单交互模拟的 Excel 补充程序，不过我无法取得更多的进展。这时候，我想起了费尔斯特拉和他让 Excel 具有多种形态的设想。于是，我忽然想到可以利用 1 000 个或者更多的数值以三维形式来代替每一个数字列——这里的每一个数值都代表一个单独的模拟实验。

2004 年 12 月，我给费尔斯特拉打了一个电话。谢天谢地，事实证明，我原来的悲观预期是错误的。当时，他已经将原来的设想变成了现实：开发出了一套名叫"多种形态电子表格解释程序"（PSI）的软件，从而大大加快了前线系统公司优化软件的运算速度。于是我决定去半坡村跟他介绍一下我的交互模拟原型。去之前，我并不知道他会对我的原型有何反应，所以，我做了两手准备：如果他有兴趣，我们就深入地交流一番，万一他不感兴趣，我就顺便去滑滑雪。结果，费尔斯特拉对我的交互模拟原型很感兴趣，而且，他还陪我到滑雪场玩了一趟。在滑雪的间隙，我们讨论了交互模拟的潜在价值。

冰山一角

没过几个月，费尔斯特拉就证明了在 Excel 中进行交互模拟的可行性，结果令人吃惊。在我那个配置并不算很高的笔记本电脑上，利用费尔斯特拉开发的软件，只需轻轻点击一下 Enter 键，10 万次可动箭头游戏和绘制柱状图的模拟实验就可以瞬间完成。如今，这套最终被定名为 Risk Solver 的软件产品已经在能源、金融和医药领域得到了广泛的应用。在壳牌石油公司，利用该软件可以将所需公式的数量减少至大约 1/1 000，从而大大提高了我们交互仿真模型的运算速度。

为了证明这一技术的广泛影响，我在 FlawOfAverages.com 网站上提供了一些 Excel 示范模型，有兴趣的读者可以登录体验。

长远来看，电脑的运行速度必将越来越快，因此，交互模拟的速度自然也会不断提高。除了电子表格之外，SAS 公司开发的 JMP 可视化程序也具有交互模拟功能。此外，由 Ventana 系统公司推出的 Vensim 软件也可以对各种动态系统——如由麻省理工学院的约翰·斯特曼教授开发的广为流行的啤酒游戏——进行交互式动态模拟。[2] 斯特曼曾说："当你将它激活的时候，所有的参数和非线性关系就会成为可以移动的游标，当你这样做的时候，模型还可以进行重新模拟。因此，利用 Vensim 软件不仅可以方便地研究模型的参数空间，还可以轻松地进行数据调整以及政策测试等。"

费尔斯特拉这样总结道："我们利用交互模拟所做的事情类似于利用电子表格 VisiCalc 所做的事情，只不过 VisiCalc 计算的是数据，而交互模拟处理的是商业计划中的不确定性。而且我相信，正如电子表格一样，交互模拟也将产生革命性的影响。"

如果打一个比方的话，交互模拟就像一盏照亮了沉沉黑夜从而让我们看清各种不确定性的白炽灯，而交互模拟之父费尔斯特拉就是白炽灯的发明者爱迪生。在维持他目前的软件公司业务正常运转的同时，费尔斯特拉还夜以继日地为上述伟大的目标而辛勤工作，从程序设计到文档编制，每一个步骤、每一个细节，他都密切关注、亲自把关。因此可以说，他在试图让 Excel 具有多种形态的同时，也在身兼数职。

第 43 章
随机信息库：概率管理的供电网络

20 世纪 50 年代中期，以弗朗西斯·高尔顿的色子实验为基础，兰德公司出版了一本图书，书中包含 100 万个用于模拟不确定性的随机数字。[1] 我听说这本书深受失眠症患者的欢迎。不过，有讽刺意味的是，这个简单的想法居然非常接近于如今的壳牌石油公司、默克公司以及奥林公司为维护行业不确定性数据库所使用的随机信息库。这种随机信息库造就了概率管理的供电网络。

模块化风险模型和散点图时代

当弗雷德从一个信息系统中取出数字 2，而乔从中取出数字 3 的时候，因为这两个数据可以简单地组合在一起，即 2 + 3 = 5，所以它们的组合结果是模块化的（就像是组合家具一样）。但是，如果弗雷德从信息系统中取出的是石油价格的概率分布，而乔取出的是航空股票价格的概率分布，那么，我们又该如何将它们合并成一个投资组合呢？根据第 3 章提到的那个梯子的比喻，我们知道：对总和的模拟并非所有模拟的总和。

通常情况下，概率分布并不像数字一样可以简单相加。之所以这样说，是因为如下两个方面的原因。首先是多样化效应，即同时抛掷两个色子的时候，点数的概率分布图将呈现中间高两边低的形态。关于这一点，我们在前面介绍电影投资组合时有详细的论述。其次是不同的概率分布可能会相互影响，这一点在前面的投资案例当中也有论述。比如，当石油价格上涨的时候，航空股票价格往往会下跌。

20 世纪 50 年代，马科维茨曾经将一组股票的概率分布加在一起来寻求相应投资组合的概率分布，但这种做法只能在如下特殊情况下使用：

1. 概率分布为钟形。
2. 由**协方差**衡量的相互关系只限于呈椭圆形分布的散点图。

这种方法不能处理壳牌石油公司演示模型中反映的相互关系（见图 41.1）。尽管短期的股票价格散点图很接近球形，但是，较长时间内的散点图根本不是这样的。我的学生杰克·约翰逊（Jake Johnson）制作了一个反映 1996—2009 年纳斯达克指数变动情况的散点图（见图 43.1）。除了左下角计算机和复合材料相对应的一栏之外，**协方差**都不能充分反映它们之间的关系。

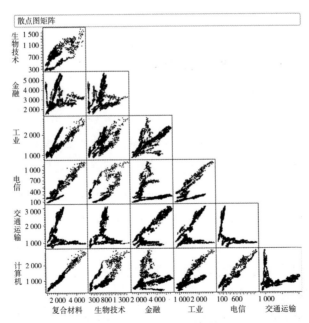

图 43.1　从 1996 年 5 月到 2009 年 1 月的纳斯达克指数散点图

随机信息库不仅能表现图 41.1 和图 43.1 所示的非球形相互关系，而且它们是模块化的，也就是说，随机信息库中任何两个不确定性之和的概率分布正好是各自概率分布之和。通过功能强大的计算机，我们已经从**协方差**时代发展到了散点图时代。那么，这是否意味着马科维茨和夏普是错误的呢？当然不是，如果这样说的话，就等于说喷气式飞机的出现将莱特兄弟的所有功绩都一笔勾销了。事实上，马科维茨和夏普是世界上提倡模拟最卖力的两个人。但是，让我们在 2008 年一败涂地的很多风险价值模型依然是以**协方差**为基础设计的。下面，我将用一个简单的例子来说明随机信息库的概念。

次贷危机

早在 2008 年之前，人们讨论的就已经不是房地产泡沫是否会破裂，而是什么时候破裂的问题了。然而，一些大银行依然一方面发放住房贷款，另一方面投资住房抵押证券。正如一位银行家对我说的那样："一旦房地产市场出现问题，商业投资方显然会遭受损失。与此同时，借贷方的还款拖欠率也会随之升高。因此，这些银行将面临双重打击。"但是，当这种必然的结果出现时，有一家银行不仅不认真反省，反而将所有的责任都归咎于如下两个"因素"：房地产投资市场的资产减值以及借贷方的信用问题。

事实上，导致问题的并非两个"因素"，而是一个因素，即房地产市场。如果说居民的固定收入和借贷方分别代表两个梯子的话，那么房地产市场就是将这两个梯子连接在一起的木板。因此，一旦其中的一个梯子倾倒，另一个也会随之倒地。

要想了解这场金融浩劫的更多细节，我建议大家看一看珍妮特·塔瓦克里写的《结构性金融和抵押债务责任》（*Structured Finance and Collateralized Debt Obligations*）。[2] 塔瓦克里在这本书中指出："如果你过分依赖用模型来预测未来的提前偿付率或者与此相关的任何问题，那么，你就是在自找麻烦。"更糟糕的是，如今人们还用模型来帮助销售不安全的投资项目。要知道，买方也有自己的模型，他们永远都不可能按照卖方的模型去交易。

很多大型金融机构都会投入数百万美元来开发它们复杂的风险模型，但是，这些模型很可能像乐高公司制作的精美的飞机模型一样，让我们看不清真相。正如斯蒂芬·朔尔特斯在第 4 章所说的那样，它们需要的是每个人都可以理解的简单模型。

纸制的飞机模型

在图 43.2 中，我通过展示一家银行——该银行不仅向个人提供住房贷款业务，还直接进行房地产投资——的"纸制飞机模型"来说明随机信息库的方法。如今，在模拟单个业务部门对潜在市场状况的反应方面，银行已经相当在行了。图 43.2 表示的是两个银行部门对房地产市场价值的各种可能的反应，在这里，我将这些反应模拟成抛掷色子，当然，相对于真实情况来说，这种模拟是高度简化的。你也许会认为这个模型过于简单因而没有任何价值。但是，同很多只允许房地产市场繁荣兴旺而不允许它衰败凋零的模型相比，这个模型至少还是更全面一些。需要注意的是，虽然这两个部门对市场状况的反应并非完全同步，但是，它们在方向上是保持一致的——这一事实掩盖了潜在的风险。

房地产市场，1点代表效益 最差，6点代表效益最好	部门1，从房地产投资 中获得的利润	部门2，从住房贷款 中获得的利润
⚀	–200万美元	–300万美元
⚁	–100万美元	0
⚂	0	0
⚃	100万美元	200万美元
⚄	200万美元	200万美元
⚅	300万美元	200万美元
平均值	50万美元	50万美元

图 43.2　两个部门在每一种市场环境下的盈利情况

假如银行的 CEO 要求每个部门分别对自己面临的风险做出分析，那么，利用图 43.2 中的数据，就可以很容易计算出部门 1 亏损的概率有 2/6，而部门 2 亏损的概率只有 1/6。如果你忽视了不确定性之间的相互关系，那么，你也许就会认为这两个部门同时亏损的概率等于 1/18（即 2/6 × 1/6 = 2/36 = 1/18）。但是，我们将会看到，这样的计算方法会导致对风险的严重低估。下面，我们来看一看概率管理者是如何正确地将两个风险模型结合在一起的。

首先，CPO 需要提供一个关于房地产市场状况的概率分布。这个概率分布是一个随机信息包（随机一词意味着一种不确定性）。在这里，我模仿一下约翰·图基——他首先提出了"比特"的概念——将这种随机信息包简称为 SIP（stochastic information packet）。SIP 是由蒙特卡罗模拟生成的很多未来可能出现的情况，在这个例子当中，我们假设 SIP 包含房地产市场未来可能出现的 1000 种价值形式（见图 43.3）。到目前为止，SIP 同兰德公司出版的那本数字催眠书并没有什么区别。

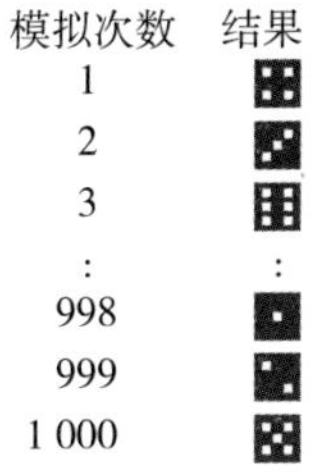

模拟次数	结果
1	⚃
2	⚄
3	⚃
⋮	⋮
998	⚁
999	⚄
1 000	⚄

图 43.3 房地产市场随机信息包

如果将 CPO 的 SIP 中的各种可能性看作机枪子弹，那么，第二步就应该是瞄准那两个部门的军火库进行射击——每一次"射击"，都会得到一个相应的利润值，因此，最终将会得到由各种利润值构成的两个不同的 SIP（见图 43.4）。

请注意：在每一个输入 SIP 当中，第一种可能性相当于在房地产市场中抛出的色子是 4 点，第二种可能性则相当于抛出的色子是 3 点，等等。在这个例子当中，与输入 SIP 相对应的两个输出 SIP 是根据图 43.2 中的对应关系来确定的。但是，在现实生活中，每个部门的模型需要在电子表格或者更为复杂的建模环境下来完成。

总之，分别输入一个同样的 SIP，将会输出另外两个不同的 SIP。现在，两个输出 SIP 就构成了一个"保存了相互关系的随机信息库单位"（简称为 SLURP）。最后一个步骤是将两个部门的输出 SIP 加在一起，从而得到一个全部利润的 SIP（见图 43.5）。

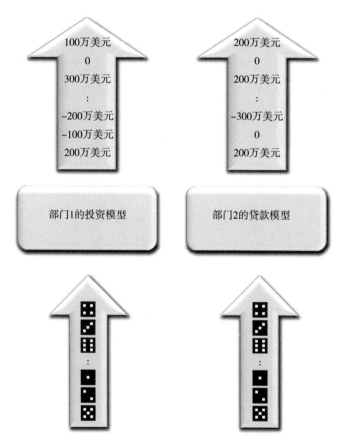

图 43.4　房地产市场的输入 SIP 决定着两个部门的输出 SIP

在这种情况下，总和的模拟将等于各个模拟的总和，因为这里的信息库单位保持了相关关系。换句话说，对全部利润 SIP 中的每一种可能性来说，每一个部门都面临着同样的市场状况，即 4 点、3 点、6 点等。如果这两个部门利用的是传统的蒙特卡罗模拟，那么，在同样的模拟当中，它们可能会分别得到不同的结果，比如一个部门抛出 2 点的时候，另一个部门可能会抛出 4 点。这是使随机信息库模块化至关重要的一步。要完成这一步，传统的蒙特卡罗模拟和模块化模拟分别会采用不同的方法：前者是将所有的信息综合在一起，构建一个巨大的模型，而后者则是首先独立地建立多个小型的风险模型，然后再将它们组合在一起。

如图 43.5 所示，当我们将两个部门的概率分布合并在一起之后，会惊讶地发现，上述两个部门同时面临亏损的概率根本就不是 1/18，而是 1/3，换句话说，实际概率相当于预期概率的 6 倍。

通过这样的随机信息库，壳牌石油公司可以将它对单个勘探投资项目的模拟，合并成对勘探投资组合的模拟。当然，在解决现实问题的时候，并不会像抛掷色子那样简单，有时候，根本就不可能得到一个完全可靠的随机信息库。但是，如今很多企业的专业分析人员都在频繁地使用诸如 @RISK、Crystal Ball、XLSim 以及 Risk Solver 等模拟软件包。通常情况下，在进行数据和图表计算之后，分析人员就将此前设想的那些可能性从电脑中随手删除了。事实上，一个好的 CPO 应该在这方面做好协调，将那些有用的可能性储存在随机信息库当中，因为在创造更为全面的不确定性和风险模型时，还需要这些信息。

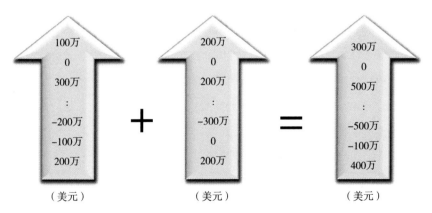

图 43.5　全部利润的 SIP 等于两个部门各自 SIP 之和

历史

电子表格最严重的一个局限在于，它们基本上都是两维的。假如你正在销售很多种商品，而且打算让每一种商品在电子表格中占用一行，那么，这只是一维的模型。现在，如果你希望与每一种商品相关的各种账目问题——如收入、成本以及利润等——在电子表格中都能够一目了然，那么，这就是两维的模型。再假如，你在不同的地方有很多分店（这就是三维的模型了），那么，所有的账目就不能通过一个电子表格来反映了，因此，每一个分店需要分别建立一个电子表格。现在，假如你希望每个月总结一次所有的账目，那么，这就是一个四维的模型了。这时候，要将所有的内容都塞到一个电子表格当中是非常困难的。

为了解决这个问题，1993 年，美国莲花公司（Lotus Development Corporation）推出了一个在 Windows 上使用的软件，事实上，这个名为 Improv 的软件就是一个 12 维的电子表格。这个新软件的出现立刻让我兴奋不已。驾驶飞机翱翔蓝天之所以令人激动，就在于人类终于摆脱了两维空间的束缚而进入了三维空间。而拥有 12 维的模型之后，人们并不会停止探索的脚步。1994 年，我领导着一个团队为 Improv 开发分析工具。事实上，早在 10 年前，我就为 Lotus 1-2-3 做过同样的工作。当我开始在 Improv 环境下胡乱修补蒙特卡罗模拟的时候，我忽然想起了此前接触过的马克·布罗德的优化电子表格模型（在第 28 章中提到过这个模型）。于是，我灵机一动，想到我可以将"不确定性"——如 100 张表格——作为一个新的维度增加到 Improv 文档当中去，这样，最初的模型就将被复制 100 次，即 100 组不同的假设分别被复制一次。这就相当于分别摇晃 100 个梯子一次，而不是反复摇晃一个梯子 100 次。最奇妙的是这一切都可以通过 Improv 自动完成。

我们的首款基于 Improv 的产品是最优化的，而且，当莲花公司将 Improv 正式推向市场的时候，我们已经给客户寄出了 250 张演示磁盘。显然，我们的产品在质量上足以同 Lotus 1-2-3 相抗衡——当时，由于 Excel 的崛起，Lotus 1-2-3 在市场上已经失去了统治地位。不管怎样，上述经历为我最终设计出随机信息库创造了条件，不过，我肯定不是第一个，当然也不是唯一一个随机信息库发展史的亲历者。除了前面提到的两个人之外，一定还有很多人为此做出了贡献。因此，我希望读者朋友能够为我提供更多的事例，好让我将它们贴到 FlawOfAverages.com 网上，将这段历史补充完整。

马克斯·亨利翁（Max Henrion）先在剑桥大学获得了物理学学士学位，然后，在 20 世纪 70 年代，又到卡内基梅隆大学攻读了公共政策分析专业的博士学位。根据他的回忆，在剑桥大学的时候，"我的导师曾经反复强调：如果你不能弄清楚同数字相关的不确定性，那么，任何数字都是没有意义的"。但是，在卡内基梅隆大学学习期间，他又注意到"公共政策和商业领域的分析家往往都忽视了这一原则——尽管他们的数字通常都比物理学家的数字更具有不确定性"。因此，1978 年，也就是世界上第一个电子表格 VisiCalc 问世的前一年，他开始研发一种可以直接使用概率分布的软件工具。后来，亨利翁成了卡内基梅隆大学的教授，但是，由于痴迷于软件开发，他最终转战硅谷，创立了自己的 Lumina 决策系统公司。1994 年，该公司推出了它的第一个商业软件 Analytica。[3] 从一开始，Analytica 软件就以马克斯所谓的代表了不确定性的"智能阵列"为基础，换句话说，正如我后来为 Improv 开发分析工具时设想的那样，他们将不确定性当成了另一个维度。每一个不确定性变量实际上都是一个 SIP，而这些变量的一个阵列则是一个 SLURP（保存了相互关系的随机信息库单位）。如果不使用这些术语，我们可以说 Analytica 软件从一开始就致力于提供全方位的概率管理解决方案。

差不多在我发现 Improv 的时候，凯文·汉金斯——如今在美国海军陆战队司令部 [U.S.Marine Corps Headquarters，位于弗吉尼亚州（Virginia）匡蒂科（Quantico）] 担任文职分析师——也在为突破电子表格的局限性而苦苦思索。当时，他正在为美国德科电子公司（Delco Electronics）进行计算机电路方面的质量管理统计，需要对大量多维的测试数据进行分析。实际上，这些测试数据就是各种不同的电路在许多操作条件下的实验结果形成的一个随机信息库。而这个信息库仅仅储存在 Excel 中都不可能，更不用说利用 Excel 对它进行统计学分析了。因此，凯文就为 Excel 编写了一个插入程序，而这个插入程序可以将随机信息库压缩到一个多维的表格当中。在必要的时候，他可以访问这个表格，并且对直观的统计数据进行分析，从而确定一个新的应用程序是否适合这一领域。这个插入程序不受版权保护，需要的读者可以在美国汽车电子设备委员会（Automotive Electronics Council）网站上免费下载。[4]

从某种意义上说，随着计算机运行速度的加快和磁盘存储设备成本的降低，数字结果的随机信息库也许将成为相关专业人员必不可少的工具。而现在，我们就应该开始广泛地应用这一工具来应对平均值缺陷了。

需要记住的内容：

- 随机信息库构成了概率管理的供电网络。
- 即使有些概率分布的散点图看起来并不是球形，SIP 和 SLURP 也允许它们在多种应用程序中综合在一起。

可以忘掉的东西：

- 协方差。
- 相关性——这两个红色词汇都可以用"散点图"来代替。虽然在第 13 章我已经要求你忘掉这两个词汇了，不过，我担心现在你会再次想到它们。

第 44 章
SLURP 集合的基本恒等式

概率管理真正的新颖之处在于：SIP 和 SLURP 允许我们利用多种应用软件，像处理数据一样来处理概率分布。我把这一特征称为 SLURP 集合的基本恒等式。

正如我们前面看到的那样，概率管理的集合同数字集合有很大的不同。但是，通过同时追踪数千个模拟实验，SLURP 的符号系统可以让概率分布变得更容易理解。比如，一旦 CPO 创造出一个有效的随机信息库，那么，延森不等式、中心极限定理和相关不确定性等抽象概念马上就变得很好理解了。

为了实现这一目标，所有相关的概率分布必须服从中心极限定理，换句话说，所有的结果必须集中于一点。但是，如果它们没有集中于一点，那么，模拟首先就是错误的。

假设 X 和 Y 是由 SLURP P（X, Y）——该 SLURP 由 N 组 X、Y 值构成——表示的联合分布随机变量。如图 44.1 所示，P（X, Y）是一个矩阵，这个矩阵的每一列代表一个变量，每一行代表一次实验。这种描述同传统概率分布的定义有很大差别，但是用在模拟实验当中很有效。

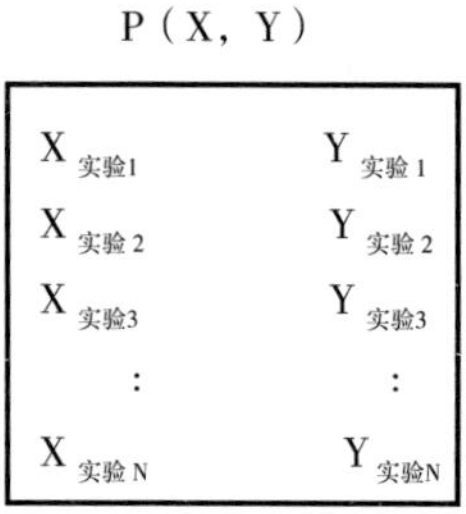

P（X，Y）

$$
\begin{array}{ll}
X_{\text{实验1}} & Y_{\text{实验1}} \\
X_{\text{实验2}} & Y_{\text{实验2}} \\
X_{\text{实验3}} & Y_{\text{实验3}} \\
\vdots & \vdots \\
X_{\text{实验N}} & Y_{\text{实验N}}
\end{array}
$$

图 44.1　由 X、Y 的联合分布所构成的 SLURP 代表的 P（X，Y）是一个矩阵

恒等式

假设 F 是 X、Y 的函数，那么，P［F（X,Y）］= F［P（X，Y）］。在这里，P［F（X，Y）］是 F（X，Y）的 SIP。

在标准的概率理论符号系统当中，这种表达方式是没有任何意义的，但是，在 SLURP 符号系统当中，它非常完美。

如图 44.2 所示，P[F（X，Y）]是将 F 应用于 P（X，Y）的每一行得到的矢量。

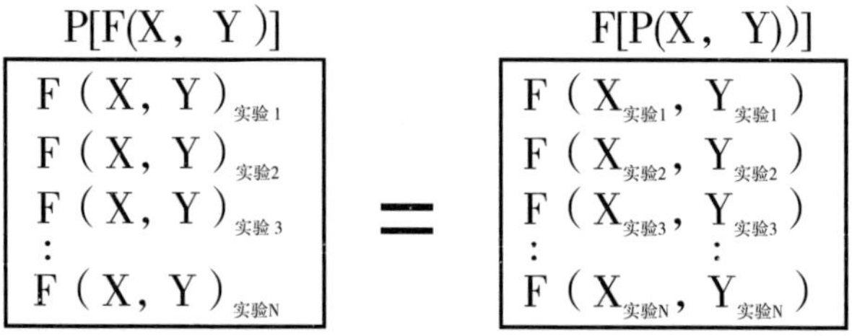

$$
P[F(X，Y)] \quad\quad F[P(X，Y)]
$$

$$
\begin{array}{l}
F(X，Y)_{\text{实验1}} \\
F(X，Y)_{\text{实验2}} \\
F(X，Y)_{\text{实验3}} \\
\vdots \\
F(X，Y)_{\text{实验N}}
\end{array}
=
\begin{array}{l}
F(X_{\text{实验1}}，Y_{\text{实验1}}) \\
F(X_{\text{实验2}}，Y_{\text{实验2}}) \\
F(X_{\text{实验3}}，Y_{\text{实验3}}) \\
\vdots \\
F(X_{\text{实验N}}，Y_{\text{实验N}})
\end{array}
$$

图 44.2　利用 P[F（X，Y）]表示的 F（X，Y）的概率分布是 N 次实验的矢量

另外，为了模拟相关的时间序列，需要在 P[F（X，Y）] 中加入代表时间周期的第三维度。在这种情况下，SLURP 将是一个包含全部时间内样本路径的三维阵列。

第 45 章
SLURP 集合的基本恒等式的应用

与概率管理有关的技术正在迅速发展，这使概率管理比以往任何时候都更容易为我们所接受和掌握。下面，我将回顾一下概率管理的发展历程。第一代模型——如 ProbabilityManagement.org 网站上提供的贝西默信托公司和壳牌石油公司的演示模型——展示了这一方法的两个革命性特征。首先，它们以随机信息库为基础，所以它们是模块化的，这意味着它们的结果可以被组合相加。其次，它们是交互式的，也就是说，它们可以将用户的理性与直觉结合在一起。

另外，这些模型也存在着明显的缺陷：在实际应用的过程中，它们需要 2 万到 4 万个电子表格公式。这是因为它们实际上是由 1 000 个同样的模型所构成，这 1 000 个模型同储存在 SLURP 中的 1 000 种潜在可能性相对应。不过，当前线系统公司在 2007 年推出了 Risk Solver 软件之后，我们就可以大大减少模型中公式的使用量了。以前，SLURP 的每一行都需要一个子模型，而现在，我们只需要一个模型就足够了——通过这个模型，Risk Solver 软件可以像乌兹（Uzi）冲锋枪发射子弹一样，将 1 000 种可能性"发射"出去。当人们说"数量上增加一点无足轻重"的时候，他们说的这个"增加量"肯定不是 1 000 倍。一个需要 40 个计算公式的电子表格可以很容易地制作和维护，但是，要制作和维护一个需要 4 万个计算公式的电子表格——即使很多环节只需要简单的重复——却是一项极其痛苦的工作。另外，Risk Solver 的出现也使模型的运行速度比以前更快了。

虽然 Risk Solver 大大减少了模型的公式使用量，同时也有效提高了模型的运行速度，但是有一个重要的问题还没有得到解决：SLURP 本身过于庞大。比如，在一个应用程序中，我们模拟了大约 100 个项目，其中每一个项目都有 10 个指标（如收入、成本等）和 50 个时间段。如果按照 1 000 次实验计算，那么，最终我们需要管理的数据将多达 5 000 万个。

概率分布列

2007 年年底，我找到了一个解决方案，即概率分布列——它们可以将 SIP 中的 1 000 个甚至 1 万个数据压缩到一个单独的数据元素当中去。在这里，我们假定一个房地产市场的 SIP 中包含有抛掷 1 000 次色子的结果，而每一个结果都需要在电子表格或者数据库中单独占用一个存储单元。现在，我们用字母来对色子上的数字进行编码，如用 A 代表 1、用 B 代表 2 等，最后用 E 代表 6。然后，必须要储存在原始 SIP 中的 1 000 个数据元素就可以被放入一个单独的数据元素中——此时，这个数据元素就成了一个拥有 1 000 个字符的字符串。图 45.1 表示的是房地产市场 SIP 中的前三个和最后三个数据元素及其对应的概率分布列。

（a）　　　　　　　　　　　　　　（b）

图 45.1　房地产市 SIP（a）和它的概率分布列（b）

这就意味着，原来壳牌石油公司的应用程序中存储的 1 000 个单独的数据元素，现在只需要一个包含有 1 000 个字符的字符串就可以存储了。而且，为了便于数据查询，原来需要一个容量为 5 000 万行的结构化查询语言（SQL）数据库，而现在只需要一个容量为 5 万行的电子表格就可以了。另外，由于现在对 SIP 的一次查询相当于以前的 1 000 次查询，我们进行数据检索的速度也大大提高了。

总之，2006 年，在 Risk Solver 的帮助之下，我们将模型中的公式使用量减少到了原来的 1/1 000，而到了 2007 年，通过使用概率分布列，我们又将模型中的数据元素使用量减少到了原来的 1/1 000。套用一下已故参议员埃弗里特·德克森（Everett Dirksen）的话：这里减少到 1/1 000，那里减少到 1/1 000，不久之后，你就可以得到一个简单的模型了。不过，理论方面已经说得很多了，下面该介绍一些实例了。

在 FlowOfAverages.com 网站上，有一个在 Excel 上使用的交互式马科维茨投资组合模拟器，这个模拟器就是以概率分布列为基础设计的（见图 45.2）。你可以上网免费下载。

以概率分布列为基础的马科维茨模型

只要这个模型中的投资组合发生了变化，所有资产的概率分布列就会迅速发生变化，从而重新输出一个关于投资组合回报的概率分布列。而这一变化又会使该项投资组合的交互式柱状图（见图 45.2 左图）以及风险收益图（见图 45.2 右图）随之发生变化。但是，概率分布列在哪里呢？如图 45.3 所示，只需将移动光标放在资产行的任何一个单元格里，你就可以看到相应的概率分布列（需要说明的是，在 Excel2007 当中，必须双击鼠标才可以看到概率分布列）。

概率分布列数据类型的设计不仅考虑到了人类的视觉接受性，还考虑到了同电子表格以及数据库软件广泛的兼容性。在图 45.3 中，以 "ESV" 开头并以 "wAA" 结束的一大堆杂乱无章、令人费解的字符是大盘股投资的概率

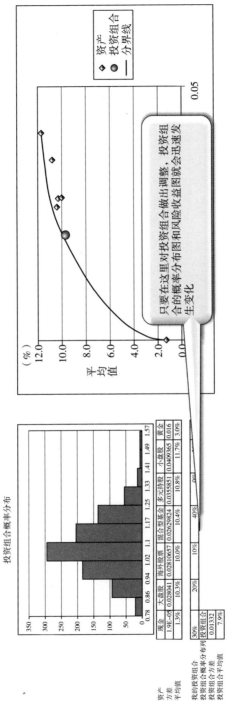

图 45.2　基于概率分布列的马科维茨投资组合模型

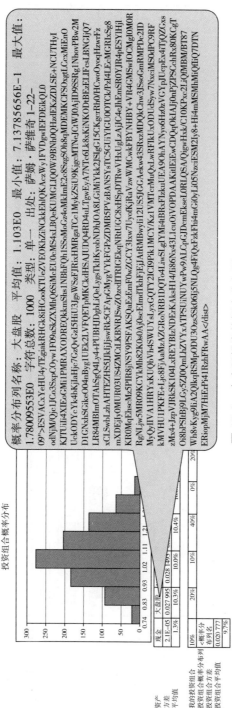

图 45.3 大盘股投资的概率分布列

分布列——要得到这个概率分布列，首先需要对大盘股投资进行 1 000 次蒙特卡罗试验，然后再对这些试验的结果进行编码。之所以要生成这个概率分布列，是为了揭示大盘股投资同其他资产之间的相互关系。

开放式结构

概率分布列的概念很简单，但是为了充分实现它的潜在价值，还需要有一个统一的行业标准。如果说交互模拟如同照亮了沉沉黑夜的白炽灯，那么，概率分布列就好比电网电流的规格说明书。我认为要想让这项技术得到广泛的应用，唯一的方法就是通过一项开放源码协议，使人们可以免费地使用这项技术。

唐·斯科特（Don Tapscott）和安东尼·威廉姆斯（Anthony Williams）认为，维基百科、Linux 操作系统以及 YouTube 视频网站的巨大成功代表了一种基于通力合作的、革命性的经济学 [1]，即"维基经济学"（Wikinomics）。他们还总结了这门经济学所依据的四项基本原则：开放性、对等性、分享以及全球运作。

开放性有助于标准的开发，概率分布列的一个主要目标就是确立一种透明的手段来衡量、共享风险与不确定性。

对等性可以让利益攸关方积极地参与到一个体系的设计中来。当你经过了精心准备，正在兴致勃勃地烹制自己最拿手的美餐时，肯定不愿意别人闯入厨房，并且根据他们的喜好往你尚未做好的饭菜里放置各种作料，因为你担心那样的饭菜将会难以下咽。然而事实上，如果"闯入"厨房的不是一般人，而是专业的厨师，那么，情况就截然不同了。美国甲骨文公司的埃里克·温莱特以及哈里·马科维茨都强调，我们应该使用传统的可扩展标记语言（XML）来定义概率分布列，因为这样能够让未来的行业标准更加灵活地发展。而 SAS 软件研究所的约翰·萨尔以及 eBook 技术公司的约翰·瑞福林则主张，应该使用 Base64 编码来生成概率分布列的字符，因为这样能够确保整个电脑平台的兼容性。另外，前线系统公司的丹·费尔斯特拉认为，我们需要支持多级别的数字精确度，从而得到一个"双精度"的概率分布列。上述三种想法都很有必要，但是，仅有开发人员的努力是不够的，除此之外，还需要广大用户的积极反馈，如壳牌石油公司、基因技术公司以及默克制药公司等就提供了很多宝贵的意见。

关于分享，我在 ProbabilityManagement.org 网站上已经公布了概率分布列的行业标准，欢迎各位读者提出改进意见，同广大用户一起分享。

最后，让我们探讨全球运作。判断一个标准是否得到认可的唯一途径就是看大多数人是否听说过这个标准。当概率分布列的 1.0 标准在 2008 年 7 月被确立的时候，本书的写作计划已经完成了 95%。我写这本书的目的在于告诫人们，不要用平均值来代替概率分布，因为这是一种很危险的做法。前面已经说过，这本书的写作一共历时 9 年。我想自己之所以能够历经 9 年艰辛，最终完成这部书稿，就在于希望通过本书的宣传，让更多的人了解这种正确的理念。

认证和审计

概率管理的另一个主要优点在于，它允许风险模型接受认证和审计。

电气时代的初期阶段，由于技术的落后以及人们相关常识的缺乏，经常发生触电伤亡事故。1894 年，一位名叫威廉·美林（William H. Merrill）的 25 岁电气工程师创建了美国保险商试验所（Underwriters Laboratories, Inc.），简称 UL。时至今日，这家位于芝加哥北部的非营利性机构仍然在从事产品的安全检测和认证服务。比如，我妻子用的吹风机上就有一个 UL 公司的认证标志（见图 45.4），这个标志上写道："危险——如果使用过度或者带水使用，将可能触电。"

图 45.4　UL 认证标志

在概率管理当中，与上述产品认证相似的概念是概率分布认证（见图 45.5），如果一个概率分布获得了认证，就意味着它得到了 CPO 的签字认可。

如果所有的概率分布都被存储在一个信息库当中——CPO 已经为这个信息库保存了统计关系，那么，这个随机信息库就被认定为一个相关的信息库。在这种情况下，任何采用这些概率分布的两个模型输出，也许都可以像前面所说的两个银行部门的模型输出一样被合并在一起。

图 45.5　概率分布认证标志

认证的下一个层次涉及概率分布的谱系——就如同一个家族的家谱一样追踪并描述了概率分布的发展演变情况。比如，一个表示一家公司全部利润的概率分布列，包括该公司各个部门概率分布列信息库的名称和日期。而各个部门的概率分布列信息库，则分别包括其下一级部门概率分布列信息库的名称和日期。在这个谱系底部的某个地方，是关于全球经济不确定性的概率分布列信息库——这个信息库由 CPO 创建，用以确保所有事情保持一致性。

关于概率分布列信息库的创建，可能出现的最糟糕的情况是 CPO 有意造假，比如，在石油价格上涨的时候，让航空股票价格随之上涨而不是随之下跌。因此，为了避免出现这种情况，就需要对概率分布列信息库进行审计。

概率管理软件

你也许会问，市场上什么时候才会出现可以用来进行概率管理的软件呢？事实上，如今已经有了多种这样的模拟软件。登录 ProbabilityManagement.

org 网站，你将会发现如下一系列的软件。

Risk Solver

我之所以首先列出 Risk Solver，是因为它的开发商前线系统公司作为概率管理领域的先驱，第一个提出了交互模拟的概念，并且第一个引入了直接利用用户数据来处理 SIP、SLURP 以及概率分布列的函数。[2] 另外，它已经开发出了一套可以对概率分布进行认证的程序。图 45.6 展示的就是 Risk Solver 的概率分布认证菜单。

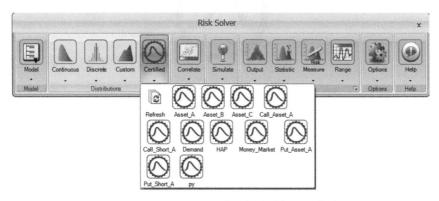

图 45.6　Risk Solver 中的概率分布认证菜单

Analytica

前面已经说过，Analytica 是 Lumina 决策系统公司推出的一款软件。在过去的十余年里，该软件将概率管理的许多理念变成了现实。到本书出版的时候，该软件应该可以支持概率分布列的处理了。

XLSim

由 Probilitech 公司推出的 XLSim 是我自己为电子表格设计的蒙特卡罗模拟软件包。虽然它不如本章提到的其他软件功能强大，但是，它的优点在于简单易学。正因如此，它非常适合用来教学、构建原型以及设计小型的应用程序。最新版的 **XLSim** 可以利用概率分布列进行交互模拟。如今，除了我自己的这个软件之外，其他任何软件都跟我没有经济利益关系——当然，因为这些软件允许用户利用概率分布来处理问题，所以它们对我的咨询活动以及概率管理事业都具有潜在的好处。

Crystal Ball

Crystal Ball 最初由 **Decisioneering** 公司设计开发，现在归甲骨文公司所有，是一款与 Excel 配套的工业级强度的蒙特卡罗模拟软件包。[3] 到本书写作时为止，该软件的 11.1.1 版本已经具有了输入和输出 SIP 的功能。同其他概率分布类型一样，通过使用 Crystal Ball 具有开创性的发布与订阅功能，整个机构都可以分享 SIP。这个产品有着庞大的用户基础，特别是在教育与咨询服务领域有着广泛的应用。在并入甲骨文公司旗下之后，该产品很可能会成为概率管理领域的重要软件。在本书写作期间，**Probilitech** 公司已经开发出了一个 Excel 插入程序，利用这个程序，Crystal Ball 可以直接阅读概率分布列。

JMP

同其他可视化程序一样，由 SAS 公司开发的 **JMP** 软件不仅可以通过本书第 41 章和第 43 章谈到的散点图矩阵对随机信息库进行迅速的验证，还可以对模型输出进行分析。现在，可以利用支持软件从 Excel 中直接读取概率分布列，从而加快上述的验证和分析过程。

先锋系统

先锋系统是一个自身支持蒙特卡罗模拟的大型多维模拟系统。[4] 该软件不像电子表格软件那样在文档处理能力和可扩展性方面存在缺陷，正因如此，它的价格也比后者昂贵得多。设计这套软件的目的就是对整个企业所面临的风险进行建模。同样，一个机构的各个部门也可以先分别建立各自的模型再将所有的模型合并成一个大的模型。另外，先锋系统还支持随机信息库从其他的系统输入概率分布或者向其他系统输出概率分布。

先锋软件公司的 CEO 罗布·瑟格斯（Rob Suggs）曾说："无论是销售实时的市场信息，还是销售未来的预测信息，都非常有利可图。我盼望着有朝一日不仅能够实时地掌握世界各地的油价变动情况，而且能够动态地链接分析人员对未来油价的评估和预期。"

@RISK

由美国 Palisade 公司开发的 @RISK 软件是利用蒙特卡罗模拟进行风险分析的另一款重要软件。它不仅有巨大的客户群体，而且有广泛的支持服务。[5] 虽然在写作本书的时候，它还不能够正式地支持随机信息库，但是，将概率分布列整合到 @RISK 模型当中去是一件很容易的事情。事实上，在默克制药公司应用概率管理的过程中，该软件发挥了重要的作用。这是一种分布环境，在这个环境当中，由 @RISK 创造出来的概率分布列将被别人拿到 Risk Solver 当中去运用——关于这一点，我们会在第 46 章做进一步的探讨。我估计在你读到本书的时候，Probilitech 公司已经为 @RISK 开发出了概率分布列的支持软件。如需了解最新的支持概率分布列的软件，请登录 ProbabilityManagement.org 或者 FlawOfAverages.com 进行查询。

展望未来

先锋软件公司的副总裁布莱恩·刘易斯（Brian Lewis）说道："企业已经意识到在制定发展战略的时候，仅仅对历史数据进行回顾性分析是不够的，除此之外，还需要通过模拟对未来做出展望和分析。"而要做到这一点，就必须要有一个概率分布信息库。

另一种观点来自战略决策集团（SDG）——这是一家由斯坦福大学的兰·霍华德等人共同创建的咨询公司——的合伙人史蒂夫·塔尼。他指出："对企业所面临的风险进行模拟，能够为我们带来越来越多的利益。"塔尼已经为一家医药公司开发了一个复杂的 Crystal Ball 仿真模型，这个模型不仅能够针对每一种药物，模拟出其不确定的市场需求的概率分布（而不是平均值），还能够进一步揭示出不同需求之间的相互关系。

塔尼说："由于新开发出来的产品在投放市场之后有可能同原来的产品相互影响，制药企业都面临着很大的不确定性。比如，新产品有可能同老产品发生冲突，在这种情况下，如果新产品成功抢占市场，那么老产品就得黯然退出，反之亦然。当然，另一种可能是新产品与老产品相互促进，这就是所谓的'光环效应'。"塔尼利用 Crystal Ball 输出的结果，为该公司创建了一个整个企业都可以共享的随机信息库。

随着概率分布列的出现，电子表格以及其他应用软件就可以像处理数据一样来处理概率分布了。所以，正如斐波那契心爱的阿拉伯数字在中世纪有力地推动了意大利的商务计算一样，概率分布列也将大大促进今天的风险计算。试想，如果我们没有简单的计算方法，那么，当我们拿着 20 块钱去商店购买 10.95 美元的东西时，将会遇到很大的麻烦。然而，遗憾的是，我们过去一直没有针对不确定性数据的简单计算方法——即使有关各方对不确定性数据的分布形态和相互关系取得了一致意见，他们仍然无法对这些数据进行简单的计算。因此，当一个实体从另一个实体购买一项风险资产的时候，它们无法评估该项资产的具体价值，而能够完成这一工作的，只有那些躲在代数学"铁幕"背后的少数专家学者，这样一来，人们的理性思维和感性认识被完全割裂。然而，概率分布列出现之后，情况就大不相同了。如果公众能够方便地获得诸如房价等重要不确定性因素的概率分布列，那么，即使它们不是非常准确，也能够为我们提供一个急需的基准和透明度。在这种情况下，任何不允许房价下跌的违约率模型，都将马上被讥讽为"皇帝的新装"。

第 46 章

CPO："概率管理"的管理者

始于确信，终于怀疑；始于怀疑，终于确信。

——英国哲学家弗朗西斯·培根（Francis Bacon，1561—1626）

如果每一个公司都任命一个 CPO，那么这句话应该作为他们的座右铭。CPO 不仅要了解企业面临的各种不确定性，而且应该及时发现企业内部过分的确定性，并且以质疑的态度对此详加审视，从而让人们对风险始终保持高度的警觉。

下面，让我们再一次以天然气矿井为例来探讨这一问题——如果考虑到天然气价格下跌的时候可以选择暂不开采，那么，这些天然气矿井的平均价值将会增加一倍。不过，这一次我们要将讨论的范围从一个天然气矿井扩大到一个拥有几百个天然气矿井的公司。他们是否应该以天然气的平均价格为依据来管理这个公司呢？如果这样做，他们显然会白白错过大好的赚钱机会。那么，他们是否应该让每个天然气矿井的负责人对天然气价格的概率分布分别做出自己的预测呢？这种做法同样不可取，因为这就好比让他们对自己负责的项目的净现值预测贴现率一样，换句话说，这就好比让狐狸去看守鸡舍。我们知道，CFO（首席财务官）应该提出一个统一的贴现率标准，否则，将永远无法对两个项目的净现值做出理智的比较。同样，CPO 也应该针对天然气价格的概率分布提出一个概率分布列，这样一来，各个矿井的负责人就可以对各自的矿井进行模拟，然后，所有的模拟结果可以被合并在一起，构成整个企业的相关模型。

CPO 与 CRO

为了更好地说明 CPO 的职能，我们可以将 CPO 与 CRO（首席风险官）进行一番对比。传统而言，CRO 主要负责评估风险价值——如前所述，他们主要通过复杂的代数运算来完成这一工作。但是，如果说"风险价值"还有一些价值，那么这个价值也无非是向人们提供一种虚假的安全感：CRO 已经对企业进行了"风险管理"，所以你们完全可以高枕无忧了。乔·诺塞拉（Joe Nocera）曾经于 2009 年 1 月就风险价值问题在《纽约时报》上撰文指出：[1]

有很多投资者虽然看到了年度报告上的风险价值数据，却往往对此视若无睹。有很多相关的管理人员扬扬得意地以为，在进行了风险价值评估之后，所有风险都尽在自己的掌控之中了。同时，虽然很多董事会成员每年都会听到一两次风险价值评估数据，但是他们认为一切很正常。

在做出一个实际的投资决策之前，人们对潜在的风险往往没有清醒的认识。所以，投资的失败并不能归咎于现代投资组合，而只能归咎于人们对现代投资组合基本理论原理的漠视。换句话说，投资者必须真正地重视、考虑风险，而不能仅仅将风险作为一个抽象的数字摆在那里。

同诺塞拉描述的情况相反，壳牌石油公司的勘探投资组合模型能够以多种方式和多种维度，向肩负投资者重托的管理人员交互地展示各种不确定性。与致力于评估风险价值的 CRO 不同，CPO 的主要任务是提供一个相关的概率分布列信息库——这个信息库也许可以被看作一个一个的柱状图或者联合在一起的散点图。这些信息库也许可以取代它们所代表的整个企业的不确定性数据，被用来进行各种计算。人们也许会对 CPO 提供的某些概率分布列持有异议，只要他们喜欢，他们自己也可以向信息库中加入包含"黑天鹅"的概率分布列。另外，单个项目的概率分布列也许可以被合并在一起，成为一个投资组合的概率分布列。这时候，你也可以将所有的概率分布看作这个投资组合的风险价值。

好了，我扯远了。这一切不是一朝一夕可以实现的，不过，因为现在已经有了必要的技术支持，比如，市场上已经出现了在电子表格中交互式使用概率分布列的软件，所以，我们起码可以先做一些最基础的工作了。

我并不指望所有的公司设立了 CFO 和 CRO 之后，再突然设立一个CPO。更为现实的预期是，在以后的工作中，CFO 和 CRO 能够更多地承担起 CPO 的职责。但是，如果要克服平均值的缺陷，所有的机构都必须开始用概率分布来取代单一的数值——无论这个单一的数值是平均值还是风险价值。企业应该对贴现率及其评估程序确立一个统一的标准，同时，还应对概率分布进行认证。鉴于这些评估对一个公司的战略管理有巨大的影响，CPO绝对不能由一个整天穿着白大褂，待在没有窗户的地下室里做实验的研究人员担任。相反，他们必须像管理团队中的其他成员一样精力充沛、自信满满，而且待遇优厚。他们应该对企业随机信息库的散点图矩阵中必然会出现的各种难以了解的形态做出合理的解释。如果他们为一项投资提出了一个不会亏损的概率分布，那么，就应该当场遭到解雇。

即使使用了错误的概率分布进行模拟，你也是最优秀的

有人认为模拟的好坏是由输入的概率分布决定的，但是我不同意这种观点。让我们回想一下梯子的比喻，我要告诉你一个坏消息：当你摇晃梯子的时候，施加到梯子上的力的分布同你爬到梯子上的时候是不一样的，换句话说，这么多年来，你进行模拟时所使用的一直都是错误的概率分布。但是，即使明白了这一点之后，广大读者在爬梯子之前，并不会因此就不再摇晃梯子了。事实上，只要建立一个好的模型，那么，即使你输入一个毫无意义的信息，也会得到一个有价值的结果。

具有讽刺意味的是，有人曾经这样抱怨："我连它们的平均值都无法预

测，怎么可能知道它们的概率分布呢？"一个优秀的 CPO 能够发现这种说法的滑稽之处。事实上，这就等于在说："你怎么能指望我现在学习使用降落伞，难道你没看见机翼正在着火吗？"或者说："因为满地都是破碎的啤酒瓶，而且紧挨着还有一个养着大白鲨的水池，所以今天在爬梯子之前，我不可能先摇晃一下梯子，看看它是否稳定。"

如果 CPO 对一个特殊的概率分布一无所知，那么，他们应该根据自己的经验和直觉设计出几个不同的概率分布，然后分别将它们输入模型，看看会得到什么样的结果。如今，交互模拟的速度已经相当快了，因此，你实际上可以将概率分布作为变量输入到模型当中，然后根据不同的结果，探索相应的决策。

在构建一个模型的时候，CPO 一方面应该力求使之符合统计学的规范，从而让公司里的统计学家感到满意；另一方面还应该尽可能让它通俗易懂，从而让 CEO 易于接受。比如，丹尼尔·维德勒在为壳牌石油公司开发投资组合模型的过程中，就始终注意保持两个方面的平衡：一是努力让模拟结果直观透明；二是设法让数据搜集变得更加容易。

默克制药公司的概率管理

上面提到了丹尼尔，接下来就具体谈一谈他在概率管理方面的经历。在丹尼尔的职业生涯中，他大部分时间都奔走于世界各地，对不同勘探地点的石油储量进行蒙特卡罗模拟。因此，当那些勘探一线的工程师向他汇报工作的时候，他能够迅速地发现可能的偏差。正因如此，在壳牌石油公司负责管理开发勘探投资组合的时候，他是一个出色的工程 CPO。但是，当他到了默克制药公司，为医药研发项目开发相似的模型时，却有些力不从心。一方面是因为他缺乏该领域的专门知识，另一方面是因为壳牌石油公司的工作环境有点类似于"臭鼬工厂"，而默克制药公司却缺乏真正的团队合作精神，这种团队合作精神又不能通过概率管理的方法来培养。

这需要来自企业高层强有力的支持。根据 2008 年 12 月 9 日的新闻报道，[2]

麻省理工学院生物学家、默克研究实验室主任彼得·金（Peter Kim）曾明确表示，他们需要对自己的研发项目进行有效的投资组合管理。

他说："为了推动默克的创新精神，我们正在努力让我们的研发活动变得多样化，同时不断推进技术革新，汇集互补的研发项目。我们科学的多样化战略不仅促进了技术创新，而且提供了一种可持续的方法——正是这种方法使默克公司在专业化分工日益明细的医药产业里能够独树一帜。"

关于建模问题，通常情况下，我们首先需要提出一个原型，来验证自己是否处在正确的轨道上。在为默克公司建模的时候，我和安德鲁·列维奇是亲密的搭档。因为列维奇在默克公司旧金山办事处就职，所以在模型开发最为关键的前几个小时里——最致命的缺陷往往会出现在这个阶段——我们可以面对面地进行探讨。安德鲁的中学时代基本上同我以及我的父亲一样"成功"。中学毕业后，他直接辍学参军了。作为军需官在美国海军服役几年之后，他重返校园，并且在利哈伊大学（Lehigh University）获得了MBA学位。不过，正是他在海军服役期间的经历塑造了他的模拟方法。

一个潜艇士兵的模拟哲学

我第一次体验模拟的威力是在20世纪80年代初期。当时，我正在美军"丹尼尔·韦伯斯特号"弹道导弹潜艇上服役。那时候，我们还没有使用计算机模型进行模拟，一切都是人工的。我们设想并模拟了很多种可能出现的情况，比如我方潜艇被敌方潜艇发现，因此受命对其发动攻击的场景，或者潜艇突然起火、进水以及发生其他一系列可能出现的故障。对这些简单模拟的耳濡目染为我以后进行复杂的电脑模拟打下了基础。确保在模型中输入完全正确的变量并不重要，重要的是一定要理解输入变量之间的相互关系，同时一定要敏锐地捕捉到输出结果之间所有可能的相互关系。

——安德鲁·列维奇

在不到4个小时的时间里，我和安德鲁就为默克公司的药物研发投资组合建立了第一个原型。我们的方法如下：第1步是离开办公室，到外面呼吸

一下新鲜空气，让我们的头脑更加敏锐、思路更加清晰，然后，一边散步一边讨论问题。一旦有了好的想法，我们就会迅速返回办公室，坐在唯一的一台电脑前面记录下这些想法。因为我们两个人对不同问题的熟练程度有所不同，所以，我们需要根据情况轮流进行输入。很多时候，我们的团队在几分钟之内就到达了唐纳德·克努特所说的“第 5 步”，但是因为有了新的发现，所以不得不从头再来。

我已经同丹尼尔·维德勒、斯蒂芬·朔尔特斯以及其他人一起采用过这一方法，我认为这种方法之所以行之有效，主要有如下三个原因。首先，在散步中讨论问题，其实是实践了吉恩·伍尔西的忠告：“一支铅笔好比一个拐杖，一个计算器好比一辆轮椅，而一台电脑如同一辆救护车。”换句话说，我们没有利用铅笔、计算器或者电脑，而是用我们自己的大脑来分析问题。需要说明的是，当时，电脑主要被用来记录而不是形成人们的思想。其次，在用这种方法建模的时候，只要不是两个人同时卡壳，就不会出现卡壳的情况，这就大大降低了卡壳的概率。最后，只要不是两个人同时忽略了错误，就不会出现设计错误，这就大大降低了出错的概率。

当然，错误总是难免的，如果用过电子表格，你就知道在显然已经得到一个错误结果的情况下该怎么办。这时候，你应该沿着模型往回追溯，检查一下中间环节，看看到底是哪里出了问题。如果是普通的仿真模型（我和安德鲁当时采用的就是这种模型），由于它的结果不是数字而是一种分布，所以通过追溯中间环节来查找错误是很困难的。但是，如果是交互模拟，情况就完全不同了，因为我们可以很容易地看到任何中间计算的形态。你只需将移动光标停在与模拟有关的某一个公式上方，Risk Solver 立刻就会弹出一个小型的柱状图。

当我和丹尼尔·维德勒于 2005 年在壳牌石油公司率先采用相似的方法进行建模的时候，几个月之后，最终的模型实际上就成了一系列原型的组合。然而，在默克公司，由于知识更加分散，想将原型转变成一个有用的管理工具，我们首先需要将它传递给其他人。而在整个建模计划的开始阶段，还需要将实际投资组合的一小部分作为实验。

对单个项目进行财务模拟方面的专门知识来自研发评估和财务总监艾伦·罗森伯格。罗森伯格在纽约大学斯特恩商学院（New York University's Stern School of Business）获得 MBA 学位，而且在模拟领域有着丰富的经验。作为全国连锁酒店公用事业部的经理，他甚至开发出了可以预测酒店用水量的仿真模型。这些模型的输入变量包括房客数量、马桶使用次数以及洗手房客的百分比等。他通过网上调研以及对同事的调查开发了他的概率分布。用艾伦自己的话说，这些调查"当然不是通过工作间隙的闲聊"完成的。

如今，艾伦正在模拟一种截然不同的流量：通过研发管道来实施项目。他已经用 @RISK 开发了大量医药项目的蒙特卡罗模型，让所有人都感到高兴的是，他还能够迅速地将这些模型整合到概率管理框架当中去。

因此，现在我们有两个困惑。原型是最初的蓝图，而且艾伦能够为一小部分项目提供随机信息库，但是，所有内容都需要集中到一个应用程序当中。于是，原型和信息库被移交给了由陈立飞（Lifei Cheng）、普拉桑纳·德什潘德（Prasanna Deshpande）以及纳金·斯利伯基（Nakin Sriobchoey）等分析建模师组成的团队。这是最关键的时刻，我紧张得屏住了呼吸。虽然没有接受过多少训练，但是，他们居然顺利地完成了大部分的工作——其间，我和我的程序师仅仅帮他们解决了一些细节问题。看着他们独立完成这件工作，就好像是目送自己的孩子去读大学，内心里涌起的是一种很复杂的感觉：一方面，你会为他们能够独自生活感到欣慰；另一方面，你又会为自己独守空巢而感到失落。

因此，在模型开发方面，默克公司同壳牌公司有所不同。在壳牌石油公司，根据世界各地的勘探工程师提供的储量数据来运作模型并生成随机信息库的工作全部由一个小团队来完成。而在默克公司，整个过程则显得更为分散，唯一能够同安德鲁·列维奇和艾伦·罗森伯格相提并论的是丹尼尔·维德勒。

> **在默克公司运用概率管理框架**
>
> 　　早在商业模拟软件包出现之前，在应用概率理论和蒙特卡罗模拟来预测发展计划的风险与收益状况方面，默克公司就已经是行业中的领头羊了。尽管技术的飞速进步和雇员的辛勤努力让概率管理有了长足的发展，但是，将各种资产模型的相互关系合并到一起始终是一个挑战。即使将少量的模型合并在一起也需要花费大量的时间、进行大量的运算……更不要说由企业的所有项目组成的整个投资组合了。
>
> 　　直到有了"概率管理"这个优美而简约的理念，我们才能够处理这个难题。在几分钟之内，只需稍加设计，现有的 @RISK 模型就可以被用来接受预先模拟的全球可能性并且通过概率分布列将它们合并在一起。现在，无须进行昂贵的投资来提高计算机的运算能力或者改善相关的软件性能，我们就能够将每一个开发项目的模拟联系在一起。这些理念和工具必将使默克公司的投资组合管理再上一个新台阶。
>
> ——艾伦·罗森伯格

校正和提高 CPO 评估概率的能力

　　从 20 世纪 70 年代起，心理学家就开始研究我们评估概率的能力了。虽然这种能力因人而异，但是，有证据表明，通过一定的培训，每个人评估概率的能力都可以得到校正和提高。[3]

　　道格·哈伯德是《数据化决策》（*How to Measure Anything*）以及《风险管理的失败》两本书的作者。根据他的说法[4]，在概率评估的准确性方面，管理人员显然不如作家，而遗憾的是，医生比管理人员还要差。

　　哈伯德一生所从事的主要工作是为充满风险的 IT 项目提供咨询顾问服务。而在这项工作当中，他经常要做的一件事情就是帮助管理人员校正和提高他们评估概率的能力。

　　哈伯德说："大部分的分析家都依据那些所谓的主题专家所提供的概率来进行不确定性模拟。"然而，在对照实验当中，他发现那些自称对某件事情有 90% 把握的管理人员的正确率还不足 60%。

　　具有讽刺意味的是，哈伯德注意到"由于大多数模型中的大多数变量都是那些过分自信的人所提供，所以，整个风险分析行业一直都在低估潜在的不确定性和风险"。

默克公司分散的概率管理

2008 年年初，当我作为彼得·金的助手加入默克研究实验室的时候，利用工业化的方法进行投资组合建模显然已经不仅是一种可能性，而且已经成为一种必然趋势。由于技术的进步，对大型仿真模型的维护已经大大简化了，而且在整个企业内部分享随机信息库也已经成为可能。除了技术因素之外，由于需要协调企业的众多部门来进行"投资组合管理"，默克公司需要采用一种比壳牌公司更为分散的概率管理方法。在这方面的成功不仅应该归功于安德鲁、艾伦、陈立飞、普拉桑纳以及纳金等模型开发者，还应该归功于默克公司对它的科学家以及领导者所进行的平均值缺陷以及投资组合效应等理念的培训——这一点也许更为重要。为了实现从"排列各个投资项目的名次"到"从一个更为广阔的、充满变数的视角来评估它们对整个投资组合的影响"这样一个理想的行为转变，技术因素是必不可少的，但是，仅有技术还是远远不够的。

——丹尼尔·维德勒

哈伯德相信，通过校准训练，大多数管理人员评估概率的技能都可以在几个小时之内得到改善。最简单的训练方法由一系列琐碎的测试组成。哈伯德说："我要求主题专家针对西尔斯大厦（Sears Tower）的高度来评估其 90% 的置信区间，或者让他们评估自己正确回答一个是非判断题的概率。"一开始，他们出错的概率比预期的要大得多，不过，很快就有了进步。哈伯德认为那些琐碎的问题是什么似乎并不重要，"只要在某一个知识领域的评估能力得到了校正，那么所有知识领域的评估能力都会获得改善"。在经过了几轮琐碎的测试之后，哈伯德将参与者带入下一个训练阶段：让他们去解决实际的问题，就像前面在"预测市场"部分谈到的那样。

哈伯德说："对雇员进行校准训练应该成为 CPO 的基本技能，更重要的是，CPO 需要知道如何判断雇员是不是一个合格的概率评估者。"

假如你尚未接受过这样的校准训练，那么，这也并不意味着你应该继续利用单一的数据而不是不确定性概率分布来处理问题。

揭露事实还是隐瞒真相，这是一个值得思考的问题

　　由于金融危机不断加剧、经济环境日趋恶化，当我 2009 年 2 月初到纽约出差的时候，发现这座原本活力四射的城市正笼罩在一片忧郁的气氛之中。在那里，我给两组企业主管人员做了一场演讲。他们都来自新近遭受了沉重打击的金融业。我不知道他们是如何应对这场危机的，于是就跟他们谈起了不能接受负值的标准普尔风险模型（参见第 1 章）、以平均石油价格为基础来评估石油资产的美国证券交易委员会（参见第 31 章），还谈及伯尼·麦道夫骇人听闻的庞氏骗局以及银行既发放住房贷款又投资住房抵押证券的危险做法——二者都不可避免地同恶性膨胀的住房价格密切相关（参见第 43 章）。然后，我问他们为什么那些知道内情的人们一直保持沉默，而没有把真相揭露出来。

　　其实在提出这个问题的时候，我并没有指望得到一个答案，然而，出乎意料的是，居然有人对这个问题做出了回答。回答问题的是美国运通公司（American Express）的高级经理马克·伯曼恩——在过去的许多年里，他在不少成功的大型企业中任职。演讲结束之后，我们就这一问题进行了探讨（见下文）。

　　但是，我们不要忘了风险并非天生就面目可憎。事实上，由于风险与收益往往成正比，所以，风险也可以看作人们进行投资的间接动力——当然，这里所谓的风险必须是可以清晰理解、安全控制的风险。如果人们都不愿冒险进行投资，那么，我们的社会很可能就要停滞不前了。同时，我们也不要忘了，风险体现了人们的主观认识，而且一个上市公司应该采取符合其股东预期的风险态度。要知道，公司雇员与股东之间的风险态度是不一样的：对雇员来说，保住自己的饭碗比让公司赢得更多的利润更重要；而对股东——他们通常都会进行多样化的投资——来说，只要他们认为某项投资可以带来巨大的收益，他们就希望公司冒险进行投资。

揭露真相

　　当一个机构面临未知的不确定性时，同时也意味着该机构存在一些尚未得到有效控制的未知风险。而最终能够带来巨大破坏的，正是这些可以意识到却没有得到有效控制的风险。

　　为什么会出现这样的情况呢？因为虽然也有一些人关心机构的命运，而且也敏锐地意识到了潜在的风险，但是，由于担心自己的举报得不到重视，同时更担心自己和家人的安全，所以他们往往不愿意站出来揭露真相。

　　我曾经花了大量的时间来探索可以让人们勇敢地向权力机关揭露真相的方法。不过，最近我忽然发现，人们害怕讲真话只不过是在提醒我们：要想真正地解决问题，也许应该采用一种不同的、更为有效的方法了。这个方法的关键在于接受机构固有的文化传统，同时寻求能够让风险更加透明以及让揭示风险的动机更加迫切的途径。

——马克·伯曼恩

　　如果潜在的风险没有被彻底认识，甚至被歪曲地描述，那么，人们就必须站出来揭露真相了。但遗憾的是，目前，由于我们表述不确定性和风险的方法存在缺陷，所以，那些敢于仗义执言者的真知灼见往往得不到重视。比如，早在 1999 年，一个不起眼的证券分析师哈里·马克伯罗斯（Harry Markopolos）[5] 就已经识破伯尼·麦道夫的投资骗局，并且在接下来的 9 年中不断地向美国证券监管部门举报，但始终没有引起他们的重视。直到 10 年之后，当"麦道夫欺诈案"大白于天下的时候，马克伯罗斯才广为人知并成了民众眼中的英雄。

第 47 章
再次聆听父亲的教诲

我父亲在 1954 年出版的《统计学基础》一书被认为是"对统计学的严格拷问"，也是可以让人们"在面对不确定性因素时做出理性决策的必修课"[1]。我父亲在这本书中认为概率具有主观性，而这种主观性可以在人们参与博弈时清晰地体现出来。这种观点在当时引起了很大的争议，事实上，直到今天，它也没有得到所有人的认同。虽然如此，前面谈到的预测市场已经用事实证明了这种观点至少在现在已经获得了广泛的支持。但是，由于这本书涉及太多精深的数学问题，我只能理解其中的只言片语。

正因如此，当迈克尔·施拉格发现我父亲的一篇通俗易懂的文章时，我感到无比的激动。这篇文章的题目是《多变的统计学基础》（"The Shifting Foundations of Statistics"）。[2] 这篇文章被收录在我父亲的纪念文集当中——这本共计 736 页的纪念文集已经在我的鼻子底下放了好多年，然而我居然从来都不知道有这么一篇文章。因为这篇文章于 1977 年发表在一本由多位学者的作品组成的合集当中，所以我推测它可能是我父亲在 1971 年去世之前不久写的。同他的其他数学专著不同，这篇文章我完全可以理解。这让我意识到，自己同父亲在统计学的技术细节上交流得太少——在同父亲交流的时候，这方面的问题以及大学必修课都是我刻意回避的话题。

不过，至今我还能清晰地记起我们之间关于科学问题的一次重要讨论。当时，我刚刚证明了我的博士论文当中关于计算的复杂性的第一个结果，于是就同父亲约好了时间讨论这个问题。我对自己的证明过程非常满意，而且生平第一次同我父亲探讨数学问题也让我深感自豪。其实，我的证明过程与统计学毫无关系，但这毕竟是一次技术层面的对话，所以我们两个人都很高兴。可是，没想到这次谈话竟然成了我们父子之间的最后一次正式谈话，因为两周之后，他就因为心脏病发作而溘然长逝。然而，有机会同父亲进行一次数学上的探讨也是值得庆幸的。在他辞世一年之后，我的论文突然由数学转向了统计学，这让我感到庆幸之余，又多了一层遗憾和惋惜，要是当初能同他谈谈统计学该有多好。

所以，就在本书的写作接近尾声的时候，施拉格将我父亲的这篇文章送给了我。父亲在文中指出了统计学的发展方向，对于正在为统计学规划未来的我而言，父亲的思路无疑是一种莫大的启发。尽管我不能提出任何问题，但是，有幸再一次聆听父亲的教诲仍然令我万分激动。

在这篇文章中，有好几个给我留下深刻印象的观点以前都没有听他说起过。

首先，他强调了图表以及其他统计学描述手段的重要意义，并且将这些描述手段称为"以更加人性化、更加易于理解的方式直观展示数据的一种艺术"，也就是我所说的"思想把手"。

他认为统计学的这种可视化趋势已经"使一种相对非正式和非结构化的数据处理方式得到了人们的尊重"——我将这种数据处理方式解释为通过交互模拟让人们得到直观的理解。

同时，他也深知计算机在统计学中的重要性日渐凸显。因此，他指出"计算成本"决不能超过计算结果所具有的价值。要知道，他所处的时代是一个性爱免费但计算成本昂贵的时代。那时候，功能上还不如现在一个价值49美元的图形计算器的一套计算设备，造价动辄上千万美元，而且使用一小时的费用高达1 000美元。

其次，他不仅密切关注技术的发展状况，往往还能够洞悉这些技术背后的基本原理。我曾经问过他，哪方面的技术进步真正令他印象深刻，他的回答是电子传输能力。如今，概率分布正在以这种方式进行传输，我相信如果他地下有知，一定会为此感到欣慰的。

最后，我要迎接一下我父亲在《统计学基础》中提出的一个挑战。我们在第 14 章已经提到，在《统计学基础》一书的第 16 页，我父亲引用了两句语义相对的俗语："三思而后行"和"船到桥头自然直"。前一句是提醒我们着眼未来，通过预期自身行为的所有可能结果而事先做出一个最佳的行为选择（见图 47.1）。后一句则是告诫我们应该活在当下，不要为将来那些也许永远都不会发生的虚无缥缈的事情而大伤脑筋。在介绍了这两种观点之后，我父亲继续写道：

这两句看似相互矛盾的俗语其实都包含着深刻的哲理，但是，我们几乎不可能用一句话将它们的哲理全部表达出来。

虽然我父亲已经指出这个挑战难以克服，不过，我还是决定尝试一下。

图 47.1 做一件事情之前，你的选择余地越多，真正开始做的时候，你的顾虑就会越少

注：丹泽戈尔绘。

附录　红色词汇表

红色词汇	定　义	相对应的绿色词汇
贝叶斯分析	用来解决检测疾病或者识别恐怖分子时容易出现的假阳性问题的方法（参见第 36 章）。该方法以击中靶心的概率为基础——假定你射中了箭靶。	没有相对应的绿色词汇
中心极限定理	大量不确定性数据加在一起，它们的分布形态呈现中间高两端低的钟形分布	多样化
凹函数	不断下降的曲线图	下降的曲线
凸函数	不断上升的曲线图	上升的曲线
相关性	蒸汽时代的一个衡量标准，用来衡量散点图在直线上以何种程度进行分布。它的分布范围一般从 −1（如果曲线的斜率为负值时）到 +1（如果曲线的斜率为正值时）	相互关系
协方差	在蒸汽时代用来说明相关性的一种计算方法	相互关系
F 检验	检验一件事情的发生是否出于偶然的一种方法	没有相对应的绿色词汇
随机变量函数	输入一组不确定性数据，可以得到另一组不确定性数据的一系列计算	具有不确定性输入的电子表格模型
SLURP 集合的基本恒等式	说明了以随机信息库为基础的仿真模型为什么可以被合并在一起	没有相对应的绿色词汇
假设检验	确定一件事情的发生纯属偶然的概率	这是不是一个偶然事件
延森不等式	说明了在很多电子表格模型当中平均输入为什么不能得到平均输出	平均值缺陷（强式）
线性规划	如果你知道如何使用直线关系将你的问题公式化，那么线性规划就可以作为一种优化资源配置的强有力的计算方法。20 世纪 80 年代以来的电子表格可以使用这种计算方法	最优化
马尔科夫链	这是一种数学模型，可以用来描述不同人群的人口结构在不同时期的变化情况	没有相对应的绿色词汇

续表

红色词汇	定　义	相对应的绿色词汇
非线性规划	同线性规划相似，却没有线性关系的限制。20 世纪 90 年代初期以来的电子表格可以使用这种计算方法	最优化
正态分布	对大量独立的不确定性数据进行求和或者取平均值的时候，它们的分布形态接近于著名的钟形分布	钟形分布
零假设	假设某件事情的发生纯属偶然	魔鬼代言人的立场
P 值	某件事纯属偶然的概率	偶然发生的可能性
随机变量	概率理论中用到的一个数学概念	不确定性数据
情景优化	考虑到未来成百上千种可能性的优化方式	没有相对应的绿色词汇
序贯分析法	在试验过程中，当获得信息的价值低于实验成本时就终止实验的一种分析方法	没有相对应的绿色词汇
西格玛	在蒸汽时代用于衡量一个不确定性数据不确定性程度的标准	不确定性程度
六西格玛	用于改善产品质量和服务质量的一套管理方法	质量管理
标准差	西格玛	不确定性程度
统计依赖性	一种不确定性的出现取决于另一种不确定性	相互关系
理性预期理论	假设人们在面对不确定性的时候，能够设计并执行优化战略（事实上，人们往往做不到这一点）的一种行为理论	按照最佳方案去实现自己的最大利益（如果能够设计出这种方案的话）
T 检验	检验一件事情的发生是否出于偶然的一种方法	没有相对应的绿色词汇
效用理论	用于阐述风险态度的经济理论	风险态度
方差	蒸汽时代用于说明标准差的一种计算方法	不确定性程度

参考文献

序言

1. A. E M. Smith, *The Writings of Leonard Jimmie Savage—A Memorial Collection* (Washington, DC:American Statistical Association and The Institute of Mathematical Statistics, 1981), p. 29.

2. Ibid., p. 14.

3. Sam L. Savage, "The Flaw of Averages," Soapbox column, *San Jose Mercury News*, October 8, 2000.

导读 将"脑袋"和"屁股"联系起来

1. "Daniel Kahnemann: The Sveriges Riksbank Prize in Economic Sciences in Memory of Alfred Nobel 2002," Nobelprize.org. http://nobelprize.org/nobel_ prizes/economics/ laureates/2002/kahneman−lecture.html.

2. Daniel Kahneman, Amos Tversky, and Paul Slovic (Eds.), *Judgment Under Uncertainty:Heuristics and Biases* (New York: Cambridge University Press, 1982).

3. Malcom Gladwell,*Blink—The Power of Thinking Without Thinking* (Boston: Little Brown and Company, 2005).

第 1 章 平均值缺陷

1. Sam L. Savage, "The Flaw of Averages," Soapbox column, *San Jose Mercury News*, October 8, 2000.

2. Sam L. Savage. "The Flaw of Averages," *Harvard Business Review*, November 2002, pp. 20−21.

3. Patrick Leach,*Why Can't You Just Give Me the Number?*（Gainesville, FL：Probabilistic Publishing, 2006）.

4. "S&P/Case−ShillerHomePriceIndices," Standard&Poor's.http://www2.standardand poors. com/portal/site/sp/en/us/page.topic/indices_csmahp/0,0,0,0,0,0,0,0,0,2,1,0,0,0,0,0.html.

5. Benita D. Newton（staff writer）, "All−You−Can−Eat Was Too Much." *St. Petersburg Times*, September 26, 2003.

6. William K. Stevens, "When Scientific Predictions Are So Good They're Bad." Tuesday Science Desk,*The New York Times*, September 29, 1998.

7. Philippe Jorion, *Big Bets Gone Bad: Derivatives and Bankruptcy in Orange County*（NewYork: Academic Press, 1995）.

8. Ibid.

9. Daniel H. Pink, *A Whole New Mind*（New York: Riverhead Books, 2005）.

第 2 章　代数学"铁幕"的降落和平均值缺陷的暴露

1. "The 3rd Annual Awards," PCMag.com. http://www.pcmag.com/article2/0,1895, 1177271,00.asp.

2. Lindo Systems. www.LINDO.com.

第 3 章　减轻平均值的危害

1. Palisade Corporation home page, http://palisade.com/.

2. Oracle home page, http://www.decisioneering.com/.

3. "Monte Carlo Simulation：Get Insight!" AnalyCorp, www.analycorp.com/.

4. "Risk Analysis with Interactive Simulation, Stunning Graphics, Lightning−Fast Simulation Optimization." Solver.com, http://solver.com/risksolver.htm.

5. Doug Hubbard, *The Failure of Risk Management:Why It's Broken and How to Fix It*, （Hoboken, NJ: John Wiley & Sons, Inc., 2009）.

6. Sam Savage, Stefan Scholtes, and Daniel Zweidler, "Probability Management." *ORMS Today*, Vol. 33, No. 1（February 2006）.

7. Sam Savage, Stefan Scholtes, and Daniel Zweidler, "Probability Management, Part 2." *ORMS today*, Vol. 33, No. 2（April 2006）.

第 4 章 莱特兄弟给我们的启示

1. Russell Freedman, *The Wright Brothers, How They Invented the Airplane*（New York：Holiday House, 1991）.

2. "Extreme Programming." Wikipedia. http://en.wikipedia.org/wiki/Extreme_Programming.

3. Lego Shop page. http://shop.lego.com/Product/?p=10177.

4. Michael Schrage, *Serious Play: How the World's Best Companies Simulate to Innovate*（Cambridge, MA: Harvard Business School Press, 2000）.

第 6 章 "思想把手"

1. Perhaps today's most famous informational designer is Edward R. Tufte. http://www.edwardtufte.com/tufte/.

2. Richard Dawkins, *The Selfish Gene*（New York: Oxford University Press, 1976）.

3. Vijay Govindarajan and Chris Trimble, *Ten Rules for Strategic Innovators: From Idea to Execution*（Cambridge, MA：Harvard Business School Publishing, 2006）.

4. Bradley Efron, "Vignettes, " *Journal of the American Statistical Association*, Vol. 95, No. 452（December 2000）, p. 1293.

第 8 章 第二个 "思想把手"：不确定性数据是一种分布形态

1. Sam L. Savage, "Statistical Analysis for the Masses," *Statistics in Public Policy*, edited by Bruce Spencer（NewYork: Oxford University Press, 1998）.

2. A. Ingolfsson, "Obvious Abstractions: The Spinner Experiment," *Interfaces*, Vol. 29, No. 6（1999）, pp. 112–122.

3. D. Zalkind, "Another Take on the Spinner Experiment," *Interfaces*, Vol. 29, No. 6（1999）, pp. 122–126.

4. Nassim Nicholas Taleb, *The Black Swan. The Impact of the Highly Improbable*（New York: Random House, 2007）.

5. Gary Klein, *Intuition at Work: Why Developing Your Gut Instincts Will Make You Better at What You Do*（New York: Random House, 2003）.

第 9 章　第三个"思想把手"：不确定性数据的组合

1. Harry Markowitz, *Portfolio Selection: Efficient Diversification of Investments*, 2nd ed. （Malden, MA: Blackwell Publishing Professional,1991）.

第 11 章　第四个"思想把手"：特里·戴尔和马路上的醉汉

1. Illustration from Sam L. Savage, *Decision Making with Insight*（with Insight. xla 2.0 and CD-ROM Second Edition, 2003）, Cengage Learning, Florence. KY, Reproduced with permission of the publisher.

2. "Human cyclone hits Lloyds TSB," *The Sunday Times*, December 17, 2006.

第 12 章　延森不等式——强式平均值缺陷的具体细节

1. Johan Ludwig William Valdemar Jensen. http://www-groups.dcs.st-and.ac.uk/~history/ Biographies/Jensen.html.

2. 来自当事人的私人信件。

3. 请注意，这不应该与股票期权的相关波动性"微笑"相混淆。

第 13 章　第五个"思想把手"：相关的不确定性

1. "Welcome to Applied Quantitative Sciences, Inc. ," AQS, www.aqs-us.com.

2. Harry Markowitz, "Portfolio Selection," *The journal of Finance*, Vol. 7, No. 1（March 1952）, pp. 77-91.

3. Felix Salmon, Recipe for Disaster: The Formula That Killed Wall Street, *Wired Magazine*, February 23,2009.

第 14 章　决策树

1. Leonard J. Savage, *The Foundations of Statistics*（Hoboken, NJ: Wiley & Sons, Inc., 1954）.

2. Daniel Kahneman, Paul Slovic, and Amos Tversky, *Judgment Under Uncertainty: Heuristics and Biases*（New York: Cambridge University Press, 1982）.

3. Peter C. Fishburn, "Foundations of Decision Analysis: Along the Way," *Management Science*, Vol. 35, No. 4（April 1989）, pp. 387-405.

4. Ronald A. Howard, "Decision Analysis: Applied Decision Theory," *Proceedings of the Fourth International Conference on Operational Research,*edited by David B. Hertz and Jacques Melese（Hoboken, NJ: Wiley-Interscience, 1966）, pp. 55-71.

5. Sam L. Savage,*Decision Making with Insight*（with Insight. xla 2.0 and CD-ROM Second Edition, 2003）Cengage Learning, Florence, KY.

6. "Welcome to DEF," Decision Education Foundation. http://www.decision education.org/.

第 15 章 信息的价值：除了价值，别无所是

1. *Chicago Tribune*, May 28, 1995, section 2, p. 6.

2. Ronald A. Howard, "Information Value Theory," *IEEE Transactions on Systems Science and Cybernetics*, Vol. 2, No. 1（August 1966）.

3. Jack Kneece, *Ghost Army of World War II*（Gretna, LA: Pelican Publishing, 2001）.

4. "History," Patten. http://trax4you.com/proofs/patten/pt_history.htm.

5. 来自当事人的私人信件。

第 16 章 平均值的七宗罪

1. "Welcome!" ProbabilityManagement.org. www.ProbabilityManagement.org.

2. Sam Savage,Stefan Scholtes, and Daniel Zweidler, "Probability Management," *ORMS Today*, Vol. 33, No. 1（February 2006）.

第 17 章 极限值的缺陷

1. Howard Wainer, *Picturing the Uncertain World: How to Understand, Communicate and Control Uncertainty Through Graphical Display*（Princeton, NJ: Princeton University Press, 2009）.

第 18 章 辛普森悖论

1. C. R. Charig, D. R. Webb, S. R. Payne, and O. E. Wickham, "Comparison of Treatment of Renal Calculi by Operative Surgery, Percutaneous Nephrolithotomy, and Extracorporeal Shock Wave Lithotripsy," *Br Med J*（Clin Res Ed）Vol. 292, No. 6524（March 1986）, pp. 879-882.

2. Ken Ross, *A Mathematician at the Ballpark: Odds and Probabilities for Baseball Fans* （New York: Pi Press, 2004）, pp. 12–13.

第 19 章　朔尔特斯收入谬误

1. 特别感谢芝加哥大学的经济学家杰克·古尔德和斯坦福大学的沃德·汉森为这个问题提供真知灼见。

第 20 章　把偶然当作必然

1. Sam L. Savage, *Decision Making with Insight* （with Insight. xla 2.0 and CD_ROM Second Edition, 2003）, Cengage Learning, Florence, KY.

第 21 章　养老投资

1. Stephen M. Pollan and Mark Levine, *Die Broke* （New York: HarperCollins, 1997）.

2. "Welcome," Financial Engines, www.FinancialEngines. com.

3. William F. Sharpe, "Financial Planning in Fantasyland," Stanford University.http://www.stanford.edu/~wfsharpe/art/fantasy/fantasy.htm.

第 22 章　投资组合理论的诞生：协方差时代

1. Gordon Crovitz, "The Father of Portfolio Theory on the Crisis," *The Wall Street Journal*, November 3, 2008.

第 23 章　当哈里遇到威廉

1. William F. Sharpe, "Capital Asset Prices—A Theory of Market Equilibrium Under Conditions of Risk," *Journal of Finance*, Vol. 19. No. 3（September 1964）, pp. 425–442.

2. William F. Sharpe, *Investors and Markets*：*Portfolio Choices, Asset Prices,and Investment Advice* （Princeton, NJ: Princeton University Press, 2007）.

第 25 章　期权：从不确定性中获利

1. "Learning Center." Chicago Board Options Exchange. http://www.cboe.com/

LearnCenter/default. aspx.

第 26 章　期权理论的诞生

1. Peter Bernstein, *Capital Ideas*：*The Improbable Origins of Modern Wall Street*（New York：Free Press, 1993）.

2. Myron S. Scholes, "Derivatives in a Dynamic Environment," Nobelprize.org. http://nobelprize.org/nobel_prizes/economics/laureates/1997/scholes−lecture.html；Robert C. Merton, "Applications of Option-Pricing Theory: Twenty-Five Years Later," Nobel Lecture, December 9, 1997. http://nobelprize.org/nobel_ prizes/economics/laureates/1997/merton−lecture.pdf.

3. Fischer Black and Myron S. Scholes, "The Pricing of Options and Corporate Liabilities." *Journal of Political Economy*, Vol. 81, No. 3（1973）, pp. 637−654.

4. Robert C. Merton, "Theory of Rational Option Pricing," *Bell Journal of Economics and Management Science*, Vol. 4, No. 1（1973）, pp. 141−183.

5. "2005 Market Statistics," Chicago Board Options Exchange. http://www.cboe.com/data/marketstats−2005.pdf.

6. Roger Lowenstein, *When Genius Failed: The Rise and Fall of Long-Term Capital Management*（New York: Random House, 2000）.

第 27 章　价格、概率和预测

1. Adam Smith（1723−1790）, *An Inquiry into the Nature and Causes of the Wealth Nations* 5th ed., edited by Edwin Cannan（London: Methuen and Co., Ltd., 1904）. First published in 1776.

2. "Prime Minister Vladimir Putin's Speech at the Opening Ceremony of the World Economic Forum," Davos, Switzerland, January 28, 2009, http://www.weforum.org/pdf/AM_2009/OpeningAddress_VladimirPutin.pdf.

3. William F. Sharpe, "Nuclear Financial Economics." http://www.stanford.edu/wfsharpe/art/RP1275.pdf.

4. Richard Roll, Richard, "Orange Juice and Weather," *American Economic Review*, Vol. 74, No. 5（1984）, pp. 861−880.

5. James Surowiecki, *The Wisdom of Crowds*（New York: Anchor Books, 2005）.

6. "What Is the IEM" Iowa Electronic Market. http://www.biz.uiowa.edu/iem/.

7. Dave Carpenter, "Option Exchange Probing Reports of Unusual Trading Before Attacks," The Associated Press, September 18, 2001. 也可参阅 "Exchange Examines Odd Jump," *The Topeka Capital Journal*, http://cjonline.com/stories/091901/ter_ tradingacts. shtml；Judith Schoolman, "Probe of Wild Market Swings in Terror-Tied Stocks," New York Daily News, September 20, 2001, p. 6；James Toedtman and Charles Zehren, "Profiting from Terror?" *Newsday*, September 19, 2001, p. W39。

8. "Welcome to the Options Clearing Corporation," Options Clearing Corporation. http://www.optionsclearing.com/.

9. Allen M. Poteshman. "Unusual Option Market Activity and the Terrorist Attacks of September 11, 2001," *The Journal of Business*. Vol. 79（2006）, pp. 1703–1726.

10. 9–11 Research. "Insider Trading: Pre-9/11 Put Options on Companies Hurt by Attack Indicates Foreknowledge." http://911research.wtc7.net/septll/stockputs.html.

11. National Commission on Terrorist Attacks upon the United States, page 499. paragraph 130, http://www.9–11commission.gov/report/911Report_Notes.htm.

12. Justin Wolfers and Eric Zitzewitz, "The Furor over 'Terrorism Futures.'" *Washington Post*, July 31, 2003, p. A19.

13. Robin Hanson, "The Policy Analysis Market（and FutureMAP）Archive," http://hanson.gmu.edu/policyanalysismarket.html.

14. Michael Schrage and Sam L. Savage, "If This Is Harebrained, Bet on the Hare," *Washington Post*, August 3, 2003, p. B04. See http://www.washingtonpost.com/wp-dyn/articles/A14094–2003Aug2.html.

15. "Update," Tradesports. http://www.tradesports.com/；"Iran and the U. S. Will Hold a Summit Meeting in 2009," http://us.newsfutures.com；"The Foresight Exchange Prediction Market," Foresight Exchange. http://www.ideosphere.com/fx/.

16. Justin Lahart, "No Future for Poindexter?" CNNMoney.com. http://money.cnn.com/2003/07/30/markets/poindextercontract.

17. Justin Wolfers and Eric Zitzewitz, "Prediction Markets," *Journal of Economic Perspectives*, Vol. 18, No. 2（Spring 2004）；Justin Wolfers and Eric Zitzewitz,

"Prediction Markets in Theory and Practice, " National Bureau of Economic Research Working Paper Series. http://bpp.wharton.upenn.edu/jwolfers/Papers/PredictionMarkets（Palgrave）.pdf ; Martin Spann and Bernd Skiera, "Taking Stock of Virtual Markets," ORMS Today, Vol. 30, No. 5（October 2003）. http://www.lionhrtpub.com/orms/orms-10-03/frfutures.html.

18. Joseph Grundfest, "Business Law. " *Stanford Magazine*, November 2003. http://www.stanfordalumni.org/news/mag azine/2003/novdec/farm/news/bizlaw.html.

第 28 章　整体考虑还是局部分析

1. Ben C. Ball, "Managing Risk in the Real World," *European Journal of Operational Research*, Vol. 14（1983）, pp. 248-261.

2. Peter L. Bernstein, *Capital Ideas: The Improbable Origins of Modern Wall Street*, rev. ed.（New York : Free Press, 1993）.

3. Hiroshi Konno and H. Yamazaki, "Mean Absolute Deviation Portfolio Optimization Model and Its Applications to the Tokyo Stock Market," *Management Science*, Vol. 37, No. 5（1991）, pp. 519-531.

4. Portfolio Decisions, Inc., www.portfoliodecisions.com.

5. Ben C. Ball and Sam L. Savage, "Holistic vs. Hole-istic E&P Strategies," *Journal of Petroleum Technology*. Sept 1999.

第 29 章　壳牌石油公司的投资组合

1. Sam Savage, Stefan Seholtes, and Daniel Zweidler, "Probability Management, Part 2," *ORMS Today*, Vol. 33. No. 2（April 2006）, p. 60.

2. Sam Savage, Stefan Seholtes, and Daniel Zweidler, "Probability Management, " *ORMS Today*, Vol. 33, No. 1（February 2009）, p. 20.

第 30 章　实物期权

1. James Scanlan, Abhijit Rao, Christophe Bru, Peter Hale, and Rob Marsh, "The DATUM Project: A Cost Estimating Environment for the Support of Aerospace Design Decision Making, " *AIAA Journal of Aircraft*, Vol. 43, No. 4（2006）, pp. 1022-1029.

2. Vanguard Software Corporation. http://www.vanguardsw.com/.

3. "California Battered by Storms ; Weather Worst in Years," Bloomberg. com. http://www. bloomberg.com/apps/news?pid=20601103&sid=aQI3WxAgwR9c&refer=us.

第 31 章　关于会计行业的煽动性言论

1. L. T Johnson, B. Robbins, R. Swieringa, and R. L. Weil, "Expected Values in Financial Reporting," *Accounting Horizons*, Vol. 7, No. 4（1993）, pp. 77−90.

2. "Summary of Statement No. 123: Accounting for Stock−Based Compensation（Issued 10/95）," Financial Accounting Standards Board. http://www.fasb.org/st/summary/ stsum123.shtml.

3. Zvi Bodie, Robert S. Kaplan, and Robert C. Merton. "For the Last Time: Stock Options Are an Expense," *Harvard Business Review*（March 2003）.

4. "Statement of Financial Accounting Standards No. 123（Reused 2004）," Financial Accounting Series. http://www.fasb.org/pdf/fas123r.pdf.

5. T. Carlisle. "How Lowly Bitumen Is Biting Oil Reserve Tallies," *The Wall Street Journal*, February 14, 2005.

6. Jeff Strnad, "Taxes and Nonrenewable Resources: The Impact on Exploration and Development," *SMU Law Review*, Vol. 55, No. 4（2000）, pp. 1683−1752.

7. S. L. Savage and M. Van Mien, "Accounting for Uncertainty," *Journal of Portfolio Management*. Vol. 29, No. 1（Fall 2002）, p. 31.

8. John Cox, Stephen Ross, and Mark Rubinstein, "Option Pricing: A Simplified Approach," *Journal of Financial Economics*, 7（1979）, p. 229.

9. "Exposure Draft: Proposed Statement of Financial Accounting Standards: Disclosure of Certain Loss Contingencies," Financial Accounting Series. http://www.fasb.org/draft/ed_ contingencies.pdf.

第 32 章　供应链的基因

1. Sam L. Savage, *Decision Making with Insight*（with Insight. xla 2.0 and CD−ROM Second Edition, 2003）, Cengage Learning, Florence, KY.

2. "Jay Forrester, March 1918, Nebraska, USA. " http://www.thocp.net/biographies/

forrester_jay.html.

3. J. W. Forrester, "Industrial Dynamics: A Major Breakthrough for Decision Makers, " *Harvard Business Review*, Vol. 36, No. 4（1958）, pp. 37–66.

4. John D. Sterman, "Modeling Managerial Behavior: Misperceptions of Feedback in a Dynamic Decision Making Experiment," *Management Science*, Vol. 35, No. 3（1989）, pp. 321–339.

5. John D. Sterman, "Teaching Takes Off: Flight Simulators for Management Education: 'The Beer Game,'" http://web.mit.edu/jsterman/www/SDG/beergame.html.

第 35 章 第二次世界大战时期的统计研究小组

1. W. Allen Wallis, "The Statistical Research Group, 1942–1945," *Journal of the American Statistical Association*, Vol. 75, No. 370（June 1980）, pp. 320–330.

2. A. F. M. Smith, *The Writings of Leonard Jimmie Savage—A Memorial Collection* （Washington, DC: American Statistical Association and The Institute of Mathematical Statistics, 1981）, pp. 25–26.

3. M. Friedman and L. J. Savage. "Utility Analysis of Choices Involving Risk," *Journal of Political Economy*, Vol. 56, No. 4（1948）, pp. 279–304；M. Friedman and L. J. Savage, "The Expected-Utility Hypothesis and the Measurability of Utility," Journal of Political Economy, Vol. 60（1952）, pp. 463–474.

4. W. Allen Wallis, "The Statistical Research Group, 1942–1945：Rejoinder," *Journal of the American Statistical Association*, Vol. 75, No. 370（June 1980）, pp. 334–335.

第 36 章 概率论与反恐战争

1. *USA Today*, November 7, 2007, p. 1A.

2. XVIII Airborne Corps and Fort Bragg Provost Marshall Office, *Commander's Handbook—Gangs , Extremist Groups—Dealing with Hate*. http://www.bragg.army,mil/PSBC–PM/ProvostMarshalDocs/GangsAndExtremist.pdf.

3. Matt Apuzzo and Lara Jakes Jordan, "Suicide Latest Twist in 7-year Anthrax Mystery," Associated Press, August 1, 2008.

4. "Health Statistics: Suicides（per Capita）（Most Recent）by State," StateMaster.com.

http://www.statemaster.com/graph/hea_sui_percap-heahh-suicides-per-capita.

5. Armen Keteyian, "Suicide Epidemic Among Veterans," CBS News, November 13, 2007. http://www.cbsnews.com/stories/2007/11/13/cbsnews_investigates/print-able3496471.shtml.

6. Sam Savage and Howard Wainer, "Until Proven Guilty: False Positives and the War on Terror," *Chance Magazine*, Vol. 21, No. 1（2008）, p. 55.

7. Lawrence M. Wein, Alex H. Wilkins, Manas Baveja, and Stephen E. Flynn, "Preventing the Importation of Illicit Nuclear Materials in Shipping Containers," *Risk Analysis*, Vol. 26, No. 5（2006）, pp. 1377-1393.

8. "Nunn-Lugar Cooperative Threat Reduction Program, " Support Nunn-Lugar. http://nunn-lugar.com/.

9. "Cocaine : Strategic Findings," National Drug Intelligence Center, http://www.usdoj.gov/ndic/pubsl Ⅱ /8862/cocaine.htm.

10. 来自当事人的私人信件。

11. "Rumsfeld's War-on-Terror Memo," *USA Today*, http://www.usatoday.com/news/washington/executive/rumsfeld-memo.htm.

12. Mark Mazzetti, "Spy Agencies Say Iraq War Worsens Terrorism Threat," *The New York Times*, September 24, 2006.

13. Paul Stares and Mona Yacoubian, "Terrorism as Virus," Washingtonpost.com, August 23, 2005. http://www.washingtonpost.com/wp-dyn/content/article/2005/08/22/AR2005082201109.html.

14. For a discussion of Markov chains, see Sam L. Savage, *Decision Making with Insight*, with Insight. xla 2.0 and CD-ROM, 2nd ed.（Florence, KY: Cengage Learning, 2003）.

15. Fareed Zakaria, "Learning to Live with Radical Islam," *Newsweek*, March 9, 2009.

16. Army Field Manual No. 3-24, Marine Corps Warfighting Publication No. 3-33.5, 15 December 2006.

第 37 章　平均值缺陷与气候变化

1. Harwell, Mark A., *Nuclear Winter : The Human and Environmental Consequences of Nuclear War*（New York: Springer-Verlag, 1984）.

2. "Vostok Ice Core Stable Isotope Data," National Oceanic and Atmospheric

Administration Satellite and Information Service. http://www.ncdc.noaa.gov/paleo/ icecore/antarctica/vostok/vostok_isotope.html.

3. Clifford Krauss, Steven Lee Myers, Andrew C. Revkin, and Simon Romero, "The Big Melt as Polar Ice Turns to Water, Dreams of Treasure Abound," *The New York Times*, October 10, 2005.

4. G. Hardin, "The Tragedy of the Unmanaged Commons," *Trends in Ecology Evolution*, Vol. 9（1994）, p. 199.

5. "MIT Climate Online : Greenhouse Gas Emissions Simulator," http://web.mit.edu/ jsterman/www/GHG.html.

6. "Cleaning Up," *The Economist Magazine*, June 2, 2007, p. 13.

第 38 章　平均值缺陷与医疗卫生

1. "Do Breast Serf-Exams Do Any Good?" *Time Magazine*, July 15, 2008.

2. Allison Van Dusen, "Do You Need a Prostate Cancer Screening?" Forbes Magazine, August 8, 2008.

3. Alan Zelicoff and Michael Bellomo, *More Harm Than Good*（New York: American Management Association, 2008）.

4. S. J. Gould, "The Median Isn't the Message," *Discover*, June 1985, pp. 40−42.

5. S. J. Gould, *Full House: The Spread of Excellence from Plato to Darwin*（New York: Harmony Books, 1996）.

6. "Medical Guesswork: From Heart Surgery to Prostate Care, the Health Industry Knows Little About Which Common Treatments Really Work," *BusinessWeek*, May 29, 2006. http://www.businessweek.com/magazine/content/06_22/b3986001.htm.

7. "Markov Models," David M. Eddy: Mountains, Math and Medicine. http://www. davidmeddy.com/Markov_modeling.htm.

8. Interview with David M. Eddy, "Healthcare Crisis: Who's at Risk?" http://www.pbs. org/healthcarecrisis/Exprts_intrvw/d_eddy.htm.

9. John E Brewster, M. Ruth Graham, and W. Alan, C. Mutch, "Convexity, Jensen's Inequality and Benefits of Noisy Mechanical Ventilation," *J.R. Soc. Interface*, Vol. 2, No. 4（2005）, pp. 393−396.

10. What Price ValuJet?By Michael Kinsley Saturday, July 6, 1996.

第 39 章　性别与中心极限定理

1. C. Wedekind, T. Seebeck, F. Bettens, and A. J. Paepke, "MHC-Dependent Mate Preferences in Humans," *Proc Biol Sci.*, Vol. 260, No. 1359（June 22, 1995）, pp. 245–249.

2. Nicholas Wade. "Pas de Deux of Sexuality Is Written in the Genes," *The New York Times*, April 10, 2007.

第 40 章　古典统计学的终结

1. James Surowiecki, *The Wisdom of Crowds*（NewYork: Anchor Books, 2005）.

2. Stephen M. Stigler, *The History of Statistics: The Measurement of Uncertainty Before 1900*（Cambridge, MA: Harvard University Press, 1986）.

3. Stephen M. Stigler, "Stochastic Simulation in the Nineteenth Century," *Statistical Science*, Vol. 6, No. 1（1991）.

4. Francis Galton, "Dice for Statistical Experiments," *Nature*, Vol. 42（1890）, pp. 13–14.

5. "New Senate Chair Retains Touch of Youthful Rebellion, " Stanford Online Report. http://news-service.stanford.edu/news/1998/october14/efron1014.html.

6. Bradley Efron, "Bootstrap Methods: Another Look at the Jackknife," *The Annals of Statistics*, Vol. 7, No. 1（1979）, pp. 1–26；B. Efron and R. J. Tibshirani, An Introduction to the Bootstrap（New York: Chapman & Hall, 1993）.

7. Bradley Efron, "The Bootstrap and Modern Statistics," *Journal of the American Statistical Association*, Vol. 95, No. 452（December 2000）, pp. 1293–1296.

8. Julian L. Simon and Allen Holmes, "A Really New Way to Teach（and Do）Probability and Statistics," *The Mathematics Teacher*, Vol. 62（April 1969）, pp. 283–288.

9. Julian L. Simon, *Resampling ： The New Statistics*, 2nd ed.（Arlington, VA: Resampling Stats Inc., 1997）.

第 41 章　可视化

1. Alva Noë, *Action in Perception*（Cambridge, MA: MIT Press, 2004）.

2. Jeff Hawkins and Sandra Blakeslee, *On Intelligence*（New York: Owl Books, 2005）.

3. John W. Tukey, *Exploratory Data Analysis* (Reading, MA: Addison-Wesley, 1977).

4. JMP home page. http://jmp.com/.

5. Edward R. Tufte, *The Visual Display of Quantitative Information*, 2nd ed. (Cheshire, CT: Graphics Press, 1992). http://www.edwardtufte.com/tufte/books_vdqi.

6. Darrell Huff, *How to Lie with Statistics* (NewYork: W.W.Norton, 1993).

7. Tom Robbins, *Even Cowgirls Get the Blues* (Boston: Houghton Mifflin, 1976).

8. John Cassidy, "Mind Games: What Neuroeconomics Tells Us About Money and the Brain," *The New Yorker*, September 18, 2006. http://www.newyorker.com/archive/2006/09/18/060918fa_fact.

第 42 章　交互模拟：一盏照亮黑夜的明灯

1. http://archive.ite.journal.informs.org/VollNo2/Savage/Savage.php.

2. Vensim, Ventana Systems, Inc.. http://vensim.com/.

第 43 章　随机信息库：概率管理的供电网络

1. "Document Information: A Million Random Digits with 100, 000 Normal Deviates," Rand Corporation. http://www.rand.org/pubs/monograph_reports/MR1418/index.html.

2. Janet Tavakoli, *Structured Finance and Collateralized Debt Obligations*, 2nd ed. (Hoboken, NJ: Wiley, 2008).

3. Analytica. Lumina. http://lumina.com/.

4. "DE Histograms," www.aecouncil.com/data_analysis.

第 45 章　SLURP 集合的基本恒等式的应用

1. Don Tapscott and Anthony B. Williams, *Wikinomics: How Mass Collaboration Changes Everything* (Woodlands, TX: Portfolio, 2006).

2. Solver.com home page, www.Solver.com.

3. "Oracle and Crystal Ball," Oracle, www.crystalball.com.

4. Vanguard Software home page. http://www.vanguardsw.com/.

5. Palisade Corporation home page. www.palisade.com.

第 46 章　CPO："概率管理"的管理者

1. Joe Nocera, "Risk Mismanagement," *The New York Times*, January 4, 2009.

2. Financial News, "Merck Outlines Long-Term Prospects and Progress on Strategic Plan at 2008 Annual Business Briefing," Merck home page. http://www.merck.com/newsroom/press_releases/financial/2008_1209.html.

3. B. Fischhoff, L. D. Phillips, and S. Lichtenstein, "Calibration of Probabilities: The State of the Art to 1980," in *Judgment Under Uncertainty: Heuristics and Biases*, edited by D. Kahneman and A. Tversky（New York: Cambridge University Press, 1982）.

4. Doug Hubbard, *How to Measure Anything: Finding the Value of "Intangibles" in Business*（New York: Wiley, 2009）.

5. Allan Chernoff, Sr., "Madoff Whistleblower Blasts SEC," CNNMoney. http://money.cnn.com/2009/02/04/news/newsmakers/madoff_whistleblower/index.htm.

第 47 章　再次聆听父亲的教诲

1. Leonard J. Savage, *The Foundations of Statistics*（Hoboken, NJ: Wiley, 1954）.

2. Leonard J. Savage, "The Shifting Foundations of Statistics," in Logic, *Laws and Life*, edited by R. Colodny（Pittsburgh, PA: University of Pittsburgh Press, 1977）.

关于作者

　　萨姆·萨维奇是斯坦福大学工程学院的顾问教授，同时是剑桥大学贾奇商学院的研究员。

　　1973年，在耶鲁大学获得计算复杂性领域的博士学位之后，萨维奇在通用汽车公司的研究实验室里工作了一年，然后，他到芝加哥大学商学院研究生院的管理科学系任教。在那里，他很快便发现在管理人员与管理科学之间隔着一层代数学的"铁幕"，于是他失望地放弃了这个死气沉沉的领域。10年之后，随着个人电脑和电子表格的出现，作为"拦路虎"的代数学"铁幕"徐徐降落，因此，萨维奇又回到管理领域重操旧业。1985年，他与人合作开发了第一个具有广泛市场占有率的电子表格优化软件包：What'sBest! ——该产品在1986年还获得了《个人电脑》杂志颁发的"技术卓越奖"。1990年，萨维奇到斯坦福大学任教，同时继续在一个不使用代数学的环境之下开发管理工具。

　　他的研究重点在于如何对企业所面临的不确定性和风险进行交流和管理。2006年，他与斯蒂芬·朔尔特斯（剑桥大学教授）以及丹尼尔·维德勒（当时在壳牌公司任职，如今在默克公司工作）一起对概率管理的基础知识进行了梳理和规范。如今，萨维奇是ProbabilityManagement.org网站的主席。最近，他还带领着由前线系统公司、甲骨文公司以及SAS软件研究所等机构组成的社团开发了概率分布列——这是一种用来储存概率分布的新型电脑数据类型。

　　萨维奇在许多专业期刊和大众媒体上发表过文章，如《哈佛商业评论》

《投资组合管理杂志》《华盛顿邮报》《今日奥姆斯》杂志等。除了教书育人和科学研究之外，他还为众多的企业机构和政府机关提供咨询和培训服务。同时，他还是相关领域诉讼中的一名专家证人。